高等学校新工科计算机类专业系列教材

编译器设计原理

谌志群　王荣波　黄孝喜　主编

西安电子科技大学出版社

内 容 简 介

本书系统介绍了编译器构造的基本原理和一些经典实现技术，主要内容包括形式文法和形式语言理论、基于有限自动机的词法分析技术、自顶向下和自底向上的语法分析技术、基于语法制导翻译的语义分析和中间代码生成、代码优化、目标代码运行时刻环境的组织、目标代码生成等。本书理论部分讲解深入浅出，技术与算法部分简明扼要，为帮助读者理解，特别重视实例的选取和剖析。为适应“新工科”建设要求，本书专门讨论了编译技术在实际工程领域的应用，设计了几个与新兴产业紧密结合的工程案例。附录部分给出了一个简单模型语言编译器实例，读者通过阅读编译器源代码，可以对编译器实现有更深刻的理解。

本书可作为计算机相关本科专业编译原理与编译技术的教材，也可供其他专业学生及工程技术人员参考。

图书在版编目 (CIP) 数据

编译器设计原理 / 谌志群，王荣波，黄孝喜主编．—西安：西安电子科技大学出版社，2020.6

ISBN 978-7-5606-5658-8

Ⅰ．①编…　Ⅱ．①谌…　②王…　③黄…　Ⅲ．①编译程序—程序设计　Ⅳ．① TP314

中国版本图书馆 CIP 数据核字 (2020) 第 075892 号

策划编辑　陈　婷
责任编辑　魏　萍
出版发行　西安电子科技大学出版社 (西安市太白南路 2 号)
电　　话　(029)88242885　88201467　　邮　　编　710071
网　　址　www.xduph.com　　电子邮箱　xdupfxb001@163.com
经　　销　新华书店
印刷单位　陕西天意印务有限责任公司
版　　次　2020 年 6 月第 1 版　　2020 年 6 月第 1 次印刷
开　　本　787 毫米 ×1092 毫米　1/16　印张　14
字　　数　329 千字
印　　数　1 ～ 3000 册
定　　价　34.00 元

ISBN 978-7-5606-5658-8/TP

XDUP 5960001-1

*** 如有印装问题可调换 ***

前言

Preface

近年来，随着人工智能、物联网、云计算、区块链等新兴信息技术的快速发展和广泛应用，计算系统呈现出新的特征，形成了嵌入式计算、移动计算、并行计算、服务计算等多计算平台并存和融合的态势。新形势下对计算机类专业人才培养的要求也逐渐从传统的“程序设计能力”培养向更为重要的“系统设计能力”培养转变。系统设计能力体现在能深刻理解计算机系统内部各软 / 硬件部分的关联关系和逻辑层次，了解计算机系统呈现的外部特征及与人和现实世界的交互模式，开发以计算机技术为核心的高效应用系统。

2010 年，教育部高等学校计算机类专业教学指导委员会 (以下简称“教指委”) 成立“计算机类专业系统能力培养研究组”，开始组织实施计算机类专业学生系统能力培养的研究和实践。2016 年，教指委启动第一批系统能力培养改革试点校申报工作，遴选出包括清华大学、浙江大学在内的 8 所示范校和哈尔滨工业大学等 43 所试点校。经过几年的探索实践，“使学生具备设计实现一个 CPU、一个操作系统、一个编译器的能力是系统能力培养的主要目标”逐步成为计算机专业教育领域的共识。“编译原理”作为一门计算机专业基础课，是系统能力培养体系中不可或缺的组成部分。

本书作为计算机及相关专业本科生“编译原理”课程的教材，目的是讲授编译器设计的基本原理和实现编译器的主要方法。全书共分十章，第 1 章“编译器概述”介绍了高级程序设计语言的发展史和几种语言翻译程序，讨论了编译过程的主要步骤及每个步骤需完成的主要功能，介绍了编译器结构及编译器构造的主要方法。第 2 章“形式文法和形式语言”首先通过与自然语言的类比，介绍形式文法和形式语言与自然语言的区别，然后介绍了形式文法和形式语言的定义及相关的几个重要概念，如推导、归约、句型、句子、二义性等，在简要介绍形式文法和形式语言分类的基础上，详细介绍了上下文无关文法句型的分析方法。第 3 章“词法分析”主要介绍了正规表达式和有限自动机这两个数学模型，讨论了正规表达式、有限自动机和正规文法作为正规语言描述工具的等价性，重点是正规表达式到有限自动机的转换及非确定有限自动机的确定化和最小化，并简要介绍了词法分析器生成工具——LEX；第 4 章“语法分析”概述了自顶向下和自底向上两类语法分析方法的特点，详细介绍了自顶向下的 LL(1) 分析和自底向上的 LR 分析方法。其中，LL(1) 分析部分重点讨论了递归下降子程序法和非递归的预测分析器实现方法。LR 分析部分重点讨论了 LR 分析器模型及几种 LR 分析表的构造方法。本章还简要介绍了语法分析器生成工具——YACC。第 5 章“语法制导翻译技术”介绍了综合属性、继承属性、语法制导定义、依赖图、属性计算顺序等几个概念，详细讨论了基于 S－属性定义的自底向上属性计算方法和基于L-属性定义的深度优先属性计算方法，这两类方法是实现语义分析和中间代码生成的主要方法。第6章“语义分析与中间代码生成”主要介绍了基于语法制导翻译技术的语义分析和中间代码生成的实现方法，包括说明语句的处理、中间表示形式、赋值语句的翻译、布尔表达式和控制流语句的翻译等。第7章“代码优化”简要介绍了代码优化的定义与分类，重点介绍与机器无关的针对中间代码的优化技术，包括针对基本块的局部优化、针对循环体的循环优化等。第8章“目标代码运行时刻环境的组织”详细讨论了目标代码运行时刻内存空间的管理与分配，介绍了运行时刻内存空间的典型划分，分别介绍了静态存储分配、栈式存储分配和堆式存储分配这三种内存空间分配策略，并针对几种典型高级语言的语言结构，分别介绍了非局部名字的访问策略。第9章“目标代码生成”简要介绍了目标代码生成的主要任务，以示例方式讨论了静态存储分配和栈式存储分配的代码实现方法，介绍了下次引用信息和活跃信息的获取，及寄存器描述器和地址描述器的作用，并在此基础上介绍了一个针对基本块的简单代码生成算法。第10章“编译技术应用”介绍了几个编译技术应用实例。附录“SMini——一个简单模型语言编译器”定义了一个简单模型语言S语言，介绍了S语言编译器的结构和实现方法，供学习者参考。

限于篇幅，本书不可能深入介绍构造一个产品级编译器涉及的所有算法和技术，但是通过学习本书，读者可掌握开发编译器必需的基础知识和一些构造编译器的经典算法，学会建立一个相对简单的模型语言的编译器。

美国哥伦比亚大学的Alfred V. Aho教授在其经典名著《编译器：原理、技术与工具》的前言部分写道“编写编译器的原理和技术具有十分普遍的意义，以至于在每个计算机科学家的研究生涯中，本书中的原理和技术都会反复被用到”。对于学习“编译原理”这门课的学生来说，除了可以通过课程学习掌握一些具体的基本理论、技术和算法之外，更重要的是能培养学生具备计算机学科通用的问题求解和系统设计能力，如问题抽象与形式化描述、复杂问题算法分析与设计、自顶向下逐步求精、自底向上分步求解、软硬件协同设计等。有了这些问题求解方法和系统设计能力将使学生在计算机专业领域内具备持续竞争力。

编　者

2019年12月于杭州

目录

Contents

第 1 章　编译器概述

编译器 (Compiler) 是计算机系统的重要组成部分，是一种重要的系统软件，用于将高级程序设计语言编写的程序翻译为计算机硬件可以执行的机器语言程序。一个高级程序设计语言可以通过语言参考手册 (Language Reference Manual)(或语言的规格说明书) 来定义，但是要执行一个高级程序设计语言编写的程序则必须有编译器的参与。没有编译器，高级程序设计语言只存在于纸面上，不能解决任何现实中的问题。本章首先概述程序设计语言的发展史，接着讨论几种高级语言翻译器，并详细介绍编译过程包含的步骤及编译器的一般结构，最后讨论构造编译器的常用方法。

1.1　程序设计语言发展史

程序设计语言 (Programming Language) 是人向计算机传达意图的载体，是程序员编写程序的工具。程序设计语言是人造的符号语言，具有严格定义的语法和语义规则。程序设计语言分为低级语言和高级语言。低级语言是面向机器的，又分为机器语言 (Machine Language) 和汇编语言 (Assembly Language)。高级语言是面向人 (程序员) 的，更接近数学语言和自然语言。几乎在现代计算机问世的同时，就出现了最早的程序设计语言。随着计算机硬件系统的不断发展和计算机系统性能的持续提升，通过计算机解决问题的范式不断进化，程序设计语言也在不断演进。程序设计语言经历了“面向机器”“面向过程”“面向对象”“面向问题”等几个发展阶段。高级程序设计语言的发展史就是编译器的发展史。

1. 20 世纪 40 ～ 50 年代——机器语言、汇编语言应运而生

1946 年 2 月 14 日世界上第一台现代通用计算机 ENIAC 在美国问世。这台计算机的运算速度比当时最快的电动机械计算机快 1000 倍 (每秒 5000 次加法或 400 次乘法)。1946 年冯·诺依曼提出采用二进制作为数字计算机的数制基础，计算机通过执行预先编制和存储在计算机内存中的程序来进行工作。1951 年第一台按冯·诺依曼原理制成的通用电子数字计算机 UNIVAC-I 研制成功，这台机器可执行用二进制形式的机器语言编写的程序。由于用二进制码 (0、1 数字串) 编写程序极易出错，人们引入助记符和符号数来代替二进制操作码和操作数地址，助记符通常采用英文单词 (或其缩写)，便于记忆，可读性好，这就是汇编语言。汇编语言程序需要通过汇编器翻译为机器代码之后才能执行。虽然汇编语言指令和机器语言指令基本上是一一对应的，即汇编语言也属于低级语言，但是汇编语言开启了“源代码—翻译器—目标代码”这一语言使用范式，成为编译思想发展的源头。

2. 20 世纪 50 ～ 60 年代——早期高级语言出现

1954 年来自 IBM 的 John W. Backus 研制成功世界上第一个脱离机器的高级语言

Fortran I。Fortran I 的编译器用汇编语言编写。在那之后 Fortran 语言又多次升级。Fortran 语言有变量、表达式、赋值、调用、输入、输出等概念；有条件比较、顺序、选择、循环控制；有满足科学计算的整数、实数、复数和数组，以及为保证运算精度的双精度等数据类型。Fortran 的出现，使得当时科学计算的生产力提高了一个数量级，奠定了其高级语言的地位。在这一时期出现的高级语言还有 ALGOL、COBOL、SIMULA、LISP 等。

3. 20 世纪 60 ～ 70 年代——结构化程序设计语言发展

20 世纪 60 年代软件发展史上著名的“软件危机”引发了结构化程序设计语言的研发热潮。结构化程序设计语言采用面向过程的编程方法，其主要特征是有结构化控制结构，包括顺序、分支、循环等控制结构，有全局变量、局部变量、作用域和可见性等概念；有丰富的数据类型，除基本类型之外，用户还可以定义结构类型、枚举类型、指针类型等。结构化程序设计语言的典型代表是 1971 年出现的 Pascal 语言。著名的 C 语言也是结构化程序设计语言。C 语言简洁、灵活，源程序由多个函数构成，可以分别编译，利于开发大型软件。

4. 20 世纪 70 ～ 80 年代——面向对象语言兴起

20 世纪 70 年代，软件工程界提出一种新的软件构造方法，即面向对象方法。这种方法追求的目标是使软件开发过程与人们在现实世界中解决问题的过程尽可能接近。它把现实世界中的实体抽象为一个个对象，对象由属性和可以改变属性的方法构成，对象之间通过消息相互通信。为适应这一软件构造方法，结构化程序设计语言纷纷借鉴对象思想推出新版本，以支持面向对象程序设计，如 Objective-C、Object Pascal、C++ 等。第一个纯粹的面向对象语言是 1980 年正式发布的 Smalltalk。

5. 20 世纪 90 年代至今——网络编程语言流行

20 世纪 90 年代，随着计算机网络尤其是互联网的快速普及，迫切需要能在网络结点之间传递信息的编程语言。由于网络结点平台的多样性，网络编程语言首先应满足平台无关性。SUN 公司在 1995 年年底发布的 Java 语言具有与平台无关、可移植、面向对象、安全、分布式、高性能、多线程等特点，成为最重要的网络编程语言。广泛流行的网络编程语言还有 PHP、Python、Perl、C# 等。另外一类重要的网络编程语言是脚本语言，脚本语言具有类型、变量、关键字、表达式、分支和循环、过程调用等小型语言的特点，能进行面向过程和面向对象的编程，可嵌入在网页中以实现客户端或服务器端的动态效果。典型的脚本语言包括 JavaScript、JScript、VBScript 等。

据统计，全世界出现过的程序设计语言有 2000 种以上，但得到广泛使用的语言远没有这么多。根据著名的 TIOBE 编程语言排行榜，2019 年 11 月世界范围最受程序员青睐的 10 种编程语言及其使用率分别为：Java(16.246%)，C(16.037%)，Python(9.842%)，C++(5.605%)，C#(4.316%)，Visual Basic.NET(4.229%)，JavaScript(1.929%)，PHP(1.720%)，SQL(1.690%)，Swift(1.653%)。这个排行榜每个月发布一次，反映程序设计语言最新的流行度变化。

1.2 语言翻译器

语言翻译器是指能够将一种语言（源语言）编写的程序（源程序）转换成等价的另一种语言（目标语言）编写的程序（目标程序）的程序，其功能如图 1-1 所示。

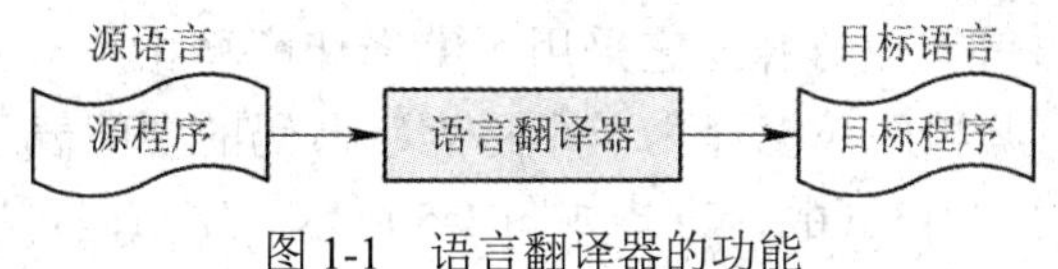

图 1-1　语言翻译器的功能

计算机系统的核心是中央处理器 (CPU)，每个 CPU 均配置了特有的指令系统。机器语言程序就是由指令系统中的指令序列构成的。本质上，计算机系统只能识别和执行指令系统中的指令。指令的一般格式为

操作码　操作数 1　操作数 2

其中，操作码和操作数均是二进制码，如：

00000100　10100001　00101110

其中“00000100”约定为“加”运算，指令的功能是将后面的两个操作数“10100001”和“00101110”相加。如果用汇编语言指令来实现，上述指令可以写为

ADD　AX，2EH

其中，“ADD”是“加”运算助记符，“AX”和“2EH”是符号数。显然汇编语言指令相对于机器指令来说，可读性较好，但是计算机不能直接执行汇编指令，需要通过一个语言翻译器将其翻译为机器指令才行。能够将汇编语言程序翻译为机器语言程序的语言翻译器称为汇编器，其功能如图 1-2 所示。

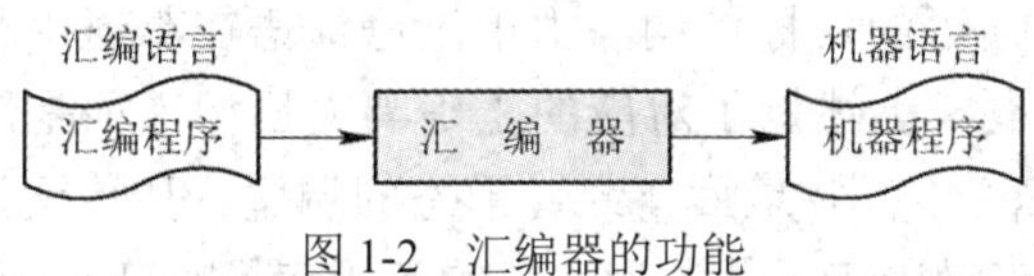

图 1-2　汇编器的功能

如果源语言是高级语言，目标语言是低级语言，那么这个语言翻译器就称为编译器，其功能如图 1-3 所示。

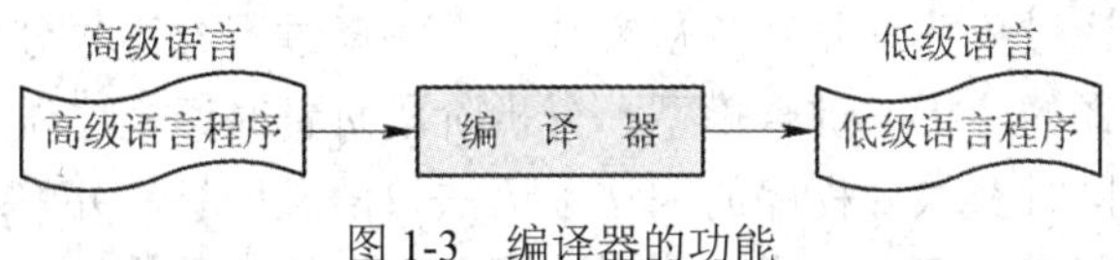

图 1-3　编译器的功能

编译是实现高级语言的一种方式，程序员用高级语言编写好源程序之后，提交给编译器。编译器将源程序翻译为目标代码模块，通过链接、加载，使之成为内存中可执行的目标程序。下次程序运行时，不需要再次编译，只需要直接调用目标代码就可以。大部分高级语言都采用编译方式。

高级语言的另一种实现方式是解释。程序运行时，解释器接收用户的输入，直接执行源程序中指定的操作，即一边翻译一边执行，然后输出运行结果。解释器的功能见图 1-4。解释器不能生成可重复执行的目标代码模块，下次程序运行时，需要再次解释执行。大部分交互式语言、脚本语言、查询命令语言采用解释方式来实现，如 BASIC、Python、JavaScript、SQL 等。

源程序输入 ——→ 解　释　器 ——→ 输出

图 1-4　解释器的功能

目前流行的Java语言比较特殊，它采用了编译和解释相结合的混合翻译方式，以支持跨平台性。首先Java源程序被编译为一个称为字节码的中间表示形式，然后由一个虚拟机来对字节码做解释执行，其翻译方式如图1-5所示。字节码可以在不同平台之间进行传输，只要目标平台上有Java虚拟机，就可以运行字节码。

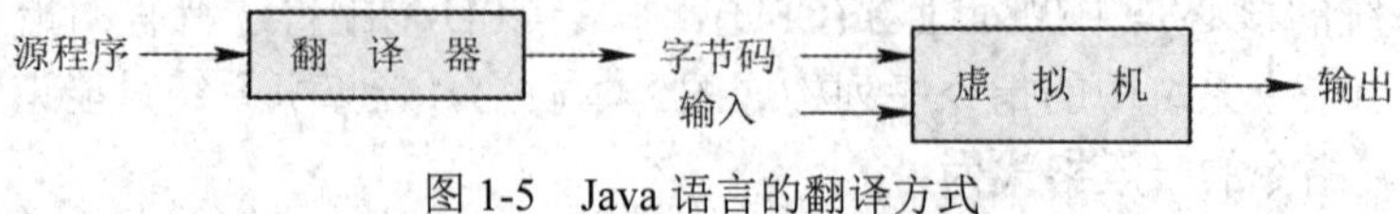

图1-5 Java语言的翻译方式

1.3 编译器结构

编译过程与自然语言之间的翻译过程有相似之处。比如要将一个汉语句子“她把一束花放在桌上。”翻译为英语句子。首先要将这个汉语句子中的词语解析出来，并确定其词性、含义等属性，即做词法分析。经过词法分析之后，句子变成一个词语的序列“‘她’‘把’‘一束’‘花’‘放’‘在’‘桌’‘上’‘。’”。然后做句法分析，分析这句话的语法结构，并用某种形式化方法，如用句法树来描述该句子的语法结构。接着是做语义分析，获取句子中各个成分之间的关系。在经过词法分析、语法分析和语义分析之后，汉语句子被转化成一种机器内部的句法–语义表示。然后是译文生成阶段，首先根据双语词典等知识库得到汉语词语的目标译词，由于汉语词语在英语中往往对应多个单词，所以需要解决义项排歧问题。上述例子对应的正确英文目标译词是“‘she’‘put’‘a bunch of’‘flower’‘on’‘table’‘.’”。最后，经过形态的调整，如单词词尾的变化、主谓语一致问题解决等处理，把该汉语句子翻译为完整的英语句子“She puts a bunch of flowers on table.”。

编译器的工作从输入高级语言源程序开始，到输出目标代码结束，与自然语言之间的翻译很相似。整个编译过程非常复杂，从宏观上看编译过程分为“分析”和“综合”两个大的阶段，这就是编译的分析–综合模型。分析阶段负责对源程序做多层次的分析，判断源程序是否有错误，同时获取源程序的词法、语法、语义信息，并将这些信息存放到创建的符号表中。如果源程序不存在错误，分析阶段通常会把源程序转换为一个中间表示形式(一般采用中间代码形式)。综合阶段负责将中间表示转换为最终的目标代码。为获得高质量的目标代码，可以针对中间代码和目标代码进行优化。在生成目标代码和代码优化过程中都要用到符号表中的信息。

如果将编译过程划分得更细一点，可以将编译分成6个步骤，即词法分析、语法分析、语义分析、中间代码生成、代码优化和目标代码生成，见图1-6。

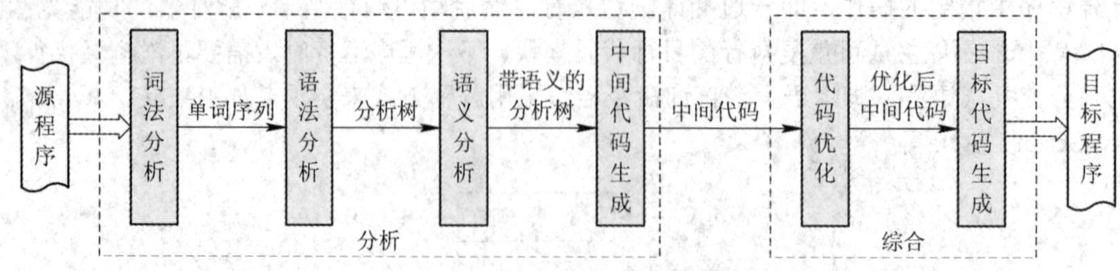

图1-6 编译过程的步骤划分

下面通过翻译一个 C 语言源程序的片段 (一个赋值语句) 来展示编译过程每个步骤的工作细节。

【例 1-1】 翻译如下 C 语言的赋值语句：

$$p = i + r * 60 \tag{1.1}$$

其中，p、i、r 为程序员定义的单精度实型变量，即“float p，i，r；”。

1. 词法分析

编译的第一个步骤是词法分析。词法分析程序首先读入字符流形式的源程序，然后扫描、切分源程序字符流，从中识别出一个个的单词。空格、回车、程序注释等首先被略去以获得源程序的有效部分。从源程序有效部分识别单词的依据是源语言的构词规则，单词可以是保留字、标识符、运算符、分界符、常数等。

对于语句 (1.1) 可识别出如下 7 个单词：

(1) p：标识符 id_1。

(2) =：赋值运算符。

(3) i：标识符 id_2。

(4) +：加法运算符。

(5) r：标识符 id_3。

(6) *：乘法运算符。

(7) 60：常数。

经过词法分析之后，源程序字符流转化为一个单词的序列。

2. 语法分析

编译的第二个步骤是语法分析，即在词法分析的基础上，根据源语言的语法规则，判断源程序在语法上是否合法。如果合法则对源程序单词序列进行层次分析，并输出分析树或者语法树反映源程序的语法结构。通常采用巴科斯－诺尔范式 BNF(Backus-Naur Form) 作为语法规则的表示方式。赋值语句的语法规则包含以下几条：

(1) <赋值语句> ::= <标识符> “=” <表达式>

(2) <表达式> ::= <表达式> “+” <表达式>

(3) <表达式> ::= <表达式> “*” <表达式>

(4) <表达式> ::= “(” <表达式> “)”

(5) <表达式> ::= <标识符>

(6) <表达式> ::= <整数>

(7) <表达式> ::= <实数>

图 1-7 和图 1-8 分别是语句 (1.1) 的分析树和语法树。图 1-7 的分析树反映了赋值语句的层次结构和运算顺序，即变量 r 和常数 60 首先做乘运算，变量 i 和 r * 60 的运算结果再做加运算，运算结果最后再赋给变量 p。图 1-8 的语法树同样反映了赋值语句的层次结构和运算顺序，但是结点数更少，可以说，语法树是分析树的一种浓缩形式。

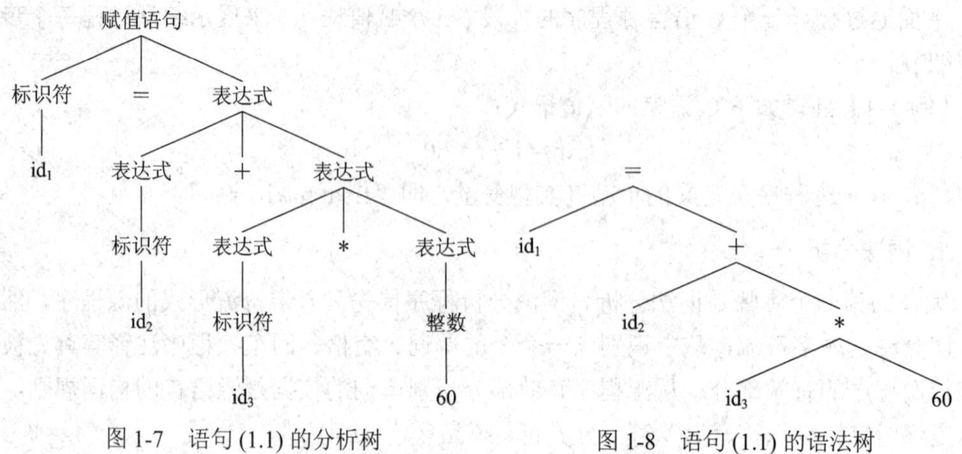

图 1-7 语句 (1.1) 的分析树　　图 1-8 语句 (1.1) 的语法树

3. 语义分析

语义分析阶段使用语法树和符号表中的信息来检查源程序在语义上是否合法，即源程序的各个组成部分组合在一起是否有意义。这个阶段要同时分析源程序的说明部分来收集源程序中定义的标识符 (尤其是变量) 的类型等信息，并把这些信息存放到符号表中，以便在综合阶段使用这些信息。语义分析阶段的一个重要任务是类型检查，即检查语句中的数据类型是否合法，例如表达式中的运算对象在类型上是否一致或者相容、数组的下标是否为整数等，如一个二目算术运算符可以要求其两个运算对象的类型必须一致 (同时为整型或者同时为实型)。某些高级语言允许类型转换，如果一个二目运算符应用于一个整型数和一个实型数，那么编译器首先需要将其中的整型数转换为实型数再来做这个二目运算。例 1-1 中，r 是单精度实型变量，60 是整数，两者类型不一致。在语义分析阶段检测到这个类型不一致之后，可以在分析树中增加一个显性的结点 int-to-float，用于将 60 转换为实型数，如图 1-9 所示。

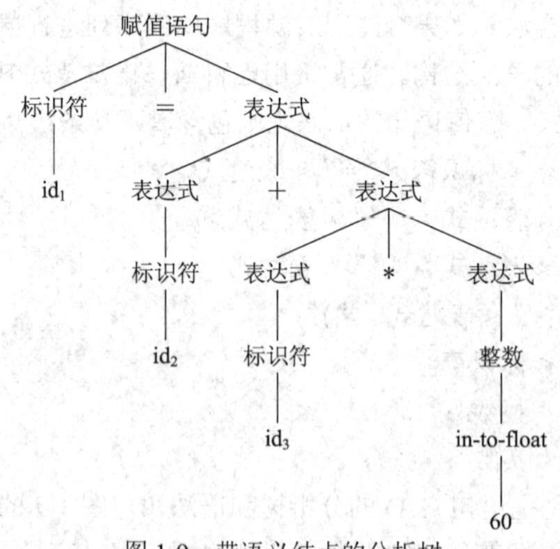

图 1-9 带语义结点的分析树

4. 中间代码生成

前三个分析步骤完成之后，如果没有发现错误，说明源程序在词法、语法、语义层面都是正确的。这时编译器通常会将源程序转化为一个低级或者类机器语言的中间表示。这个中间表示一般来说是平台无关的，并且易于生成和易于翻译成目标代码。中间表示形式可以是树形或者图形的，但更多的是采用中间代码形式。三地址代码就是一种常见的中间代码，它的每条指令一般具有三个运算分量，其中两个是运算对象，一个是运算结果。例 1-1 翻译得到的中间代码序列如下：

$$
\begin{aligned}
& t_1 = \text{int-to-float}\ (60) \\
& t_2 = id_3 * t_1 \\
& t_3 = id_2 + t_2 \\
& id_1 = t_3
\end{aligned}
\tag{1.2}
$$

5. 代码优化

优化代码的目的是获得高质量的目标代码。“高质量”体现在最终生成的目标代码运行更快、所需的运行内存空间更小。代码优化分为针对中间代码的优化和针对目标代码的优化，其中针对中间代码的优化由于其平台无关性，更具有普遍意义。考察代码序列 (1.2) 第一条代码中的运算 int-to-float (60)，其功能是将 60 转换为实数，可以在编译时一劳永逸地完成，而不必在运行时刻每次都去做。t_3 的作用是作为中介将 $id_2 + t_2$ 的运算结果赋给 id_1，由于 t_3 只在这里使用了一次，可以将 $id_2 + t_2$ 的运算结果直接赋给 id_1，而不必通过 t_3。对代码序列 (1.2) 优化之后的代码如下：

$$
\begin{aligned}
& t_1 = id_3 * 60.0 \\
& id_1 = id_2 + t_1
\end{aligned}
\tag{1.3}
$$

6. 目标代码生成

目标代码生成的责任是将优化之后的中间代码映射为目标代码。目标代码的形式包括绝对机器指令、可重定位的机器指令、汇编语言代码等。目标代码生成需要为源程序中定义的变量分配寄存器，为每条中间代码选择合适的机器指令，包括确定指令的操作码及操作数的编址方式。优化后的中间代码序列 (1.3) 可映射为如下汇编语言形式的目标代码：

$$
\begin{aligned}
& \text{MOVF}\quad id_3，R_2 \\
& \text{MULF}\quad \#60.0，R_2 \\
& \text{MOVF}\quad id_2，R_1 \\
& \text{ADDF}\quad R_2，R_1 \\
& \text{MOVF}\quad R_1，id_1
\end{aligned}
\tag{1.4}
$$

以上各指令中的 F 表示处理的是单精度实型数。代码序列 (1.4) 中的指令首先将实型变量 id_3 装载到寄存器 R_2 中，然后 R_2 中的数与实数 60.0 做乘法运算，结果仍然存放在 R_2 中。接着将实型数 id_2 装载到寄存器 R_1 中，R_2 中的数与 R_1 中的数做加法运算，结果存放到 R_1 中。最后将 R_1 中的值复制到 id_1 对应的内存单元中。

编译过程中，特别是在综合阶段，需要使用源程序中定义的名字及其属性值。名字有变量名、常量名、过程 (函数) 名等。变量涉及的属性包括类型、存储分配信息、嵌套深度、作用域等；常量涉及的属性包括类型、具体的值等；过程涉及的属性有参数数量和类型、参数传递方法、返回值的类型等。名字及其属性信息存放在符号表中，相应有变量表、常量表、过程 (函数) 表等，每个名字在符号表中均有一个记录条目 (称为表项)。一般来说，在分析阶段创建各类符号表，并获取名字的属性信息，在综合阶段使用符号表中的信息。

对符号表的操作贯穿整个编译过程，编译器中包含专门的符号表管理模块完成对应的工作。

编译器另一重要组成部分是错误处理模块。错误处理机制是编译器可用性和用户友好性的重要体现。对错误处理程序的基本要求是能发现源程序中的错误并指明错误所处的位置。源程序的错误又分为词法错误(如单词拼写有误)、语法错误(如表达式中括号不配对)、语义错误(如运算对象的类型不兼容)等。一个用户友好的编译器应能判断源程序的错误类型并给出尽可能详细的错误提示，以便程序员能快速改正源程序中的错误。有些编译器还有自动纠错功能，对于一些显而易见的错误可以直接予以纠正。

编译器通常分为相对独立的前端系统和后端系统。前端完成分析的功能，即对源程序进行词法分析、语法分析、语义分析，并将合法的源程序转换成中间代码；后端完成综合的功能，即对中间代码进行优化并生成目标代码。前端面向源语言并在很大程度上独立于目标机器，后端面向中间代码，独立于源语言但依赖目标机器。不同的目标机器采用不同的指令系统，最后的目标代码依赖于具体的指令系统。开发时将编译器分成耦合度低的前端和后端，有利于提高开发编译器的效率和可移植性。如“同一前端”+“不同后端”可以得到同一高级语言在不同机器上的多个编译器；而“不同前端”+“同一后端”可以得到几个不同语言在同一机器上的多个编译器。图 1-10 是“多个前端”+“多个后端”组合得到多个语言在多个平台上的多个编译器的示例。需要注意的是，这“多个前端”和“多个后端”必须采用同一种中间表示形式。

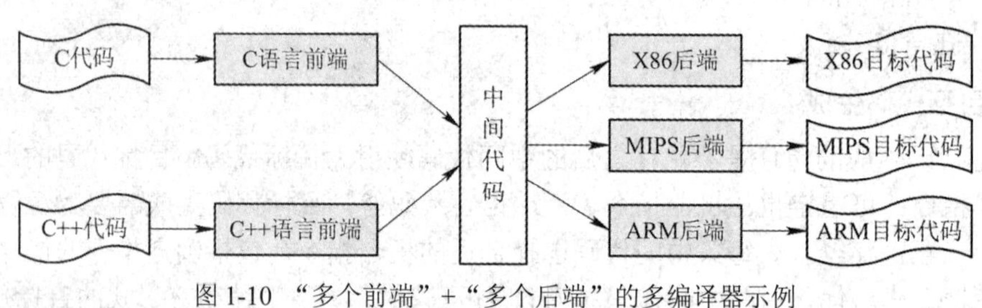

图 1-10 “多个前端”+“多个后端”的多编译器示例

1.4 编译器构造方法

在实现编译器的时候，可以将多个连续的编译步骤组合为一遍。所谓遍，是指对源程序或源程序中间表示的一次从头到尾的扫描，同时完成多个编译步骤的功能。每一遍需要从外部存储器中读入一个文件，完成一定的编译工作之后，又要以文件形式将处理结果写到外部存储器中。后一遍的输入是前一遍的输出，第一遍的输入是源程序，最后一遍的输出是目标代码。编译器可以通过一遍或者多遍来组织，具体采用几遍需要考察源语言的特点、设计编译器的目的、运行编译器的机器的性能等因素。需要指出的是，由于每一遍需要访问两次外部存储器，如果遍数过多，将影响编译的时间效率，而遍数少的话对运行编译器的机器的内存容量有较高要求。

编译器是一个系统软件，构造编译器是一个复杂的系统工程，从零开始手工编写一个编译器的工作量巨大。为提高效率，在构造编译器的时候可以利用现代的软件开发环境，如语言编辑器、调试器、版本管理、软件测试工具等。除了这些通用的软件开发工具，由于编译器的特殊性，开发人员还可采用一些特有的开发方法。

设计和实现一个编译器，不仅要考虑源语言和目标语言，还要考虑开发这个编译器所采用的语言。世界上第一个通用的高级程序设计语言是 1954 年出现的 Fortran 语言，其编译器用汇编语言编写，至 20 世纪 60 年代，几乎所有的编译器都是用机器语言或者汇编语言编写的。用低级语言开发编译器，存在开发周期长、不易调试、源码可读性差、可扩充性和可维护性差、可靠性低等问题。20 世纪 70 年代，开始采用高级语言来编写编译器，同时多种编译器自动开发工具被推出，如 BELL 实验室推出的 LEX 和 YACC，大大提高了开发编译器的效率，同时也提高了编译器的可靠性和可移植性。

构造编译器主要有如下几条途径：

1. 自展技术

自展技术是编译器的一种渐进式实现方案，其基本思想是先用目标机器上的汇编语言或者机器语言来编写源语言 L 的一个子集 L_1 的编译器，然后用 L_1 作为编写语言实现 L 的一个较大子集 L_2 的编译器，再用 L_2 作为编写语言，实现一个更大的子集 L_3 的编译器，不断重复这一过程直到最后实现源语言 L 的编译器，如图 1-11 所示。在这个过程中，只有实现 L_1 编译器时是采用低级语言，其他部分采用的都是高级语言。

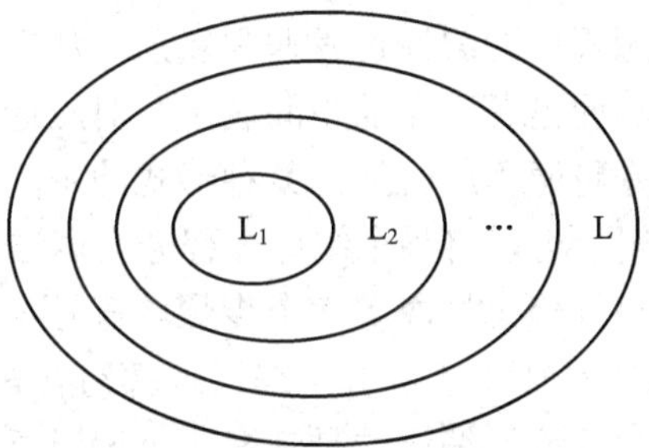

图 1-11　编译器实现的自展技术

2. 用已实现的高级语言开发其他高级语言的编译器

例如，用 C 语言编写 C++ 语言的编译程序，然后用 C 语言编译器进行编译，就得到 C++ 语言的编译器。这是目前最常见的编译器构造方法。

3. 利用构造工具实现编译器

编译器构造工具主要包括：

(1) 词法分析器生成器：可以根据描述源语言单词结构的正规表达式生成词法分析器源代码，如 LEX。

(2) 语法分析器生成器：可以根据源语言的语法规则自动生成语法分析器源代码，如 YACC。

(3) 语法制导翻译器生成器：可以生成用于遍历分析树并生成中间代码的程序。

(4) 代码生成器生成器：根据翻译规则 (从中间代码映射到目标代码) 输出一个目标代码生成器的源代码。

通常情况下，编译器的运行平台就是其编译源程序后得到的目标代码运行的平台。但有时候需要运行目标代码的平台无法运行编译器这样一个大型系统软件，解决的方法就是交叉编译。所谓交叉编译就是在一个物理平台上 (称为主机平台) 生成另一个物理平台上 (称为目标平台) 的目标代码。源程序的编写和编译均在主机平台上完成，目标代码的运行则是在目标平台上。

早期的编译器均是专门针对某一种高级语言和某一个目标机器而编写的。随着以嵌入式系统为代表的高性能体系结构的飞速发展，相继出现了支持多种源语言和多个目标机器的编译系统，如可重定向编译程序 GCC (GNU Compiler Collection)。

1.5 小　结

编译器是一个语言翻译器，可用于将高级语言书写的程序翻译为等价的低级语言书写的程序。世界上第一个高级语言是 Fortran 语言，其编译器用汇编语言编写。高级语言分为面向过程的结构化编程语言、面向对象的编程语言、网络编程语言等。高级语言和编译技术是同步演进的，没有编译器对高级语言的实现，高级语言无法解决实际问题。语言翻译器包括汇编器、编译器、解释器等。汇编器可以将汇编语言程序翻译为机器语言程序，汇编语言与机器语言都属于低级语言。与编译器类似，解释器也可以将高级语言程序翻译为低级语言程序，在翻译的时候同样要对高级语言程序进行词法、语法和语义分析。与编译器不同之处在于，解释器是一边翻译一边执行，并且不保存目标代码，在下次执行时解释器需要再次翻译源程序。源程序的编译过程非常复杂，从宏观上看编译过程分为综合与分析两个阶段，它们之间的界面是源程序的中间表示。对应地，编译器通常分为相对独立的前端和后端，前端的功能是将源程序转换为某种形式的中间表示，后端则负责将该中间表示转换为目标代码。从逻辑上可以将整个编译过程分为词法分析、语法分析、语义分析、中间代码生成、代码优化和目标代码生成等六个步骤。符号表管理和出错处理也是编译过程的重要组成部分。构造编译器时往往将多个编译步骤组合在一起作为一“遍”来实现。编译器翻译源程序时是采用“几遍”编译的是考察一个编译器的重要指标。最早的编译器用低级语言开发，开发效率低下，自展技术的引入可以部分解决这个问题。随着高级语言的发展，用一种高级语言开发另一种高级语言的编译器已成为编译器开发的主流方法。为进一步提高编译器的开发效率，多种编译器辅助开发工具被研发出来并得到广泛应用。本章要求掌握几个与编译器相关的概念，重点是理解编译过程的六个步骤及每个步骤需完成的主要功能。后续章节的内容基本上是围绕编译过程的六个步骤展开的。

习　题

1.1　简要概述计算机程序设计语言的发展历程。

1.2　试描述高级程序设计语言需要翻译程序的原因。

1.3　用自己的语言说明翻译程序中编译和解释的差别。

1.4　编译程序具有哪些特点？

1.5　编译程序的逻辑过程包含哪几个组成部分？ 请分别阐述各个组成部分的主要任务 (输入、输出、操作)。

1.6　试简要描述编译程序的结构和组织方式。

1.7　通过文献查阅，调研各种编译器生成工具，并挑选其中一个自己感兴趣的工具进行介绍。

第 2 章　形式文法和形式语言

形式语言与自动机理论是编译器设计的重要理论基础。高级程序设计语言是一种人造的形式语言，本章首先介绍形式语言与自然语言在词法、语法和语义方面的异同；接着介绍编译器设计中涉及的一些有关形式文法和形式语言的基本概念，重点介绍如何采用形式化的方法描述程序设计语言，以及如何分析上下文无关文法的句型，这些内容是各类语法分析方法和语义分析方法的基础。本章对乔姆斯基形式语言体系也做了简要介绍。

2.1　自然语言与形式语言

自然语言 (Natural Language) 是人类在生产和生活中逐步进化和发展起来的，如汉语、英语、德语、西班牙语等。自然语言是信息的载体和人与人之间交换信息的媒介，也是人类思维的工具。据统计，全世界曾经存在的语言或者方言有 5500 余种。自然语言是一种符号系统，有语言材料，有语法规则。自然语言的语法规则一般是有限的，语言材料也是有限的，而由语言材料按照语法规则组成的语句和篇章却是无限的。如汉字是汉语的基本语言材料，《中华大字典》收录汉字 48 000 多个，计算机上常用的汉字国标码 (GB2312-80) 规定了一级汉字 3755 个，二级汉字 3008 个。有限的汉字可以组成词语，词语可以进一步组成无数个语句和篇章。

形式语言 (Formal Language) 是人们为了特定目的而设计的人工语言，与自然语言类似，形式语言也有语言材料和语法规则。高级程序设计语言 (Advanced Programming Language) 就是一种形式语言，用来编写计算机程序。高级程序设计语言都有自己的字符集，字符按照词法规则构成“单词”(如标识符、常数等)，单词按照语法规则构成各级语法单位 (如“表达式”“赋值语句”等)，并最终构成“程序”。“程序”是最高级的语法单位。

除了语法，自然语言和形式语言都有“语义”，即语法单位的含义。

【例 2-1】 (1) a>b；

(2) b<a。　(2.1)

语句 (2.1) 是高级语言程序中的两个表达式，它们的语义相同。

【例 2-2】 (1) 中国队大胜美国队；

(2) 美国队大败中国队。　(2.2)

语句 (2.2) 是两个自然语言语句，它们与语句 (2.1) 中的两个表达式结构相似，但是它们的意思却是相反的。

以上例子说明形式语言与自然语言有很大的不同，特别是在语义层面。自然语言的语义具有模糊性和歧义性，一字多义、一义多词的现象很普遍，如“盖”字在《现代汉语词典》中就有十种释义。自然语言语句和篇章的语义更加复杂。形式语言的“语义”一般不能有模糊性和歧义性。例如用程序设计语言编写的一个程序，其描述的算法和运行结果应该是唯一确定的，不能有歧义。

2.2 文法和语言的形式定义

2.2.1 一个自然语言的例子

在介绍形式文法和形式语言之前，先看一个自然语言(汉语)的例子。通过与自然语言的类比，可以更好地理解形式文法和形式语言中的相关概念。

一个微型汉语的语法规则：

(1) <句子>→<主语><谓语>

(2) <主语>→<代词>

(3) <主语>→<名词>

(4) <代词>→你

(5) <代词>→我

(6) <代词>→他

(7) <名词>→警察

(8) <名词>→小偷

(9) <名词>→儿童

(10) <谓语>→<动词><宾语>

(11) <动词>→抓捕

(12) <动词>→保护

(13) <宾语>→<代词>

(14) <宾语>→<名词>

以上语法规则中由“<”和“>”括起来的串表示一个有内部结构的语法单位。符号串如“警察”表示最小的不可分割的最小语法单位。符号“→”读作“由……构成”或“定义为”，表示符号“→”左边的语法单位是由右边的语法单位序列构成的，或者左边的语法单位定义为右边的语法单位序列。以上语法中每条规则的意义为：

(1) <句子>由<主语>和<谓语>构成；

(2) <主语>由<代词>构成；

(3) <主语>由<名词>构成；

(4) <代词>定义为“你”；

(5) <代词>定义为“我”；

(6) <代词>定义为“他”；

(7) <名词>定义为“警察”；

(8) <名词>定义为“小偷”；

(9) <名词>定义为“儿童”；

(10) <谓语>由<动词>和<宾语>构成；

(11) <动词>定义为“抓捕”；

(12) < 动词 > 定义为“保护”；

(13) < 宾语 > 由 < 代词 > 构成；

(14) < 宾语 > 由 < 名词 > 构成。

按照以上语法规则，可判断一个句子是否合法，如“警察抓捕小偷”“他保护儿童”就是语法上合法的句子。注意，语法上合法的句子语义上未必正确，如“儿童保护小偷”。

可以通过反复使用语法规则来判断一个句子是否合法。以句子“警察抓捕小偷”为例，其判断过程为：

< 句子 > ⇒ < 主语 >< 谓语 >(使用第 1 条规则 < 句子 > → < 主语 >< 谓语 >)
⇒ < 名词 >< 谓语 >(使用第 3 条规则 < 主语 > → < 名词 >)
⇒警察 < 谓语 >(使用第 7 条规则 < 名词 > →警察)
⇒警察 < 动词 >< 宾语 >(使用第 10 条规则 < 谓语 > → < 动词 >< 宾语 >)
⇒警察抓捕 < 宾语 >(使用第 11 条规则 < 动词 > →抓捕)
⇒警察抓捕 < 名词 >(使用第 14 条规则 < 宾语 > → < 名词 >)
⇒警察抓捕小偷 (使用第 8 条规则 < 名词 > →小偷)

以上判断过程分为若干步骤，每一步使用一条语法规则，其中符号“⇒”表示一步变换，每步变换都是用语法规则中“→”的右部替换左部。以上判断过程可以用一棵树来刻画，这棵树常常被称为分析树，见图 2-1。这棵分析树也反映了该句子的层次结构或者说语法结构。

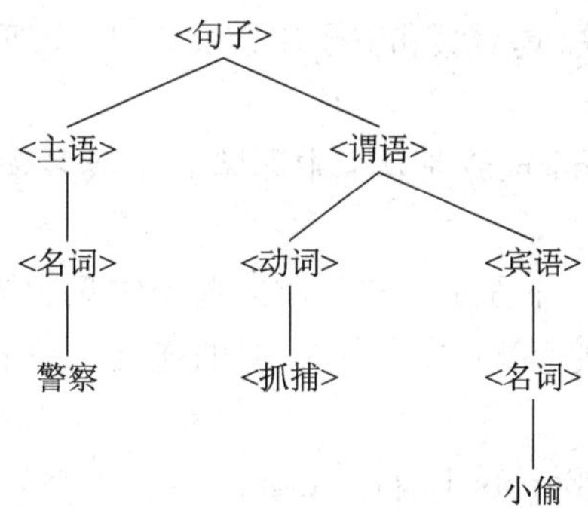

图 2-1　“警察抓捕小偷”的分析树

2.2.2　字母表和符号串

定义 2-1　字母表 (Alphabet) 是符号 (Symbol) 的非空有穷集合，记为 Σ。符号是一个抽象实体，表示可以互相区分的记号或元素。字母表中至少包含一个元素，字母表中的元素，可以是字母、数字或其他符号。

例如：字母表 Σ={a，b，c}，表示这个字母表由 a，b，c 三个符号组成。

在各种不同的应用及系统中有不同的字母表，如二进制的字母表是 {0，1}。在早期的软件系统中经常使用 ASCII(American Standard Code for Information Interchange，美国标准信息交换代码) 作为字母表。Unicode 包含大约 100 000 个来自世界各地的字符，它是网络世界应用广泛的字母表。

就像英语的字母表是由 26 个英文字母构成的，每种形式语言也都有自己的字母表。C 语言的字母表是：{ A ～ Z, a ～ z, 0 ～ 9, +, -, *, /, <, =, >, ^, ～, |, &, !, #, ’, ”, , , :, ;, ., (,),

{，}，[，]，_，?，\，空格 }。除了符号串常量中可以出现其他字符，C 语言程序中不能出现除字母表之外的其他符号。

定义 2-2 符号串 (Symbol String) 是由字母表中的符号所组成的有穷序列，又称为句子 (Sentence) 或字 (Word)。

注意，符号串总是建立在某个特定字母表上且只由字母表上的符号组成。

例如：Σ={a，b}，则 a，b，aa，ab，aabba 等都是 Σ 上的符号串，而 abc 和 cb 不是 Σ 上的符号串，因为 $c \notin \Sigma$。

符号串中符号的顺序是很重要的，ab 和 ba 是两个不同的符号串。有一个特殊的符号串，它不包含任何一个符号，称为空符号串，记为 ε。ε 是任何字母表上的符号串。

符号串的长度表示符号串中包含符号的个数，符号串 s 的长度记为 |s|。

例如：Σ= {a，b}，aab 是该字母表上的一个符号串，则 |aab|=3。

注意，空符号串 ε 的长度 |ε|=0。

与符号串相关的还有几个概念，如前缀、后缀、子串、真前缀、真后缀、真子串、子序列等。这几个概念定义如下。

定义 2-3

前缀 (Prefix)：删去符号串 s 尾部的零个或多于零个符号得到的符号串；

后缀 (Suffix)：删去符号串 s 头部的零个或多于零个符号得到的符号串；

子串 (Substring)：从符号串 s 中删去一个前缀和一个后缀得到的符号串。

符号串 s 的真 (true) 前缀、真后缀和真子串定义为：既不等于 ε 也不等于 s 本身的前缀、后缀和子串。

符号串的子序列 (Subsequence) 是从 s 中删除 0 个或多个符号后得到的串，这些被删除的符号可能不相邻。

对符号串可以进行运算，下面定义符号串的两个常见运算。

定义 2-4 符号串的连接运算：符号串 α、β 的连接，是把 β 的符号写在 α 的符号之后得到的符号串，记为 αβ。

例如：α= ab，β= cd 则 αβ = abcd，βα=cdab 。

注意，εα = αε = α。

符号串的方幂 (指数) 运算：定义为符号串 α 进行自连接所得到的符号串。α^0 定义为空串，即 $\alpha^0=\varepsilon$，并且对于 i>0，α^i 定义为 $\alpha^{i-1}\alpha$。即 $\alpha^1=\alpha^0\alpha=\varepsilon\alpha=\alpha$，$\alpha^2=\alpha^1\alpha=\alpha\alpha$，…，$\alpha^n=\alpha^{n-1}\alpha=\alpha\alpha...\alpha\alpha$(n 个 α)。

2.2.3 语言的非形式定义

定义 2-5 语言 (Language) 的非形式定义：字母表 Σ 上的一个语言是 Σ 上的一些符号串的集合。即语言是一个集合，是一个定义在某个字母表上的符号串的集合。

这个定义非常宽泛，只要是由符号串构成的集合都是语言。一个特殊的例子是只包含一个空串的集合 { ε }。这个集合也是语言，因为包含了一个空符号串 ε 。空集Φ是不包含任何一个符号串的集合，把空集Φ也看作是一个语言，称为空语言。

一般来说，语言中的每个符号串都要满足共同的构成规则。例如，所有语法上正确的 C 语言程序的集合是一个语言 (即 C 语言)。

2.2.4　语言的运算

集合有很多运算，如并运算、交运算、差运算等。既然语言是符号串的集合，那么集合的这些运算对于语言同样适用。语言中的元素是符号串，有特殊性，因此语言也有一些特殊的运算。

下面给出针对语言的几个常见的运算的定义。

定义 2-6　语言的并运算：设 L 和 M 是两个语言，L 和 M 的并记为 $L \cup M$，定义为：

$$L \cup M=\{s|s \in L \text{ 或者 } s \in M\}$$

定义 2-7　语言的连接运算：设 L 和 M 是两个语言，L 和 M 的连接记为 LM，定义为：

$$LM=\{st\,|s \in L \text{ 且 } t \in M\}$$

例如：集合 A＝{ab，cde}，B＝{0，1}，则 AB＝{ ab1，ab0，cde0，cde1 }。

注意，设 A 为任一语言，则 $\{\varepsilon\}A = A\{\varepsilon\} = A$。

定义 2-8　语言 L 的正闭包运算 (也称＋闭包运算) 和 Kleene 闭包运算 (也称＊闭包运算)，分别定义为：

$$L^+=L^1 \cup L^2 \cup \cdots \cup L^n \cdots = \bigcup_{i=1}^{\infty} L^i$$

$$L^*= L^0 \cup L^1 \cup L^2 \cup \cdots \cup L^n \cdots = L^0 \cup L^+ = \bigcup_{i=0}^{\infty} L^i$$

特殊地，定义 $L^0=\{\varepsilon\}$。注意，除非 ε 属于 L，否则 ε 不属于 L^+。

如果把字母表中的每个符号看作是一个长度为 1 的“符号串”，字母表也就成为了“语言”，对字母表也就可以做语言的运算。后面经常对字母表 Σ 作＋闭包运算和＊闭包运算。

【例 2-3】 设 Σ={ a，b }，则：

$$\Sigma^+=\{ a，b，aa，ab，ba，bb，aaa，aab，\cdots\}$$

$$\Sigma^*=\{ \varepsilon，a，b，aa，ab，ba，bb，aaa，aab，\cdots\}$$

可见，字母表 Σ 的＋闭包表示字母表中元素 a，b 构成的所有符号串的集合，字母表 Σ 的＊闭包表示字母表中元素 a，b 构成的所有符号串加上一个空串 ε 所组成的集合。

下面看一个综合性的例子。

【例 2-4】 设字母表 L＝{ A，B，C，…，Z，a，b，c，…，z }，字母表 D＝{ 0，1，…，9 }，求以下运算的结果：(1) $L \cup D$；(2) LD；(3) L^4；(4) L^*；(5) $L(L \cup D)^*$；(6) D^+。

解：(1) 26 个大写英文字母，26 个小写英文字母加上 10 个阿拉伯数字组成的集合。

(2) 第一个符号是字母，第二个符号是数字的长度为 2 的所有符号串组成的集合。

(3) 由字母构成的长度为 4 的所有符号串组成的集合。

(4) 由字母构成的任意长度的符号串加上空串 ε 所组成的集合。

(5) 字母开始的由字母、数字构成的长度大于等于 1 的所有符号串组成的集合。

(6) 所有由数字构成的长度大于等于 1 的符号串组成的集合。

2.2.5　语言的描述

语言是符号串的集合，那么如何来描述一种语言呢？

如果语言是有穷的 (只含有有穷多个符号串)，可以采用集合的列举法，即将语言中的符号串逐一列举出来表示。如果语言是无穷的，或者语言中的符号串个数多到难以列举，则需要另外寻找语言的表示方法。这种语言描述方法主要有两类，一类是所谓的识别方法，即为待描述的语言设计一个算法(或数学模型)，当输入语言中的任意一个符号串时，该过程(或数学模型)经有限次计算后就会停止并回答“是”，若输入不属于该语言的符号串时，要么经有限次计算后停止并回答“不是”，要么永远计算下去。自动机就是以识别的方式来描述语言的，第 3 章介绍的有限自动机就是自动机的一种，对其他自动机的详细介绍超出了本书的范围。另外一类语言描述方法是所谓的生成方法，即为待描述的语言定义一套规则，语言中的任意一个符号串都可以用这套规则来构造，而语言之外的符号串根据这套规则都构造不出来。文法就是以生成的方式来描述语言的。

2.2.6　文法的形式定义

定义 2-9　一个文法 G(Grammar)，定义为一个四元组 (V_T，V_N，S，P)。

其中，V_T 是一个非空有穷集合，其中的元素称为终结符号。终结符号代表语言中不可再分的最小语法单位，如 C 语言中的保留字。

V_N 也是一个非空有穷集合，其中的元素称为非终结符号。非终结符号代表语言中除最小语法单位之外的其他语法单位，如 C 语言中的语句、表达式、函数等。在这里要注意的是，V_T 和 V_N 中是没有共同元素的，即 $V_T \cap V_N=\phi$。

S 被称为开始符号，且 $S \in V_N$。它是一个特殊的非终结符号，代表最高级的语法单位。

P 是产生式集合，产生式又称为重写规则，或者生成式，是形如 $\alpha \rightarrow \beta$ 或 $\alpha :: =\beta$ 的 (α，β) 有序对，且 $\alpha \in V^+$，$\beta \in V^*$，其中 $V=(V_T \cup V_N)$，称为文法符号集合。α 称为产生式的左部，不能为空串 ε，且至少包含一个 V_N 中的元素，S 至少要在一条产生式中作为左部出现。β 称为产生式的右部，可以是空串 ε，如：$A \rightarrow \varepsilon$。

在后续文法书写中，通常遵循如下关于文法符号的约定。

终结符号的一般形式：

(1) 在字母表里排在前面的小写字母，比如 a、b、c。

(2) 运算符号，比如 +、-、*、/。

(3) 标点符号，比如括号、逗号等。

(4) 阿拉伯数字 0、1、2、3、4、…、9。

非终结符号的一般形式：

(1) 在字母表中排在前面的大写字母，比如 A、B、C。

(2) 大写字母 S，它出现时通常表示开始符号。

(3) 小写、斜体的名字，比如 *expr* 或 *stmt*。

(4) 用一对尖括号“< >”括起来的一个字符串，如 <表达式>。

(5) 当讨论程序设计语言时，语法单位英文单词第一个字母的大写形式可以代表对应语法单位的非终结符号。比如，表达式 (expression)、项 (term) 和因子 (factor) 的非终结符号通常用 E、T、F 表示。

在字母表中排在后面的大写字母(比如 X、Y、Z)表示单个文法符号，也就是说既可以表示非终结符号也可以表示终结符号。在字母表中排在后面的小写字母(主要是 u,v,…, z)表示终结符号串(可能为空串)。小写的希腊字母，比如 α、β、γ，也可以表示文法符号串(可能为空串)。

下面介绍文法的几个例子。

【例 2-5】文法 $G_1=(V_T, V_N, S, P)$，其中：

$V_T=\{0, 1\}$

$V_N=\{S\}$

$P=\{S \rightarrow 0S1, S \rightarrow 01\}$

该文法只有一个非终结符号 S，它同时也是开始符号。

【例 2-6】文法 $G_2=(V_T, V_N, S, P)$，其中：

$V_T=\{a, b, c, \cdots, x, y, z, 0, 1, \cdots, 9\}$

V_N={<标识符>，<字母>，<数字>}

S=<标识符>

P={　<标识符>→<字母>，

<标识符>→<标识符><字母>，

<标识符>→<标识符><数字>，

<字母>→ a，

<字母>→ b，

…，

<字母>→ z，

<数字>→ 0，

<数字>→ 1，

…，

<数字>→ 9　}

书写文法时可以遵循一些约定。一般来说，第一条产生式的左部是开始符号，根据文法符号使用的约定，在产生式中可以解析出文法的终结符号集合 V_T 和非终结符号集合 V_N。在不引起误解的情况下，后面书写文法时通常只列出文法的产生式。必要时在文法代号后面加上开始符号，如 G[E]。

对一组有相同左部的产生式，如：

$\alpha \rightarrow \beta_1$，

$\alpha \rightarrow \beta_2$，

…，

$\alpha \rightarrow \beta_n$

可以简写为：

$\alpha \rightarrow \beta_1 | \beta_2 | \cdots | \beta_n$

以上简写形式称为 α 的一组产生式，读作“α 产生 β_1，或者产生 β_2，…，或者产生 β_n”。

下面看一个常见的简单表达式文法。

【例 2-7】考察文法 $G_3[E]$，产生式如下：

E → E+E

E → E*E

E → (E)

E → id

以上文法可以简写为：

$$E \rightarrow E+E \mid E*E \mid (E) \mid \mathbf{id}$$

其中，E 是唯一的非终结符号，也是开始符号，**id** 表示变量标识符，是终结符号，终结符号还包括 +、*、(、)。

文法可以描述大多数程序设计语言的语法结构，除 G_3 描述了表达式结构之外，可以再举两个例子。

例如，Java 语言中的 if-else 语句通常具有如下形式：

if (expression) statement **else** statement

即一个 if-else 语句是由关键字 if 、左括号、表达式、右括号、一个语句、关键字 else 和另一个语句连接构成。如果用非终结符号 *expr* 来表示表达式，用非终结符号 *stmt* 表示语句，那么这个语法结构可以用产生式描述为：

stmt → **if** (*expr*) *stmt else stmt*

在 Java 语言中，参数是包含在括号中的，例如 max(x，y)，表示使用参数 x 和 y 调用函数 max。生成这种结构的文法如下：

call → **id** (*optparams*)
optparams → *params* |ε　　　　(注：参数列表可为空)
params → *params*，**param** | **param**

2.2.7 推导与归约

定义 2-10 如果 $A \rightarrow \gamma$ 是文法 G 的一条产生式，则称用 $\alpha\gamma\beta$ 代替 $\alpha A\beta$ 为一步直接推导 (Derivation)，记为：

$$\alpha A\beta \Rightarrow \alpha\gamma\beta$$

推导是文法符号串的一个变换过程，符号“$\Rightarrow$”读作“推出”，指用一条产生式的右部替换其左部。每一步推导都需要做两个选择，首先要选择替换哪个非终结符号，其次要选择使用该非终结符号的哪条产生式来推导，因为一个非终结符号可能有多条候选产生式。

(2.3) 是基于例 2-7 文法 G_3 的一次推导过程。

$$\begin{aligned} E &\Rightarrow \underline{E+E}(\text{使用第 1 条产生式 } E \rightarrow E+E) \\ &\Rightarrow \underline{E*E}+E(\text{使用第 2 条产生式 } E \rightarrow E*E) \\ &\Rightarrow \underline{id}*E+E(\text{使用第 4 条产生式 } E \rightarrow id) \\ &\Rightarrow id*\underline{id}+E(\text{使用第 4 条产生式 } E \rightarrow id) \\ &\Rightarrow id*id+\underline{id}(\text{使用第 4 条产生式 } E \rightarrow id) \end{aligned} \tag{2.3}$$

定义 2-11 一次推导中直接推导的次数，称为推导的长度。如语句 (2.3) 这次推导长度为 5。如果只关心推导的起点和终点，则可以将推导过程简化。假设从 α 出发，经过一步或多于一步的推导得到 β，则可将这次推导记为：

$$A \overset{+}{\Rightarrow} \beta$$

假设从 α 出发，经过零步或多于零步的推导得到 β，可记为：

$$A \overset{*}{\Rightarrow} \beta$$

定义 2-12 如果 $A \rightarrow \gamma$ 是文法 G 的一条产生式，则称用 $\alpha A\beta$ 代替 $\alpha\gamma\beta$ 为一步直接

归约 (Reduce)，记为：

$$\alpha\gamma\beta \Leftarrow \alpha A\beta$$

推导是用产生式的右部替换左部，而归约则是用产生式的左部替换右部，归约是推导的逆过程，同时推导也是归约的逆过程。

定义 2-13　从文法 G 的开始符号出发进行零步或多于零步的推导得到的文法符号串，即如果 $S \overset{*}{\Rightarrow} \alpha$，$\alpha \in (V_T \cup V_N)^*$，则称 α 为文法 G 的一个句型。只包含终结符号的句型，即如果 $S \overset{*}{\Rightarrow} \beta$，$\beta \in V_T^*$，则称 β 为文法 G 的一个句子。

例如：在推导语句 (2.3) 中，句型有：E+E、E*E+E、id*E+E、id*id+E 和 id*id+id，其中 id*id+id 是句子。

定义 2-14　最左推导 (Left-most Derivation)，即每次推导都施加在句型的最左边的非终结符号上的推导，记为$\underset{lm}{\Rightarrow}$。最右推导 (Right-most Derivation)，即每次推导都施加在句型的最右边的非终结符号上的推导，记为$\underset{rm}{\Rightarrow}$。最右推导又称为规范推导。

定义 2-15　最左归约 (Left-most Reduce)，即每次都是对句型中最左边的可归约串进行的归约。最左归约又称为规范归约。最右归约 (Right-most Reduce)，即每次都是对句型中最右边的可归约串进行的归约。

最左推导和最右归约互为逆过程，最右推导和最左归约互为逆过程。

基于文法 G_3，以句子 (id+id)*id 作为推导目标，可以分别构造最左推导和最右推导，见 (2.4) 和 (2.5)。

最左推导：

$$\begin{aligned} E &\underset{lm}{\Rightarrow} \underline{E*E} \\ &\underset{lm}{\Rightarrow} \underline{(E)}*E \\ &\underset{lm}{\Rightarrow} (\underline{E+E})*E \\ &\underset{lm}{\Rightarrow} (\underline{id}+E)*E \\ &\underset{lm}{\Rightarrow} (id+\underline{id})*E \\ &\underset{lm}{\Rightarrow} (id+id)*\underline{id} \end{aligned} \tag{2.4}$$

最右推导：

$$\begin{aligned} E &\underset{rm}{\Rightarrow} \underline{E*E} \\ &\underset{rm}{\Rightarrow} E*\underline{id} \\ &\underset{rm}{\Rightarrow} \underline{(E)}*id \\ &\underset{rm}{\Rightarrow} (\underline{E+E})*id \\ &\underset{rm}{\Rightarrow} (E+\underline{id})*id \\ &\underset{lm}{\Rightarrow} (\underline{id}+id)*id \end{aligned} \tag{2.5}$$

2.2.8　语言与文法

定义 2-16　语言的形式定义：文法 G 推导出的所有句子组成的集合，称为语言，记为 L(G)，即：

$$L(G)=\{x \mid S \overset{*}{\Rightarrow} x \text{ 且 } x \in V_T^*\}$$

L(G) 是 V_T^* 的子集，即属于 V_T^* 的符号串 x 不一定属于 L(G)。文法的作用是可以用有限的规则描述无限的语言现象，构成文法的终结符号集合、非终结符号集合、产生式集合都是有穷集合，但是却可以推导出无穷多个句子。文法给定了，它所描述的(唯一的一个)语言也就确定了，文法以生成的方式描述语言。

对于一个给定的文法 G，证明它描述了哪个语言 L 是很重要的。证明过程分两个步骤，一是证明文法 G 推导出的每个句子都在 L 中，二是证明 L 中的每个句子都可以由文法 G 推出。也就是要证明文法 G 不多不少正好推导出语言 L 中的句子。

【例 2-8】考虑文法 G_4：

$$S \rightarrow (S)S \mid \varepsilon$$

这个文法只有两条产生式，但是却可以生成无穷多个句子。除了空串 ε，这些句子具有共同的特点，即它们都是由对称的括号对“(”和“)”构成的，并且它的每个前缀的左括号不少于右括号。如“()”(1 个括号对)、“()(())”(3 个括号对)等，空串 ε 可以看作是包含零个括号对的句子。

要证明这个文法描述的是包含所有括号对称的句子的语言，首先需要证明从 S 推导得到的每个句子都是括号对称的，然后证明每个括号对称的句子都可以从 S 推导得到。

第一步：证明文法 G 推出的每个句子都是括号对称的。

归纳法：对推导步数 n 进行归纳。

(1) 归纳基础：n=1。可以从 S 经过一步推导得到的句子只有一个，即空串 ε，它是括号对称的(含零个括号对)。

(2) 归纳步骤：假设所有步数少于 n 的推导都能得到括号对称的句子，考察如下形式的包含 n 步的推导：

$$S \underset{lm}{\Rightarrow} (S)S \underset{lm}{\overset{*}{\Rightarrow}} (x)S \underset{lm}{\overset{*}{\Rightarrow}} (x)y$$

从 S 到 x 和 y 的推导过程都少于 n 步，根据归纳假设，x 和 y 都是括号对称的，因此，句子 (x)y 也是括号对称的。

第二步：证明每个括号对称的句子都是可以由文法 G 推出的。

归纳法：对句子的长度进行归纳。

(1) 归纳基础：如果句子的长度是 0，它必然是空串 ε。ε 是括号对称的，且可以从 S 一步推导得到。

(2) 归纳步骤：容易理解，每个括号对称句子的长度是偶数。假设每个长度小于 2n 的括号对称的句子都能够从 S 推导得到，并考虑一个长度为 2n(n ⩾ 1) 的括号对称的句子 w。w 一定以左括号开头。令 (x) 是 w 的最短的、左括号个数和右括号个数相同的非空前缀，那么 w 可以写成 w=(x)y 的形式，其中 x 和 y 都是括号对称的。因为 x 和 y 的长度都小于 2n，根据归纳假设，它们可以从 S 推导得到。因此，可以找到一个如下形式的推导：

$$S \underset{lm}{\Rightarrow} (S)S \underset{lm}{\overset{*}{\Rightarrow}} (x)S \underset{lm}{\overset{*}{\Rightarrow}} (x)y$$

它证明 w=(x)y 也可以从 S 推导得到。

下面再举两个文法的例子，并考察其所描述的语言。

【例 2-9】设有文法 G_5：

$$S \rightarrow A$$

$$A \rightarrow 0A1$$

$A \rightarrow 01$

问题：从开始符号 S 出发，将推出一些什么样的句子？也就是说，$L(G_5)$ 是由什么样的符号串组成的集合？

解：G_5 能推出的句子为 01，0011，000111，......，句子都是以若干个 0 开头，后接相同数目的 1 构成，$L(G_5)$ 可以用如下式子描述：

$$L(G_5) = \{ 0^n 1^n \mid n \geqslant 1 \}$$

【例 2-10】 考察如下文法 G_6：

$$E \rightarrow E+T \mid T$$
$$T \rightarrow T*F \mid F$$
$$F \rightarrow (E) \mid id$$

该文法可推出所有的由变量标识符 id，运算符号 +、*，和括号 (、) 构成的算术表达式，如 id+id、id*id+id、id*(id+id) 等。

给定一个文法如何确定其所描述的语言？可以从文法的开始符号出发，反复连续地使用产生式规则展开非终结符号以获得句子，并总结句子的结构特征，然后可以用式子或自然语言来描述该语言。

如果给定一个语言 (句子的集合)，如何设计生成该语言的文法呢？设计一个文法来描述一个语言，关键是设计一组产生式规则，用来生成语言中的句子。因此同样必须分析语言中句子的结构特征。

【例 2-11】 设字母表 Σ={a，b}，试设计一个文法，描述语言 $L_1=\{ a^{2n}，b^{2n} \mid n \geqslant 1 \}$。

解：L_1 中的句子要么由偶数个 a 构成，要么由偶数个 b 构成，可以设计文法 G_7 来生成这个语言，G_7 的文法产生式如下：

$S \rightarrow aa \mid aaB \mid bb \mid bbD$

$B \rightarrow aa \mid aaB$

$D \rightarrow bb \mid bbD$

需要注意的是，描述一个语言的文法可能有多个，描述 L_1 的另一个文法为 G_8：

$S \rightarrow B \mid D$

$B \rightarrow aa \mid aBa$

$D \rightarrow bb \mid bDb$

定义 2-17　一个文法生成一个语言，但一个语言可以由若干个文法生成，生成同一个语言的文法是等价的，称为等价文法。

如例 2-11 中文法 G_7 和 G_8 生成的语言相同，即 $L(G_7)=L(G_8)$，因此 G_7 和 G_8 是等价文法。同理，例 2-7 中的 G_3 和例 2-10 中的 G_6 也是等价文法，因为 G_3 也是产生所有的由变量标识符 id，运算符号 +、*，和括号 (、) 构成的算术表达式。再次强调，判断两个文法是否等价的依据为是否产生了相同的符号串的集合。等价文法的应用场景主要是：经常需要对某个文法进行等价变换，以满足分析的需要，如后续章节中的提取公共左因子和消除左递归。

2.3　文法和语言的分类

美国著名语言学家艾弗拉姆 · 诺姆 · 乔姆斯基 (Avram Noam Chomsky) 在 1956 年提出了对形式文法进行分类的标准。通过对形式文法的产生式施加不同的限制条件，乔姆斯基将形式文法分为4类，即0型文法、1型文法、2型文法、3型文法。每类文法对应一类语言，相应地形式语言也分为了4类。这就是所谓的乔姆斯基文法体系。

定义2-18 对于文法G=(V_T，V_N，S，P)，如果P中的每个产生式$\alpha \to \beta$，都有$\alpha \in (V_T \cup V_N)^+$，$\beta \in (V_T \cup V_N)^*$，即$|\alpha| \neq 0$或$\alpha \neq \varepsilon$，则称文法G为0型文法。0型文法又称短语结构文法(PSG，Phrase Structure Grammar)。0型文法描述的语言称为0型语言，或短语结构语言(PSL，Phrase Structure Language)。0型语言由图灵机(TM，Turing Machine)识别。

定义2-19 对于文法G=(V_T，V_N，S，P)，如果P中的每个产生式$\alpha \to \beta$，都有$|\alpha| \leqslant |\beta|$，则称文法G为1型文法。1型文法又称上下文有关文法(CSG，Context Sensitive Grammar)。1型文法描述的语言称为1型语言，或上下文有关语言(CSL，Context Sensitive Language)。1型语言由线性有界自动机(LBA，Linear Bounded Automata)识别。

定义2-20 对于文法G=(V_T，V_N，S，P)，如果P中的每个产生式$\alpha \to \beta$，都有$\alpha \in V_N$，则称文法G为2型文法。2型文法又称上下文无关文法(CFG，Context Free Grammar)。2型文法描述的语言称为2型语言，或上下文无关语言(CFL，Context Free Language)。2型语言由下推自动机(PDA，Push Down Automata)识别。高级程序设计语言的大部分语法结构可以由2型文法描述。

定义2-21 对于文法G=(V_T，V_N，S，P)，如果P中的每个产生式$\alpha \to \beta$的形式满足以下两种条件之一，则称文法G为3型文法。

(1) $A \to a$或$A \to aB$

(2) $A \to a$或$A \to Ba$

其中A，$B \in V_N$，$a \in V_T \cup \{\varepsilon\}$。

3型文法又称为正规文法(RG，Regular Grammar)或者正则文法。其中满足条件(1)的称为右线性文法，满足条件(2)的称为左线性文法。3型文法描述的语言称为3型语言，也称为正规语言或正则语言(RL，Regular Language)。3型语言由有限自动机(FA，Finite Automata)识别。3型文法能描述程序设计语言的多数单词。

由以上定义可知：

(1) 一个3型文法，同时也是0型文法、1型文法、2型文法，反之不一定成立；

(2) 一个2型文法，同时也是0型文法、1型文法，反之不一定成立；

(3) 一个1型文法，同时也是0型文法，反之不一定成立。

相应地：

(1) 一个3型语言，同时也是0型语言、1型语言、2型语言，反之不一定成立；

(2) 一个2型语言，同时也是0型语言、1型语言，反之不一定成立；

(3) 一个1型语言，同时也是0型语言，反之不一定成立。

下面举几个例子。

【例2-12】文法G_9：

$$
\begin{array}{ll}
S \to aBC|aSBC & CB \to BC \\
aB \to ab & bB \to bb \\
bB \to b & bC \to bc \\
cC \to c & cC \to cc
\end{array}
$$

该文法是 0 型文法。

【例 2-13】文法 G_{10}：

$$
\begin{array}{ll}
S \rightarrow CD & Ab \rightarrow bA \\
C \rightarrow aCA & Ba \rightarrow aB \\
C \rightarrow bCB & Bb \rightarrow bB \\
AD \rightarrow aD & BD \rightarrow bD \\
Aa \rightarrow bD &
\end{array}
$$

该文法是 1 型文法，同时也是 0 型文法。

【例 2-14】文法 G_{11}：

$$
\begin{array}{l}
S \rightarrow aB \mid bA \\
A \rightarrow a \mid aS \mid bAA \\
B \rightarrow b \mid bS \mid aBB
\end{array}
$$

该文法是 2 型文法，同时也是 0 型文法、1 型文法。

【例 2-15】文法 G_{12}：

$$
\begin{array}{l}
S \rightarrow 0A \mid 1B \mid 0 \\
A \rightarrow 0A \mid 1B \mid 0S \\
B \rightarrow 1B \mid 1 \mid 0
\end{array}
$$

该文法是 3 型文法 (右线性文法)，同时也是 0 型文法、1 型文法和 2 型文法。

除非特别指出，本书后面提到的文法均默认为上下文无关文法。

2.4　上下文无关文法的句型分析

2.4.1　用上下文无关文法描述高级语言

严格地说，高级程序设计语言不是上下文无关语言，无法完全用上下文无关文法来描述。例如，在用高级语言书写的程序中要引用一个标识符，一般来说需要在前面的程序文本中先定义 (声明)。抽象地看，一个程序可以表示为形式 wcw，其中第一个 w 是标识符定义语句中的标识符 (符号串)，c 表示中间的程序片段，第二个 w 是引用该标识符语句中的标识符。这是典型的上下文相关的语言结构，无法用上下文无关文法来描述这样一种语言特性。

高级语言上下文相关性的另一个例子是函数引用中的参数个数问题。高级语言在定义一个函数时一般会指明该函数参数的个数，在引用该函数时参数的个数应该和定义函数时一致。这个一致性也无法用上下文无关文法来描述。一个类 C 语言的函数引用结构的文法如下：

$$
\begin{array}{l}
stmt \rightarrow \mathbf{id}\ (\ expr\_list\ ) \\
expr\_list \rightarrow expr\_list,\ expr \mid expr
\end{array}
$$

其中，id 是要引用的函数的名字，*expr_list* 是该函数的参数列表，*expr* 是一个单独的参数。使用参数列表 *expr_list* 的产生式可以生成用逗号隔开的 1 ～ n 个参数，参数个数和函数定义时是否一致不作检查。这些高级语言的上下文相关性，可以在语义分析阶段来完成。

虽然上下文无关文法不能完全描述高级程序设计语言，但是现有的编译器大部分基于上下文无关文法来构建。上下文无关文法可以描述现今程序设计语言的大部分语法结构，如算术表达式、赋值语句、条件语句、循环语句等。

为区别同一条产生式中相同文法符号的多次出现，可以为文法符号引入下标。重新考察例 2-7 中的算术表达式文法 G_3，见下例。

【例 2-16】为产生式右部中的 E 引入下标，改写 G_3，产生式如下：

$$E \to E_1+E_2 \mid E_1*E_2 \mid (E_1) \mid \mathbf{id}$$

这是描述高级语言简单算术表达式的文法，其中 E(Expression) 表示算术表达式，**id**(identifier) 表示程序的"变量"。该文法定义了由变量 **id**，+，*，(和) 组成的算术表达式的语法结构，产生式的意义为：单独一个变量是算术表达式；若 E_1 和 E_2 是算术表达式，则 E_1+E_2，E_1*E_2 和 (E_1) 也是算术表达式。

描述一种简单赋值语句的产生式如下：

< 赋值语句 > → id : = E

即赋值语句由一个变量标识符 id，后接一个赋值运算符": ="，赋值运算符后面跟一个算术表达式 E 组成。

描述条件语句的产生式如下：

< 条件语句 > → if < 条件 > then < 语句 > |
　　if < 条件 > then < 语句 >else < 语句 >

条件语句有两类，即"if-then"语句和"if-then-else"语句。"if-then"语句由保留字"if"连接上条件表达式 < 条件 >，接上保留字"then"，后跟上 < 语句 > 组成。"if-then-else"语句由保留字"if"连接上条件表达式 < 条件 >，接上保留字"then"，后跟上 < 语句 >，然后再接上保留字"else"，再跟上一个 < 语句 > 组成。

2.4.2 句型推导与分析树

从文法的开始符号出发，经过零步或者多于零步的推导，产生的符号串都是句型。所有的句型都可以由文法推导出来，推导过程包含若干步直接推导，每一步直接推导要用到一条文法产生式。

上下文无关文法的产生式，左部只有一个非终结符号。上下文无关文法的句型推导，可以用一种树状结构来表达。推导过程中用到的产生式的左部 (非终结符号) 总是对应这棵树中的某个内部结点 (或者根结点)，其子结点从左到右排列构成产生式的右部。推导过程中每用到一条产生式，就构造该树状结构的一部分。

树状结构的构造过程：第一步推导总是用到开始符号的一条产生式，首先构造标记为开始符号的结点，该结点作为树状结构的根结点；然后为产生式右部的每个文法符号 (可能是终结符号也可能是非终结符号) 构造一个结点，并且从左到右排列作为根结点的子结点。接着处理第二步直接推导用到的产生式，其左部 (非终结符号) 对应的结点在树状结构中已存在，为该产生式右部的每个文法符号分别构造结点，并且从左到右排列作为产生式左部结点的子结点。重复以上操作，直到处理完最后一条产生式，该树状结构构造完成。这个树状结构称为句型推导的分析树。

分析树是句型推导的图形化表示形式。分析树叶子结点的标号既可以是非终结符号，也可以是终结符号，分析树的叶子结点从左到右排列正好是推导出的句型。

再次以以下算术表达式文法为例，

$$E \rightarrow E+E \mid E*E \mid (E) \mid \mathbf{id}$$

基于此文法，构造一个最左推导：

$$E \Rightarrow \underline{E+E} \Rightarrow \underline{id}+E \Rightarrow id+\underline{E*E} \Rightarrow id+\underline{id}*E \Rightarrow id+id*\underline{id} \tag{2.6}$$

其对应的分析树的构造过程见图 2-2。

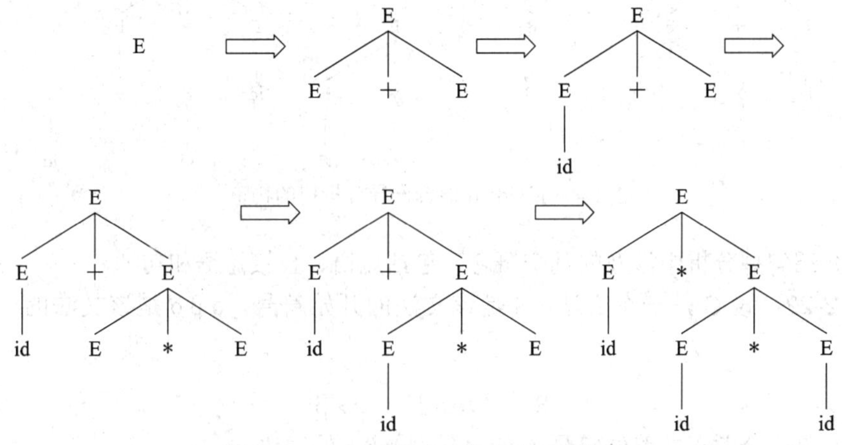

图 2-2　id+id*id 最左推导分析树的构造

一次句型推导，可以构造唯一的一棵分析树。但是分析树没有反映句型推导的顺序，一棵分析树可能对应多个推导，或者说同一个句型的多个推导有可能构造的是同一棵分析树。如以下两个推导 (2.7)、(2.8) 构造的分析树与图 2-2 构造的分析树是一样的，见图 2-3 和图 2-4。其中 (2.7) 是最右推导，(2.8) 则是一种混合推导。

$$E \Rightarrow \underline{E+E} \Rightarrow E+\underline{E*E} \Rightarrow E+E*\underline{id} \Rightarrow E+\underline{id}*id \Rightarrow \underline{id}+id*id \tag{2.7}$$

$$E \Rightarrow \underline{E+E} \Rightarrow \underline{id}+E \Rightarrow id+\underline{E*E} \Rightarrow id+E*\underline{id} \Rightarrow id+\underline{id}*id \tag{2.8}$$

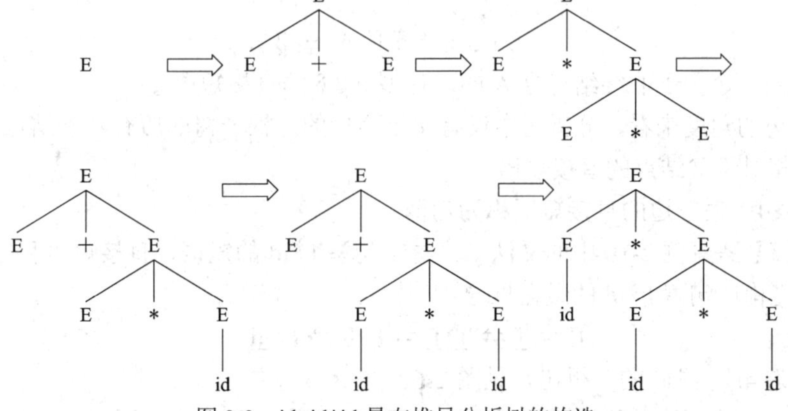

图 2-3　id+id*id 最右推导分析树的构造

不同的推导，在构造分析树时的顺序是不一样的。因为每次构建哪个内部结点的子结点的顺序不同。虽然一棵分析树可能与多个推导对应，但是一棵分析树只对应一个最左推导，也只对应一个最右推导。如上例，句子 id+id*id 的分析树对应的最左推导是 (2.6)，对应的最右推导是 (2.7)。最左推导构造分析树时的顺序是自顶向下、从左往右，参见图 2-2；最右推导构造分析树时的顺序则是自顶向下、从右往左，参见图 2-3。

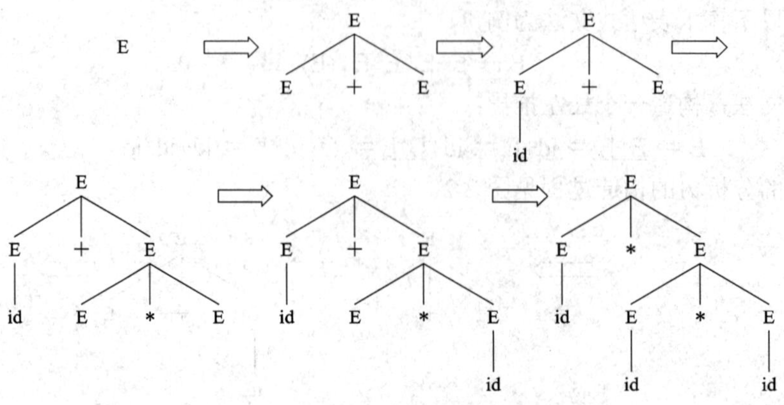

图 2-4　id+id*id 混合推导分析树的构造

下面介绍句型分析中涉及的几个概念，包括短语、直接短语和句柄。

定义 2-22　设 G 是一个文法，S 是该文法的开始符号，αβδ 是该文法的一个句型，如果有：

$$S \overset{*}{\Rightarrow} \alpha A\delta \text{ 且 } A \overset{+}{\Rightarrow} \beta$$

则称 β 是一个关于非终结符号 A 的、句型 αβδ 的短语。

从分析树的角度来看，分析树中一棵子树的所有叶子结点从左到右排列起来构成一个相对于该子树的根的短语，见图 2-5。

根据定义，句型本身也是该句型的短语，这个短语是相对于开始符号 S 的。

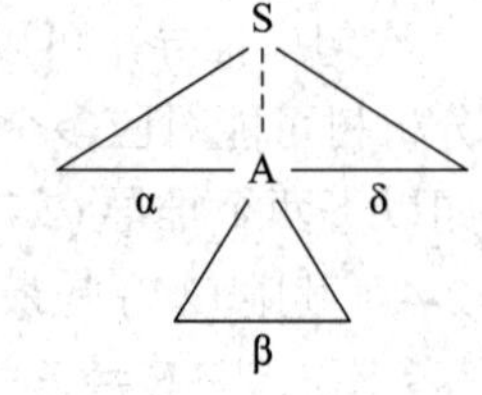

图 2-5　分析树的框架及短语子树

定义 2-23　设 G 是一个文法，S 是该文法的开始符号，αβδ 是它的一个句型，如果有：

$$S \overset{*}{\Rightarrow} \alpha A \delta \text{ 且 } A \Rightarrow \beta$$

则称 β 是一个关于非终结符号 A 的、句型 αβδ 的直接短语。

从分析树的角度来看，分析树中仅有父子两代的一棵子树的所有叶子结点从左到右排列构成一个相对于父结点的直接短语。

定义 2-24　最左边的直接短语称为句柄。

【例 2-17】考虑例 2-10 中的文法 G_6，求：句型 F*id 的短语、直接短语和句柄。

解：首先构造句型 F*id 的最左推导：

$$E \Rightarrow \underline{T} \Rightarrow \underline{T*F} \Rightarrow \underline{F}*F \Rightarrow F*\underline{id} \tag{2.9}$$

然后构造句型 F*id 的分析树，见图 2-6。

句型 F*id 的短语包括 F*id、F 和 id，其中 F*id 是关于 E 的，同时也是关于 T 的，F 是关于 T 的，id 是关于 F 的。

F*id 的直接短语包括 F 和 id，它们都是只有父子两代的子树的叶子结点从左到右排列得到的。

句柄是 F，因为在所有直接短语中，它是最左边的这个。

注意，每个句型的句柄是唯一的。句柄是句型分析中最重要的概

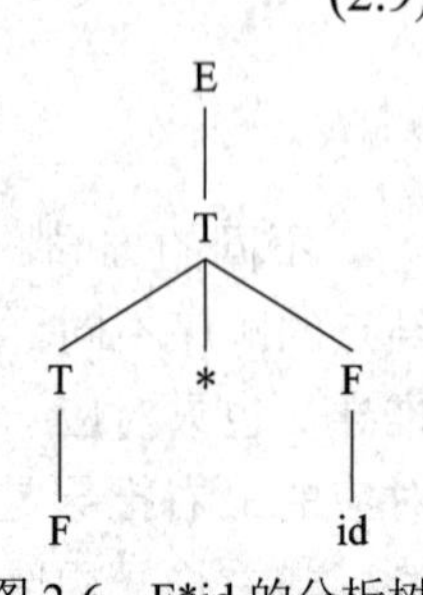

图 2-6　F*id 的分析树

念之一，识别句型中的句柄是自底向上语法分析需要解决的关键问题。

2.4.3　句子、文法和语言的二义性

定义 2-25　如果一个文法的句子有两棵或两棵以上的分析树，则称此句子是二义的 (ambiguous)。

因为每棵分析树都对应了一个最左推导，也对应了一个最右推导，所以二义性的句子有两个以上的最左推导，也有两个以上的最右推导。

例如，对于文法 G_3 的句子 id+id*id，有两个最左推导，见 (2.10)，也有两个最右推导，见 (2.11)，对应的两棵分析树分别见图 2-7(a) 和 (b)。

最左推导：

$$\begin{aligned}&E \Rightarrow \underline{E+E} \Rightarrow \underline{id}+E \Rightarrow id+\underline{E*E} \Rightarrow id+\underline{id}*E \Rightarrow id+id*\underline{id} \\ &E \Rightarrow \underline{E*E} \Rightarrow \underline{E+E}*E \Rightarrow \underline{id}+E*E \Rightarrow id+\underline{id}*E \Rightarrow id+id*\underline{id}\end{aligned} \tag{2.10}$$

最右推导：

$$\begin{aligned}&E \Rightarrow \underline{E+E} \Rightarrow E+\underline{E*E} \Rightarrow E+E*\underline{id} \Rightarrow E+\underline{id}*id \Rightarrow \underline{id}+id*id \\ &E \Rightarrow \underline{E*E} \Rightarrow E*\underline{id} \Rightarrow \underline{E+E}*id \Rightarrow E+\underline{id}*id \Rightarrow \underline{id}+id*id\end{aligned} \tag{2.11}$$

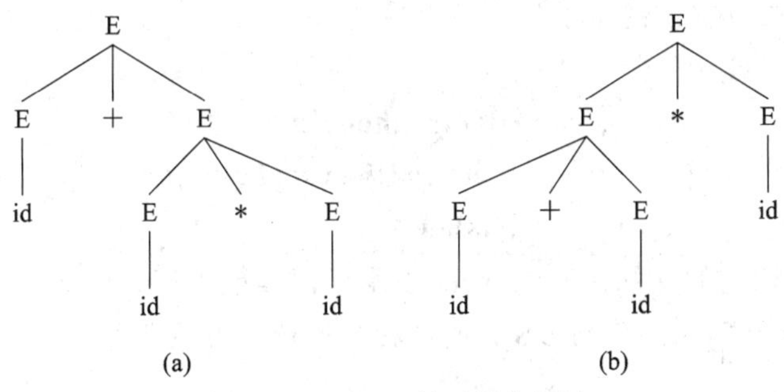

图 2-7　id+id*id 的两棵分析树

图 2-7(a) 这棵分析树反映了 + 运算和 * 运算之间正常的优先级关系 (即 * 运算的优先级高于 + 运算的优先级)，而图 2-7(b) 这棵分析树反映的两个运算之间的优先级关系是不正确的。对于一个表达式如：a+b*c，图 2-7(a) 反映的是先计算 b*c，a 再去加 b*c 这样一个运算顺序，而图 2-7(b) 反映的是先计算 a+b，再去乘 c 这样一个计算顺序，显然前者是我们所需要的。

定义 2-26　如果一个文法包含二义性的句子，则称这个文法是二义性的；否则，该文法是无二义性的。如 G_3 就是一个二义性的文法。

定义 2-27　如果产生某上下文无关语言的每一个文法都是二义的，则称此语言是先天二义的。希望文法是无二义的，因为希望对于每一个句子进行唯一确定的分析。

2.4.4　二义文法的改造

在某些情况下，使用经过精心设计的二义文法可以带来方便。但一般情况下，不能直接使用二义文法。可以通过对二义文法进行改造 (等价变换) 来消除文法的二义性，使得对于任何一个合法的句子，都只能生成唯一的一棵分析树。

对于二义文法需要使用消除二义性的规则来识别哪些是不合法的分析树，从而为每个句子留下一棵正确的分析树。

例如，通过规定运算的优先顺序和结合律，可以将二义文法 G_{13} 改写为无二义的文法 G_{14}。

G_{13} 的文法产生式如下：

$$E \rightarrow E+E \mid E-E \mid E*E \mid E/E \mid (E) \mid id$$

G_{14} 的文法产生式如下：

$$E \rightarrow E+T \mid E-T \mid T$$
$$T \rightarrow T*F \mid T/F \mid F$$
$$F \rightarrow (E) \mid id$$

文法 G_{14} 反映了 +、-、*、/ 这 4 个运算都是左结合的，其中 *、/ 的运算优先级高于 +、- 的运算优先级。构造文法 G_{14} 的基本思路是：创建两个非终结符号 E(Expression) 和 T(Term)，分别对应于两个优先级层次，并使用另一个非终结符号 F(Factor) 来生成表达式中的基本单元。表达式的基本单元是变量标识符或带括号的表达式。使用这个文法时，一个表达式就是一个由 + 或 - 分隔开的项 (T) 的列表，而项是由 * 或 / 分割的因子 (F) 的列表。任意由括号括起来的表达式都是因子，可以使用括号构造出具有任意嵌套深度的表达式。

下面再看一个二义文法的例子。

【例 2-18】文法 G_{15}：

stmt → **if** *expr* **then** *stmt*
　　| **if** *expr* **then** *stmt* **else** *stmt*
　　| **other**

这是生成条件语句的文法，其中 other 表示任何其他语句。该文法是二义的，如对于一个句子：If E_1 then if E_2 then S_1 else S_2，有两棵分析树，见图 2-8。

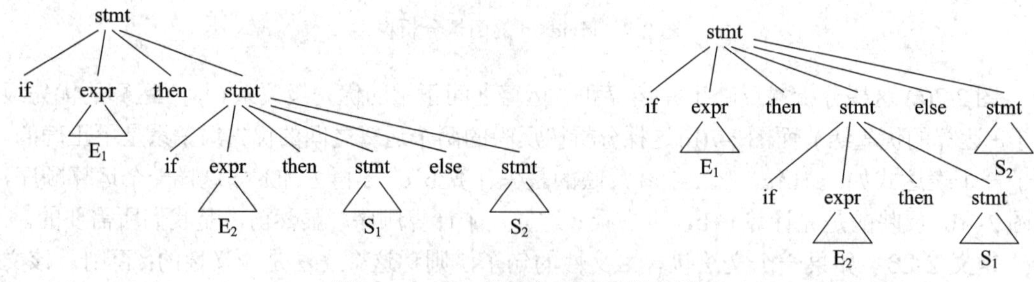

图 2-8　一个二义性句子的两棵分析树

在高级程序设计语言中，如果有 if-then-else 语句通常会选择第一棵分析树，因为默认的规则是“每个 else 和最近的尚未匹配的 then 匹配”。可以将以上文法改写为一个等价的无二义的文法。其基本思想是：在一个 then 和一个 else 之间出现的语句必须是“已匹配的”，也就是说中间的语句不能以一个尚未匹配的 (或者说开放的)then 结尾。一个已匹配的语句要么是一个不包含开放语句的 if-then-else 语句，要么是一个非条件语句。改造后的文法如下：

stmt → *matched_stmt*
　　| *open_stmt*

$$matched\_stmt \rightarrow \textbf{if}\ expr\ \textbf{then}\ matched\_stmt\ \textbf{else}\ matched\_stmt$$
$$\mid \textbf{other}$$
$$open\_stmt \rightarrow \textbf{if}\ expr\ \textbf{then}\ stmt$$
$$\mid \textbf{if}\ expr\ \textbf{then}\ matched\_stmt\ \textbf{else}\ open\_stmt$$

对于句子 If E_1 then if E_2 then S_1 else S_2，其分析树是唯一的，见图 2-9。

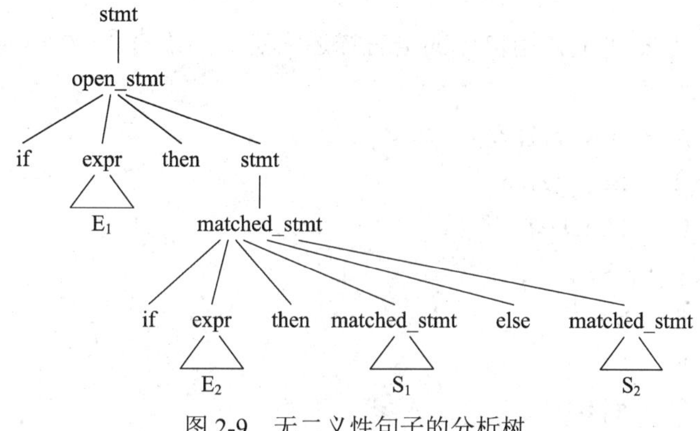

图 2-9　无二义性句子的分析树

2.5 小　结

本书主要讲授编译器构造的原理与常见技术，形式文法和形式语言 (特别是上下文无关文法与上下文无关语言) 理论是编译器构造的理论基础。虽然高级程序设计语言并不是严格意义上的上下文无关语言，但是当前的编译器设计基本上都是基于上下文无关文法的。对于高级语言中上下文相关的语法结构，可以在语义分析阶段进行处理。与自然语言类似，形式语言也有语言材料和语法规则，形式语言的最高级语法单位是句子，句子由单词构成，单词由字母表中的符号构成。单词的构成规则称为词法规则，句子的构成规则称为语法规则。形式语言的语法规则通常用产生式的形式来描述，产生式是形式文法的主要组成部分。书写文法时通常只需列出文法的产生式序列，文法的其他组成部分，如开始符号、终结符号集合、非终结符号集合等可以按照一些约定从产生式中提取。形式语言定义为某个字母表上符号串的集合。一般来说，这些符号串是可以由某个文法推导出来，即它们应该遵循一些共同的构成规则。推导是用产生式的右部替换左部，归约是用产生式左部替换右部，推导和归约互为逆过程。从一个文法的开始符号出发做零步或者多于零步的推导得到的文法符号串称为句型，只含有终结符号的句型称为句子，文法能推出的所有句子组成的集合称为该文法描述的语言。一个文法描述一个语言，但是一个语言可以对应多个描述它的文法，文法和语言是多对一的关系。乔姆斯基将形式文法和形式语言分为四类，编译器设计中主要涉及 2 型文法 (即上下文无关文法)，对上下文无关文法句型的分析具有特别重要的意义，因为它是语法分析和语义分析的基础。一个文法的句型 (包括句子) 总是可以从该文法的开始符号推导出来。某个句型的一次推导对应一棵分析树，一棵分析树却可能对应该句型的多个推导，但是一棵分析树只对应句型的一个最左推导，也只对应句型的一个最右推导。

本章要求理解掌握形式文法和形式语言的定义，以及与形式文法和形式语言相关的几个重要概念，如推导、归约、句型、句子、句子与文法的二义性等，重点是掌握上下文无关文法句型推导与分析树之间的关系，理解短语、直接短语、句柄的概念，掌握从句型中解析短语、直接短语、句柄的方法。

习 题

2.1 给定如下文法 G[A]，用自己的语言描述它定义的语言。(注：G[A] 中的 A 是文法的开始符号)

A → aaA | aaB

B → Bcc | D#cc

D → bbbD | #

2.2 设有文法 G[S]：

S → B = E

B → C | D

C → a | b | c

D → m[1] | m[2] | m[3]

E → C O C | C O D | D O C | D O D

O → + | -

现有两个句子① b = a+b；② m[2] = b + m[1]，分别完成以下题目：

(1) 分别给出这两个句子的最左推导或最右推导。

(2) 试画出对应的分析树。

(3) 指出每个句子中的短语、直接短语和句柄。

2.3 给定文法 G[E]：

E → E + T | E – T | T

T → F | T*F | T/F

F → F ^ P | P

P → c | id | (E)

现有文法符号串 E+T*(F-id) 和 T*P ^ (id+c)，试完成如下题目：

(1) 证明这两个符号串都是该文法的句型。

(2) 画出相应的分析树。

(3) 指出每个句型的短语、直接短语、句柄。

2.4 考虑文法 G[S]：

S → aSbS | bSaS | ε

(1) 为句子 abab 构造两个不同的最左推导，以此说明该文法是二义的。

(2) 为 abab 构造分析树。

2.5 给定文法 G[E]：

E → T | E + T | E - T

T → F | T*F | T/F

F → (E) | id

写出表达式 id*(id + id) + id 的最左或最右推导，并画出分析树。

2.6 考虑文法 G[S]：

$$S \rightarrow (L) \mid a$$

$$L \rightarrow L, S \mid S$$

(1) 建立句子 (a，(a，a)) 和 (a，((a，a)，(a，a))) 的分析树。

(2) 为上述两个句子构造最左推导。

(3) 为上述两个句子构造最右推导。

(4) 该文法产生的语言是什么？

2.7 设有文法 G[N]：

$$N \rightarrow D \mid ND$$

$$D \rightarrow 0 \mid 1 \mid 2 \mid 3 \mid 4 \mid 5 \mid 6 \mid 7 \mid 8 \mid 9$$

(1) 该文法定义的语言是什么？

(2) 给出句子 0123 和 2468 的最左推导和最右推导。

2.8 证明如下文法 G[S] 的二义性：

$$S \rightarrow iSeS \mid iS \mid i$$

2.9 写出下面文法所描述的语言。

$G_1[S]$：$S \rightarrow AB$

　　　$A \rightarrow aA \mid \varepsilon$

　　　$B \rightarrow bc \mid bBc$

$G_2[S]$：$S \rightarrow aA \mid a$

　　　$A \rightarrow aS$

2.10 文法 G[S]=({S}，{a，b}，{S → bS | a}，S) 所生成的语言是什么？

第3章 词法分析

对高级语言的源程序进行结构分析包括两个层次：一个是判断构成源程序的单词是否合法，即词法分析；另一个是判断整个程序是否合法，即语法分析。一般的编译器都将词法分析和语法分析分成两个相对独立的模块来实现。语法分析往往是基于(上下文无关)文法的，而一个语言的词法规则通常很简单，不需要使用文法来描述这些规则。一般情况下使用正规表达式就可以描述常见的单词符号的结构，如标识符、常量、关键字、运算符等。一个语言的所有单词符号构成一个正规语言，正规语言是乔姆斯基文法分类体系中的3型语言，可以由有限自动机识别。本章重点介绍正规表达式、有限自动机的概念，还将介绍正规表达式、有限自动机和正规文法之间的等价性。最后简要介绍词法分析程序的自动构造工具——LEX。

3.1 词法分析程序的设计

词法分析的主要任务是从左到右逐个字符地扫描源程序，将构成源程序的单词符号一个一个地切分出来，把字符流形式的源程序转化为单词符号的序列。单词是源语言中具有独立含义的最小语法单位，包括保留字(或关键字)、标识符、运算符、分界符(标点符号)和常量(整型常量、实型常量、字符串常量)等。

词法分析器负责完成词法分析任务，包括以下主要功能：

(1) 读入源程序的字符序列。

(2) 对源程序进行预处理，如删除程序的注释、空格、回车换行符等，必要的话对宏进行展开。

(3) 将单词符号与行号关联起来，以便编译器能将错误信息与源程序位置联系起来。

(4) 创建各类符号表，包括标识符表、常数表、函数表等。

(5) 识别源程序中的单词符号，并把单词符号及其相关信息登记到符号表中。

(6) 输出单词符号的序列。

词法分析器所输出的单词符号常常表示成二元式：< 词类表示，单词的属性值 >，其中第一个元素表示单词的类别，第二个元素表示单词的属性值。

一个源语言的单词符号按什么标准分类？具体分成几类？类别如何编码？没有统一的规则，编译器开发者可以根据需要自行决定。通常的做法是：

(1) 将全体保留字(每个源语言都有一个保留字集合)作为一类，也可以是每个保留字作为一类。

(2) 将标识符作为一类，标识符由用户定义，可以作为变量名、常量名、函数名等。

(3) 常量有不同的种别，如数值型常量、字符串常量等，可以将每个种别作为一类。

(4) 所有运算符可以视为一类，也可以一符一类。

(5) 所有分界符可以视为一类，也可以一符一类。

一符一类的话，类别本身就唯一确定了一个单词，单词的属性值就不需要了。多符一类的话，就需要用属性值来刻画单词符号的唯一性。如源程序中的一个片段“25”，词法分析时除了要指明它是整数 (词类)，还要指明它的值是“25” (属性)。有的单词符号属性值不止一个，如变量标识符的属性就包括类型、存储分配信息、在何处被定义等。这时候用一个属性域是无法存储这么多属性值的。一个处理方法是在符号表中为单词创建一个表项，用一个指针作为单词的属性，指针指向符号表中该单词的表项，表项中存储这个单词的属性值。需要单词的属性值时通过指针到符号表中去访问。

【例 3-1】 考察如下一个简单的 C 语言程序。

```
#include <stdio.h>
int main(void)
{
  printf( " Hello World! ");
  return 0;
}
```

假设编号 01 代表保留字，编号 02 代表标识符，编号 03 代表字符串常量，编号 04 代表整型常量，运算符和分界符一符一类 (以符号本身表示，不分配代码)。经词法分析器处理以后，它将被转换为如下的单词符号序列：

<#，_>

<01，include>

<<，_>

<02，指向符号表中 stdio.h 表项的指针 >

<>，_>

<01，int>

<01，main>

<(，_>

<01，void>

<)，_>

<{，_>

<02，指向符号表中 printf 表项的指针 >

<(，_>

<”，_>

<03，“HelloWorld!” >

<”，_>

<)，_>

<; ，_>

<01，return>

<04，0>

<; ，_>

<}，_>

词法分析和语法分析都是考察源程序在书写上是否正确，即对源程序进行结构分析。那为什么要将词法分析和语法分析分割成两个独立的逻辑阶段呢？主要原因有以下几点：

(1) 简化编译器的设计：词法分析阶段重点考察单词本身是否合法，语法分析阶段重点考察单词序列是否合法。实际的编译器中词法分析模块往往是作为语法分析器的一个子程序被调用，如图 3-1 所示。

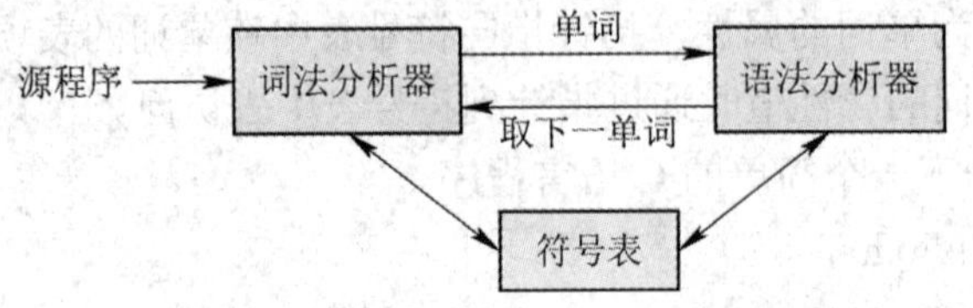

图 3-1 词法分析器和语法分析器的关系

(2) 提高编译器的开发效率：可以分别使用词法分析器自动生成工具和语法分析器自动生成工具来辅助编译器的开发。

(3) 增加编译器的可移植性：可以将输入设备相关的特殊性限制在词法分析器中。

3.2 单词的描述——正规表达式

正规表达式 (Regular Expression) 是一个表示字符串格式的模式，可以用来描述单词的结构，通常记为 r。每一个正规表达式 r 都匹配一个符号串的集合，称为正规集，记为 L(r) 。

正规表达式简称为正规式，可以由较小的正规式按照一定的规则递归地构建。

定义 3-1 (字母表 Σ 上的) 正规式与正规集的递归定义 :

(1) Φ 是 Σ 上的正规式，它所表示的正规集 L(Φ) 是 Φ，即空集 { }；

(2) ε 是 Σ 上的正规式，它所表示的正规集 L(ε) 仅含一个空符号串 ε，即 {ε}；

(3) 对于任意 $a_i \in \Sigma$，$\mathbf{a}_i$ 是∑上的一个正规式，它所表示的正规集 $L(\mathbf{a}_i)$ 是由字符串 a_i 所组成，即 $\{a_i\}$；

(4) 如果 r 和 s 是正规式，令 L(r)=R，L(s)=S，则：

(a) r 与 s 的“或”，记为“r|s”是正规式，且 L(r|s)=R ∪ S；

(b) r 与 s 的“连接”，记为“rs”是正规式，且 L(rs)=R · S；

(c) r 的 Kleene 闭包“r^*”和正闭包“r^+”是正规式，且 $L(r^*)=R^*$，$L(r^+)=R^+$；

(d) (r) 和 (s) 是正规式，且 L((r))=R、L((s))=S。

(5) 只有满足 (1) ～ (4) 的才是正规式。

定义 3-1 不仅定义了正规式和正规集，还定义了正规式的运算。这几个运算都是左结合的，其中“*”和“$^+$”的运算优先级高于“连接”运算和“|”运算，“连接”的运算优先级又高于“|”运算。按照定义，正规式可以包含“(”、“)”，括号用于指定运算的先后顺序，意义清楚时，括号可以省略，如正规式“$(a)|((b)^*(c))$”中的括号就可以去掉，去掉括号之后的式子“a|b*c”与原式意义相同。

【例 3-2】 设 Σ={a,b,c}，以下式子是合法的正规式吗？如果是，它的正规集是哪一个？

(1) a|b

(2) (a|b)(a|b)

(3) a*

(4) (a|b)*

(5) a|a*b

解：(1) 根据定义 3-1 的规则 (3)，a 和 b 都是正规式，再根据定义 3-1 规则 (4) 的子规则 (a)，知 a|b 是正规式。其对应的正规集为 {a，b}。

(2) 已知 a|b 是正规式，根据定义 3-1 规则 (4) 的子规则 (d) 知 (a|b) 是正规式，再根据定义 3-1 规则 (4) 的子规则 (b) 知 (a|b)(a|b) 是正规式。其对应的正规集为 {aa，ab，bb，ba}。

(3) a 是正规式，根据定义 3-1 规则 (4) 的子规则 (c)，知 a^* 是正规式。其对应的正规集是 {ε，a，aa，aaa，…}，即包含 ε 的由任意多个 a 组成的串的集合。

(4) (a|b) 是正规式，根据定义 3-1 规则 (4) 的子规则 (c)，知 $(a|b)^*$ 是正规式。其对应的正规集是 {ε，a，b，ab，ba，aab，baa，…}，即包含 ε 的由任意多个 a、b 组成的串的集合。

(5) 根据定义 3-1 相关规则，知 a|a*b 是正规式。其对应的正规集是 {a，b，ab，aab，aaab，aaaab，…}。

如果两个正规式 r 和 s 对应的正规集相同，则称 r 和 s 等价，记为 r=s，如 (a|b)=(b|a)。

令 r、s、t 均为正规式，表 3-1 给出了正规式的一些代数性质。

表 3-1 正规式的代数性质

恒 等 式	说 明
r|s = s|r	"|" 运算是可交换的
r|(s|t) = (r|s)|t	"|" 运算是可结合的
r(st) = (rs)t	"连接" 运算是可结合的
r(s|t) = rs|rt (s|t)r = sr|tr	"连接" 运算对 "|" 运算满足分配律 "|" 运算对 "连接" 运算满足分配律
εr = r rε = r	对 "连接" 运算，ε 是单位元
r* = (r | ε)*	"*" 运算和 ε 之间的关系
r* = r**	"*" 运算是幂等的

为方便表示，有时候希望给某些正规式命名，并在之后的正规式中像使用符号一样使用这些名字。令 Σ 是字母表，那么一个正规定义 (Regular Definition) 是具有如下形式的定义序列：

$$
\begin{aligned}
d_1 &\rightarrow r_1 \\
d_2 &\rightarrow r_2 \\
&\vdots \\
d_n &\rightarrow r_n
\end{aligned}
$$

其中：

(1) 每个 d_i 都是一个新符号，它们都不在 Σ 中，并且各不相同；

(2) 每个 r_i 都是字母表 $\Sigma \cup \{d_1, d_2, ..., d_{i-1}\}$ 上的正规式。

限制每个 r_i 中只含有 Σ 中的符号和在它之前定义的 d_i，避免了递归定义的问题。每一个这样定义的 d_i 都可以展开为只包含 Σ 中符号的正规式。

正规式可以描述高级语言中的各类单词符号，如标识符、整数、浮点数等。

【例 3-3】C 语言的变量标识符是由字母、数字、下划线组成的符号串，C 语言变量标识符的一个正规定义如下：

letter_ → A|B|...|Z|a|b|...|z|_

digit → 0|1|2|...|9

id → letter_(letter_ | digit)*

【例 3-4】无符号数是形如 5280、0.01234、6.336E4 或 1.89E-4 这样的串。无符号数的正规定义如下：

digit → 0|1|2|...|9

digits → digit digit*

optionalFraction → . digits|ε (可选的小数部分)

optionalExponent → (E (+|-|ε)digits)|ε (可选的指数部分)

number → digits optionalFraction optionalExponent

3.3 单词的识别——有限自动机

3.3.1 有限自动机的定义

在乔姆斯基文法分类体系中，有限自动机是 3 型语言 (即正规语言) 的识别器。有限自动机是具有离散输入与离散输出的一种数学模型，其输入是符号串，输出是逻辑值“是”或“否”。有限自动机能对输入的字符串是否属于某个模式，或者是否属于某个正规集，或者是否属于某个正规语言作出判断 (是的话输出“是”，不是的话输出“否”)。通常高级语言的单词集合是一个正规语言，可以用有限自动机来识别。有限自动机分为非确定有限自动机 (NFA，Nondeterministic Finite Automata) 和确定有限自动机 (DFA，Deterministic Finite Automata)。

定义 3-2 一个非确定有限自动机 (NFA)M 是一个五元组，$M = (Q, \Sigma, \delta, q_0, F)$，其中：

Q——状态的非空有穷集合；

Σ——字母表，即输入符号的集合；

δ——是一个映射，称为状态转换函数，$\delta = (Q\times \Sigma \cup \{\varepsilon\} \rightarrow 2^Q)$；

q_0——$q_0 \in Q$，称为开始状态；

F——$F \subseteq Q$，是接受状态的非空有穷集合。

每个 NFA 都有一个以上的状态，其中只有一个开始状态，有至少一个接受状态。通常 NFA 都能识别一类字符串，能识别的字符串都是由 Σ 上的字母构成的。NFA 的核心是状态转换函数 δ，$\delta = (Q\times \Sigma \cup \{\varepsilon\} \rightarrow 2^Q)$。该函数的意义是：Q 中的一个状态，面临 Σ 中的一个字母或者空符号 ε 时，映射到 Q 的一个子集。

【例 3-5】考察一个 NFA，$M = (Q, \Sigma, \delta, q_0, F)$，其中：

Σ ={ a，b }；

Q = { 0，1，2，3 }；

$q_0 = 0$；

F = { 3 }；

δ = {δ (0, a)={0, 1}, δ (0, b) = {0}, δ (1, a) = Φ, δ (1, b) = {2}, δ (2, a) = Φ, δ (2, b) = {3}, δ (3， a) = Φ， δ (3， b) = Φ }。

该 NFA 的状态转换函数 δ 可以用一个状态转换表来表示，见表 3-2。

表 3-2　例 3-5 中 NFA 的状态转换表

状态说明	状态	输入字母	
		a	b
开始状态	0	{0，1}	{0}
	1	Φ	{2}
	2	Φ	{3}
接受状态	3	Φ	Φ

可以采用一个更直观的方式来表示有限自动机。图 3-2 是例 3-5 定义的有限自动机的有向图表示。图中标记为数字的结点代表 NFA 的状态，标记了“start”的单箭头“→”指向的状态是开始状态，双圈状态是接受状态，有向边代表状态之间的映射关系，有向边上标记的符号是字母表中的字母。后面通常直接给出状态转换图来表示 NFA。

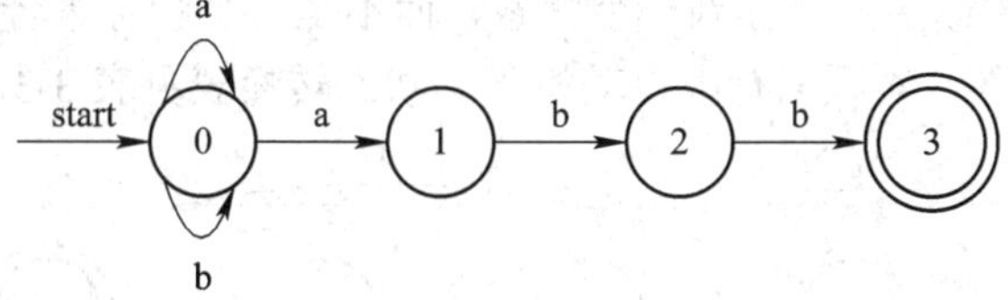

图 3-2　例 3-5 中 NFA 的状态转换图

考察 NFA 状态转换图中每一条从开始状态到接受状态的通路，将构成一条通路的所有有向边上的字母顺次连接构成一个符号串，该符号串称为 NFA 可识别的。有向边上标记的空符号 ε 可以忽略，因为它不会对符号串产生影响。

给定一个 NFA M 和一个符号串 s，判断 M 是否能识别 s 的方法如下：首先将开始状态设为当前状态，读入 s 中的第一个符号 a，并考察当前状态有没有标记为 a 的出边，有的话转移到该出边指向的状态，并将这个状态设为当前状态。然后读入 s 中的下一个符号并执行以上操作。以此类推依次读入 s 中的每个符号。当 s 中最后一个符号读入后，当前正好处在 NFA 的某个接受状态时，识别完成。

要注意的是，在以上识别过程中，如果当前状态有多条出边标记为读入的符号，可以随机选择一条出边继续执行识别操作。如果后续识别过程无法完成，可以回头再选择另外一条出边执行识别操作，这种操作称为回溯。在用 NFA 识别符号串的过程中有可能会有很多回溯。如果在识别过程中，当前状态存在标记为 ε 的出边，那么可以在不读入 s 中下一个符号的情况下，进展到 ε 指向的状态。

NFA M 能识别的所有符号串构成的集合称为 NFA 定义的语言，记为 L(M)。一个 NFA，有可能可以识别很多符号串。例 3-5 中定义的 NFA，能识别由 a、b 构成的，以 abb 结尾的任意长度的符号串。这个符号串集合用正规表达式来表示就是 $(a|b)^*abb$。

【例 3-6】考察如图 3-3 所示 NFA，该 NFA 能接受正规表达式 $aa^*|bb^*$ 的正规集。

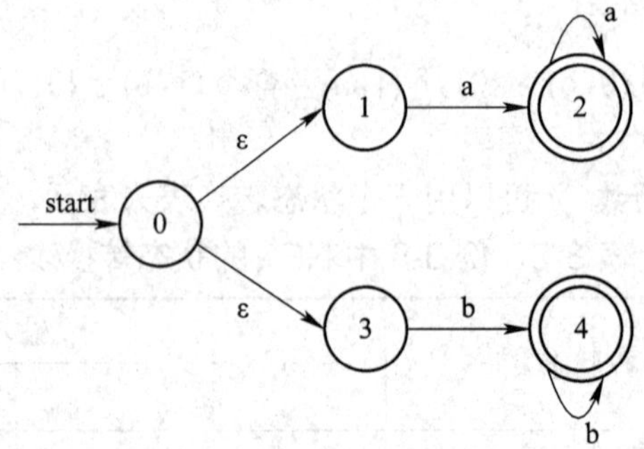

图 3-3 例 3-6 中 NFA 的状态转换图

定义 3-3 一个确定有限自动机 (DFA)M 是一个五元组，M=(Q，Σ，δ，q_0，F)，其中：

Q —— 状态的非空有穷集合；

Σ —— 字母表，即输入符号的集合；

δ —— 是一个映射，称为状态转换函数，δ=(Q× Σ → Q)；

q_0 —— $q_0 \in Q$，称为开始状态；

F —— $F \subseteq Q$，是接受状态的非空有穷集合。

DFA 与 NFA 的区别在于状态转换函数 δ 的不同。DFA 没有标记为 ε 的出边，一个状态面临一个输入符号时最多只转移到一个状态，而不是一个状态集合。

【例 3-7】考察如图 3-4 所示有限自动机，其状态转换表见表 3-3。

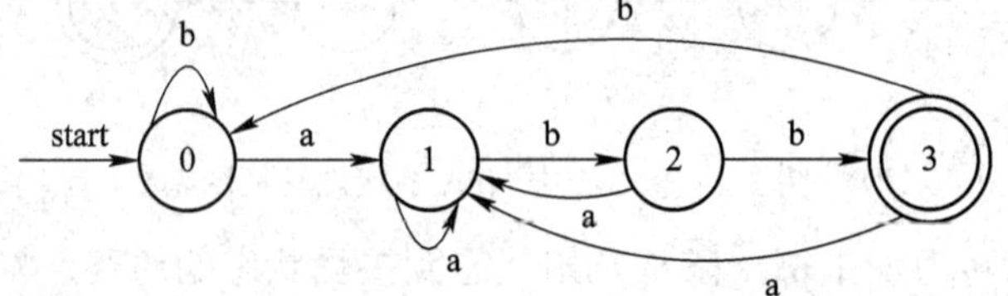

图 3-4 例 3-7 中 DFA 的状态转换图

表 3-3 例 3-7 中 DFA 的状态转换表

状态说明	状态	输入字母	
		a	b
开始状态	0	1	0
	1	1	2
	2	1	3
接受状态	3	1	0

该有限自动机没有标记为 ε 的出边，每个状态在面临一个输入符号时，只转移到了一个状态。因此，该有限自动机是 DFA。

DFA 识别符号串的方法和 NFA 是相同的。由于 DFA 的确定性 (一个状态面临一个输入符号最多只转移到一个状态，并且没有标记为 ε 的有向边)，在识别符号串的过程中不会有回溯操作，因此效率更高。

同样，一个 DFA M' 能识别的所有符号串构成的集合称为 DFA 定义的语言，记为

L(M')。例 3-7 中定义的 DFA，能识别的也是正规表达式 $(a|b)^*abb$ 对应的正规集。

3.3.2 NFA 到 DFA 的转换

一般来说，NFA 比较容易理解和获得，但是由于回溯操作的存在使得其识别符号串的效率不高。在构造词法分析器时，真正实现或者模拟的是 DFA。

给定一个 NFA，总可以构造一个 DFA，使得它们定义的语言是相同的 (等价的)，即它们识别的是同一个符号串集合。对于给定的 NFA，构造与其等价的 DFA 可以采用子集构造法。子集构造法的基本思想是将 NFA 中一个状态面临一个输入符号转移到的状态集合 (子集) 作为 DFA 中的一个状态。DFA 在读入符号 a_1、a_2、a_3、…、a_n 之后到达的状态对应于相应 NFA 从开始状态出发，沿着 a_1、a_2、a_3、…、a_n 为标记的路径能够到达的状态的集合。

首先定义几个子集构造法需要用到的函数。

(1) ε-closure(t)(状态 t 的 ε- 闭包)：定义为一个状态集合，是状态 t 经过任意条连续 ε 边 (标记为 ε 的有向边) 到达的状态所组成的集合。

(2) ε-closure(I)(状态集合 I 的 ε- 闭包)：定义为一个状态集合，假设 I 是 NFA 的状态集的一个子集，则 ε-closure(I) 为：

(a) 若 $s \in I$，则 $s \in$ ε-closure(I)；

(b) 若 $s \in I$，那么从 s 出发经过任意条连续 ε 边而能到达的任何状态 s' 都属于 ε-closure(I)。

(3) edge(t，a)(状态 t 的 a 边转换)：定义为一个状态集合，是状态 t 经过 a 边 (标记为 a 的有向边) 到达的状态集合。

(4) edge(I，a)(状态集 I 的 a 边转换)：定义为一个状态集合，是指从 I 中的任意一个状态 t 经过 a 边到达的状态集合，记为 $J = \cup$ edge (t，a)，$t \in I$。

(5) DFA_edge(I，a)：定义为一个状态集合，DFA_edge(I，a) = ε-closure(J)。

算法 3-1 NFA 到 DFA 的转换，子集构造 (Subset Construction) 算法：

输入：一个 NFA N；

输出：一个识别相同语言的 DFA D；

方法：算法为 D 构造一个由 N 的状态子集构成的集合 Dstates 和这些子集之间的转换关系 Dtrans。Dstates 就是 D 的状态集合，Dtrans 是 D 的状态转换函数。

```
Dstates[1] := ε-closure(t1) ;        // 求第一个状态子集，t1 是 NFA 的开始状态
p := 1； j := 1;
WHILE j <= p DO
 { for each a ∈ Σ
      { e := DFA_edge ( Dstates[j]，a ) ;
          IF e = Dstates[i] for some  i <= p      // 判断是否是已有的状态子集
             THEN  Dtrans[j，a] = i               // 是，建立状态转换关系
                    ELSE { p := p+1 ;             // 否
                    Dstates[p] :=e ;              // 添加一个新的状态子集
                    Dtrans[j，a] := p ; } ;       // 建立状态转换关系
```

```
        };
        j := j+1;
    }
```

算法从 NFA 的开始状态 t_1 出发，调用函数 ε-closure 求第一个状态子集 Dstates[1]。然后依次考察 Dstates 中每个状态子集面临符号表 Σ 中的符号时，调用函数 DFA_edge 转换到的状态子集，如果出现新的状态子集则加入 Dstates 中。Dtrans 由调用函数 DFA_edge 时反映的状态子集之间的映射关系来构建。算法中的 p 是当前状态集合中子集的最大编号，j 是条件控制变量，是当前正在考察的状态子集的编号。

以上算法求出的 DFA D 的符号表和 NFA N 的一致，D 的开始状态是 Dstates[1]，其接受状态是包含 N 的接受状态的所有子集。

【例 3-8】试求与以下 NFA(图 3-5) 等价的 DFA。

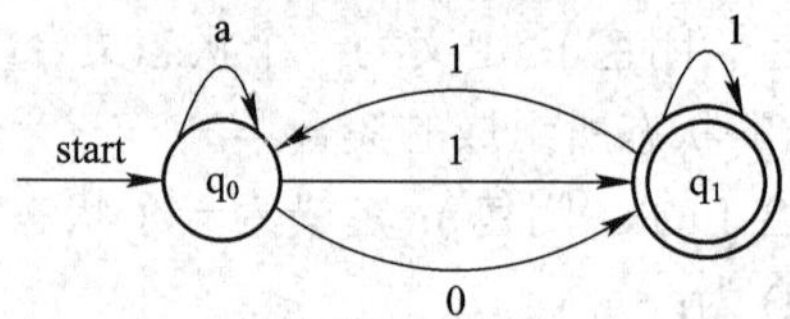

图 3-5　例 3-8 中 NFA 的状态转换图

解：首先 Dstates[1] = ε-closure(q_0) = {q_0}，这个状态子集是 DFA 的开始状态；

由 DFA_edge (Dstates[1]，0) = {q_0，q_1}，求得 Dstates[2] = {q_0，q_1}；

由 DFA_edge (Dstates[1]，1) = {q_1}，求得 Dstates[3] = {q_1}；

进一步求解状态子集 {q_0，q_1} 和 {q_1} 面临输入符号 0、1 时的 DFA_edge 转换，构造 Dtrans，即求 DFA 的状态转换关系。

最后求得的 DFA 的状态转换关系如表 3-4 所示。其中 {q_0，q_1} 和 {q_1} 均包含状态 q_1，而 q_1 是 NFA 的接受状态，因此状态子集 {q_0，q_1} 和 {q_1} 均是 DFA 的接受状态。

表 3-4　例 3-8 中 DFA 的状态转换表

状态说明	Dstates	输入符号	
		0	1
开始状态	{q_0}	{q_0，q_1}	{q_1}
接受状态	{q_0，q_1}	{q_0，q_1}	{q_0，q_1}
接受状态	{q_1}	Φ	{q_0，q_1}

将 {q_0} 替换为 p_0，{q_0，q_1} 替换为 p_1，{q_1} 替换为 p_2。画出该 DFA 的状态转换图，见图 3-6。

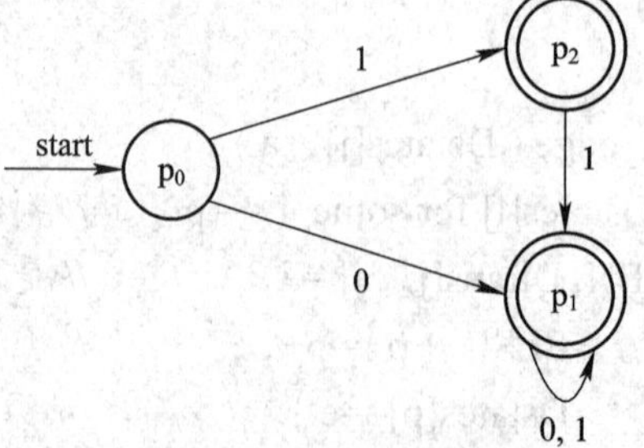

图 3-6　例 3-8 中 DFA 的状态转换图

【例 3-9】试将以下 NFA(图 3-7) 转换为 DFA。

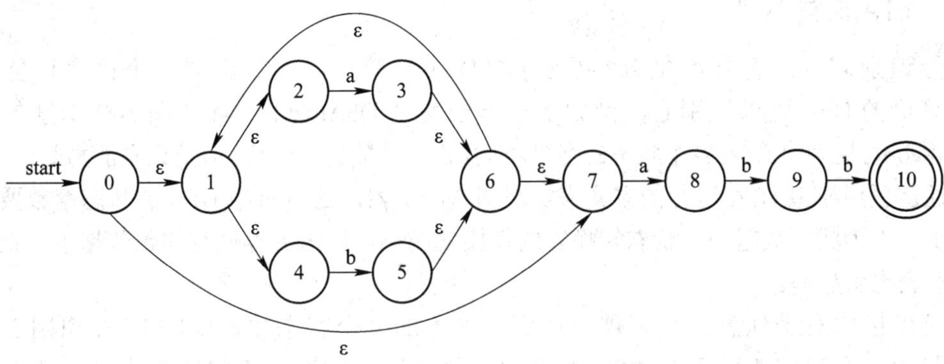

图 3-7 例 3-9 中 NFA 的状态转换图

解：Dstates[1]= ε -closure(0) = {0、1、2、4、7}

Dstates[2]=DFA_edge (Dstates[1]，a) = {1、2、3、4、6、7、8}

Dstates[3]=DFA_edge (Dstates[1]，b) = {1、2、4、5、6、7}

Dstates[4]=DFA_edge (Dstates[2]，b) = {1、2、4、5、6、7、9}

Dstates[5]=DFA_edge (Dstates[4]，b) = {1、2、4、5、6、7、10}

最终求得的 Dtrans 如表 3-5 所示。

表 3-5 例 3-9 中 DFA 的状态转换表

状态说明	Dstates	输入符号	
		a	b
开始状态	{0、1、2、4、7}	{1、2、3、4、6、7、8}	{1、2、4、5、6、7}
	{1、2、3、4、6、7、8}	{1、2、3、4、6、7、8}	{1、2、4、5、6、7、9}
	{1、2、4、5、6、7}	{1、2、3、4、6、7、8}	{1、2、4、5、6、7}
	{1、2、4、5、6、7、9}	{1、2、3、4、6、7、8}	{1、2、4、5、6、7、10}
接受状态	{1、2、4、5、6、7、10}	{1、2、3、4、6、7、8}	{1、2、4、5、6、7}

将 {0、1、2、4、7} 替换为 A，{1、2、3、4、6、7、8} 替换为 B，{1、2、4、5、6、7} 替换为 C，{1、2、4、5、6、7、9} 替换为 D，{1、2、4、5、6、7、10} 替换为 E。画出该 DFA 的状态转换图，如图 3-8 所示。

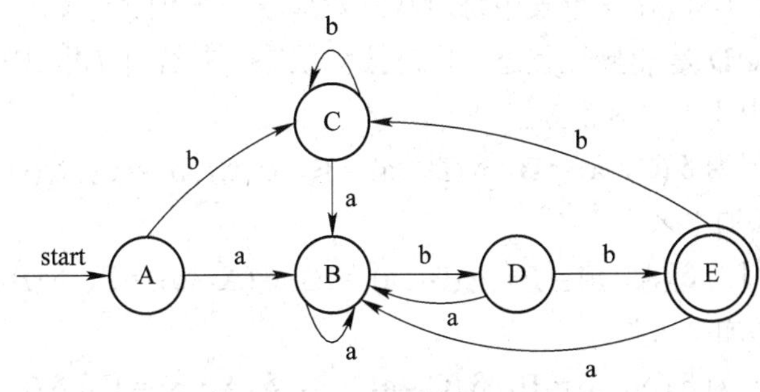

图 3-8 例 3-9 中 DFA 的状态转换图

3.3.3 DFA 的最小化

能识别同一个符号串集合(语言)的 DFA 是等价的，对于同一个语言可能会有多个等价的 DFA 可以识别它。例如上一节中两个 DFA(见图 3-4 和图 3-8) 识别的都是 $L((a|b)^*abb)$。这两个 DFA 各个状态的名字不同，状态个数也不一样，但是识别能力是一样的。我们通常采用模拟 DFA 运行的方式来实现词法分析器，这时希望 DFA 的状态个数要尽可能地少。因为状态数越少，状态转换表的规模就越小，所需的存储空间也就越小，查询状态转换表也就越快。

可以证明对于任意一个正规语言都有唯一的一个状态数最少的 DFA 识别它。而且从任意一个识别相同语言的 DFA 出发，总可以通过算法将它转换为这个状态数最少的 DFA。将一个 DFA 转化为一个等价的状态数最少的 DFA，称为 DFA 的化简或者最小化。

DFA 的最小化主要有两种方法，分别是求同法和求异法。

求同法的基本思想是：寻找 DFA 中的等价状态并合并这些等价状态。所谓等价状态就是在识别符号串过程中功能相同的状态，等价状态需满足 2 个条件(考察两个待比较状态 p 和 q)：

(1) 一致性条件：状态 p 和 q 必须同时为接受状态或非接受状态；

(2) 蔓延性条件：对于所有的 $a \in \Sigma$，令 $\delta(p, a) = s$，$\delta(q, a) = r$，需满足 s 和 r 是等价的。

用求同法对 DFA 进行化简，首先构造一张表，对每一个状态对 $(q_i, q_j)(i<j)$ 有一表项，每当发现一对状态不等价时，就放一个 × 到相应表项中，如果一对状态等价，就放一个 O 到相应表项中。具体操作步骤如下：

(1) 根据一致性条件，在每一对接受状态和非接受状态对应的表项中放上一个 ×。

(2) 根据蔓延性条件，考察状态对 $(q_i, q_j)(i<j)$，对于 $a \in \Sigma$，若 $\delta(q_i, a) = s$，$\delta(q_j, a) = r$，如果 r 和 s 不等价，则 (q_i, q_j) 也不等价，否则 (q_i, q_j) 等价。重复 (2)，直到所有表项中均填入了 × 或者 O(所有状态对都考察过了)。

(3) 将等价的状态合并成新的状态，将所有等价状态的入边和出边作为新状态的入边和出边。

【例 3-10】试将图 3-8 中的 DFA 化简。

解：首先构造表 3-6，在这个表中每对状态对应一个表项。

由于 A、B、C、D 是非接受状态，E 是接受状态，首先在 (A，E)、(B，E)、(C，E)、(D，E) 对应的表项中添加“×”。

考察 (C，D)，因为 δ(C，a) = B，δ(D，a) = B，δ(C，b) = C，δ(D，b) = E，故 (C，D) 不等价，对应表项添加“×”；

考察 (A，B)，因为 δ(A，a) = B，δ(B，a) = B，δ(A，b) = C，δ(B，b) = D，故 (A，B) 不等价，对应表项添加“×”；

考察 (A，C)，因为 δ(A，a) = B，δ(C，a) = B，δ(A，b) = C，δ(C，b) = C，故 (A，C) 等价，对应表项添加“O”；

考察 (B，C)，因为 δ(B，a) = B，δ(C，a) = B，δ(B，b) = D，δ(C，b) = C，故 (B，C) 不等价，对应表项添加“×”;

考察 (A，D)，因为 δ(A，a) = B，δ(D，a) = B，δ(A，b) = C，δ(D，b) = E，故 (A，D) 不等价，对应表项添加“×”;

考察 (B，D)，因为 δ(B，a) = B，δ(D，a) = B，δ(B，b) = D，δ(D，b) = E，故 (B，D) 不等价，对应表项添加“×”。

最终计算结果见表 3-6。

表 3-6　例 3-10 中的等价状态计算表

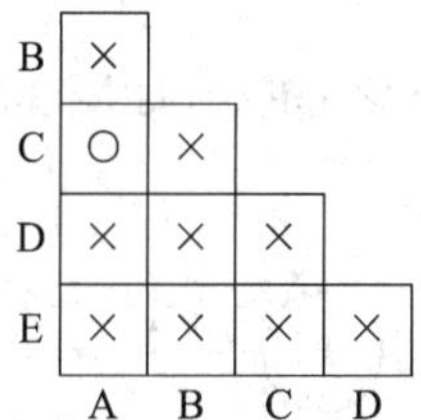

	A	B	C	D
B	×			
C	○	×		
D	×	×	×	
E	×	×	×	×

将等价状态 A、C 合并，同时保留 A、C 的入边和出边作为合并后状态的入边和出边，化简之后的 DFA 见图 3-9。

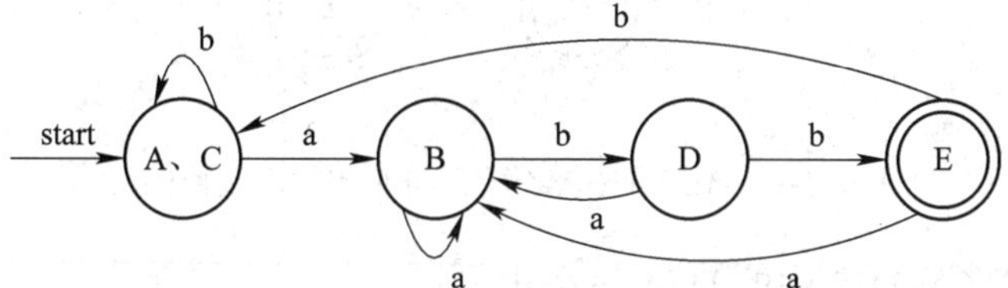

图 3-9　例 3-10 中化简后 DFA 的状态转换图

图 3-9 中的 DFA 和图 3-4 中的 DFA 除了状态的名字不同，其他部分都是相同的，这样的 DFA 称为同构。同构的 DFA 识别符号串的能力相同。

【例 3-11】试将图 3-10 中的 DFA 最小化。

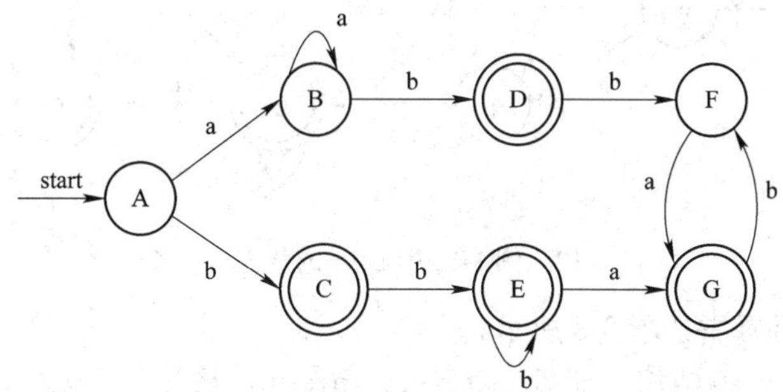

图 3-10　例 3-11 中 DFA 的状态转换图

解：首先构造等价状态计算表，如表 3-7 所示。在接受状态和非接受状态对应的表项中添加“×”，然后逐一考察其他状态对。其中，D 和 G 面临 a 都没有状态转换，面临 b 都转换到 F，因而是等价的。经过计算其他状态对均不等价。最终计算结果如表 3-7 所示。

表 3-7　例 3-11 中的等价状态计算表

B	×					
C	×	×				
D	×	×	×			
E	×	×	×	×		
F	×	×	×	×	×	
G	×	×	×	○	×	×
	A	B	C	D	E	F

将状态 D、G 合并之后得到最小化 DFA，如图 3-11 所示。

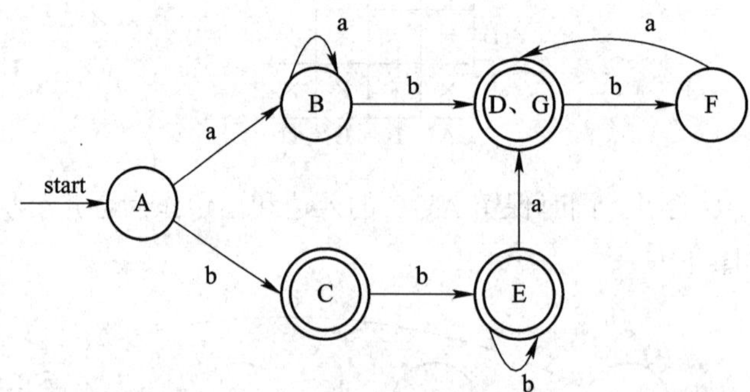

图 3-11　例 3-11 中化简后 DFA 的状态转换图

【例 3-12】试将图 3-12 中的 DFA 最小化。

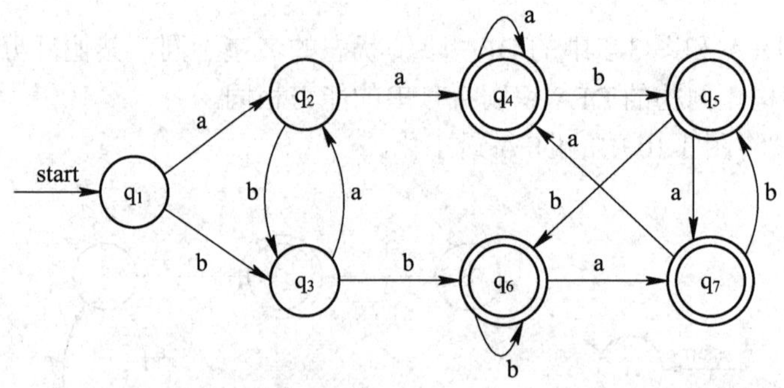

图 3-12　例 3-12 中 DFA 的状态转换图

解：等价状态计算表如表 3-8 所示。

图 3-12 中状态分为两块，非接受状态 q_1、q_2、q_3，接受状态 q_4、q_5、q_6、q_7。非接受状态和接受状态不等价，对应表项先添加 ×。

先计算非接受状态 q_1、q_2、q_3 之间是否等价（略），计算后知 3 个非接受状态均不等价。

再计算接受状态 q_4、q_5、q_6、q_7 之间是否等价。

表 3-8　例 3-12 中的等价状态计算表

q_2	×					
q_3	×	×				
q_4	×	×	×			
q_5	×	×	×	○		
q_6	×	×	×	○	○	
q_7	×	×	×	○	○	○
	q_1	q_2	q_3	q_4	q_5	q_6

考察 (q_4, q_7)，因为 $\delta(q_4, a)=q_4$，$\delta(q_7, a)=q_4$，$\delta(q_4, b)=q_5$，$\delta(q_7, b)=q_5$，故 (q_4, q_7) 等价，对应表项添加“○”；

考察 (q_5, q_6)，因为 $\delta(q_5, a)=q_7$，$\delta(q_6, a)=q_7$，$\delta(q_5, b)=q_6$，$\delta(q_6, b)=q_6$，故 (q_5, q_6) 等价，对应表项添加“○”；

考察 (q_4, q_5)，因为 $\delta(q_4, a)=q_4$，$\delta(q_5, a)=q_7$，$\delta(q_4, b)=q_5$，$\delta(q_5, b)=q_6$，故 (q_4, q_5) 等价，对应表项添加“○”；

考察 (q_4, q_6)，因为 $\delta(q_4, a)=q_4$，$\delta(q_6, a)=q_7$，$\delta(q_4, b)=q_5$，$\delta(q_6, b)=q_6$，故 (q_4, q_6) 等价，对应表项添加“○”；

考察 (q_5, q_7)，因为 $\delta(q_5, a)=q_7$，$\delta(q_7, a)=q_4$，$\delta(q_5, b)=q_6$，$\delta(q_7, b)=q_5$，故 (q_5, q_7) 等价，对应表项添加“○”；

考察 (q_6, q_7)，因为 $\delta(q_6, a)=q_7$，$\delta(q_7, a)=q_4$，$\delta(q_6, b)=q_6$，$\delta(q_7, b)=q_5$，故 (q_6, q_7) 等价，对应表项添加“○”。

将等价状态 q_4、q_5、q_6、q_7 合并为一个新状态 q*，得到最小化 DFA，如图 3-13 所示。

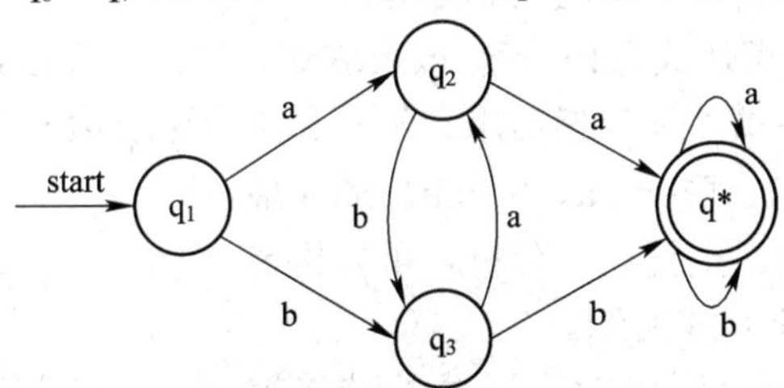

图 3-13　例 3-12 中化简后 DFA 的状态转换图

DFA 化简的第二种方法是求异法，其基本思想是：首先将状态划分为接受状态与非接受状态两组，然后逐步将这个划分细化，最后得到一个不可再细化的状态集的划分，每个状态子集作为一个状态。

具体步骤如下 (设待化简的 DFA 为 M，其状态集合为 S)：

(1) 首先将 DFA M 的状态集 S 中的接受状态与非接受状态分开，形成两个子集，即得到基本划分 Π。

(2) 对 Π 建立新的划分 Π_{New}，对 Π 的每个状态子集 G，进行如下变换：

(a) 把 G 划分成新的子集，使得 G 中的两个状态 s 和 t 属于同一子集，当且仅当对任何输入符号 a，状态 s 和 t 转换到的状态都属于 Π 的同一子集。

(b) 用 G 划分出的所有新子集替换 G，形成新的划分 Π_{New}。

(3) 如果 $\Pi_{New} = \Pi$，则执行第 (4) 步；否则令 $\Pi = \Pi_{New}$，重复第 (2) 步。

(4) 划分结束后，将划分中的每个状态子集作为一个单独的新状态，子集中状态的入边和出边作为新状态的入边和出边。这样得到的 DFA M’ 是与 DFA M 等价的所有 DFA 中状态数最少的。

【例 3-13】采用求异法化简图 3-12 中的 DFA。

解：首先把该 DFA 的状态分为两组：接受状态组 {q_4，q_5，q_6，q_7}，非接受状态组 {q_1，q_2，q_3}；

接着考察子集 {q_4，q_5，q_6，q_7}，当输入 a 或 b 时，该子集中每个状态可到达的状态集包含于 {q_4，q_5，q_6，q_7}，因此该子集不可再划分；再考察子集 {q_1，q_2，q_3}，由于 q_2 经过 a 边到状态 q_4，而 q_1、q_3 均到达 q_2，因此把 q_2 单独划分出来；再考察子集 {q_1，q_3}，由于 q_3 经过 b 边到状态 q_6，而 q_1 到达 q_3，因此 q_1 和 q_3 也必须分开。

这样将所有状态划分为 4 个状态子集 {q_1}、{q_2}、{q_3}、{q_4，q_5，q_6，q_7}，每个状态子集均不可再分。将 {q_4，q_5，q_6，q_7} 作为一个单独的新状态，取名 q*，每个状态的入边和出边作为 q* 的入边和出边。最小化后的 DFA 如图 3-13 所示，与求同法的结果一致。

3.4　正规表达式与有限自动机的等价性

每个正规表达式都对应一个正规集，正规集是正规语言，而正规语言是乔姆斯基文法体系中的 3 型语言。3 型语言的识别器是有限自动机。从这个意义上来说，正规式和有限自动机的描述能力是一样的。

下面给出一个算法，该算法可以将任何正规表达式转化为识别相同语言的 NFA。这个算法是基于正规表达式的语法结构的，遵循正规表达式的递归定义。可以根据对一个正规表达式结构的分析，构造正规表达式的分析树。

【例 3-14】考察正规表达式 $(a|b)^*abb$。该表达式首先由子表达式 a 和 b 用“或”运算符“|”连接起来构成较大的表达式“a|b”，然后用括号括起来得到表达式“(a|b)”，接着做“* 闭包”运算得到“$(a|b)^*$”，再依次连接上 a、b 和 b，形成最终的正规表达式 (a|b)*abb。根据以上分析，可以构造该表达式的分析树，如图 3-14 所示。

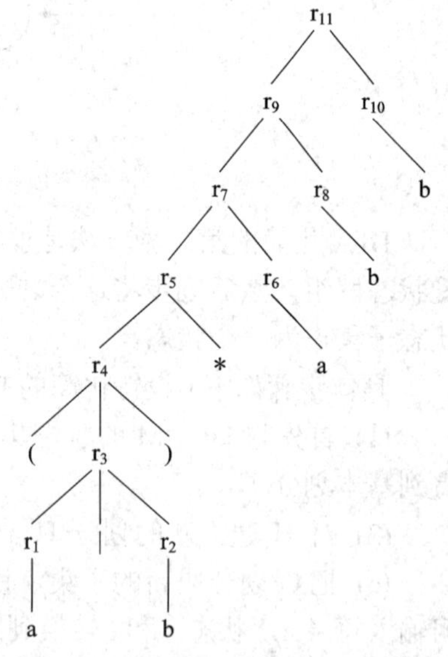

图 3-14　正规表达式 $(a|b)^*abb$ 的分析树

要构造任何正规表达式的 NFA，首先构造能够识别 ε 和字母表中单个符号对应的自动机，然后一步步构造包含“或”运算、“连接”运算及“* 闭包”运算的正规表达式的自动机。

算法 3-2　将正规表达式转化为一个 NFA 的算法。

输入：字母表 Σ 上的一个正规表达式 r；

输出：一个接受 L(r) 的 NFA N；

方法：首先对 r 进行语法分析，构造反映其层次结构的语法树，然后基于 r 的语法结构逐步构造与其对应的 NFA。构造一个 NFA 的规则分为基本规则和归纳规则两组。基本规则处理不包含运算符的子表达式，而归纳规则根据给定表达式的直接子表达式的

NFA构造出这个表达式的NFA。

基本规则：

(1) 构造正规表达式ε的NFA。ε对应的正规集是{ε}，只识别空串ε的一个NFA如图3-15所示，其中i是NFA的开始状态，f是NFA的接受状态。

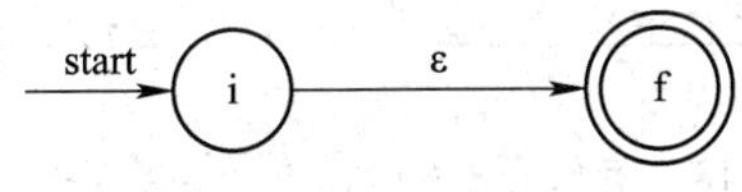

图3-15　正规式ε的NFA

(2) 构造字母表Σ中单个符号a构成的表达式的NFA。a对应的正规集是{a}，只识别一个符号串a的NFA如图3-16所示，其中i是NFA的开始状态，f是NFA的接受状态。

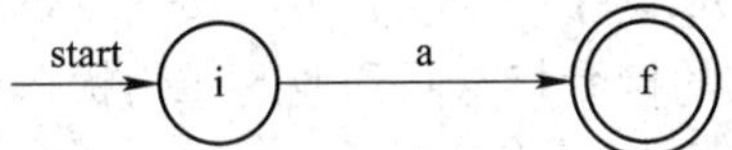

图3-16　只识别符号串a的NFA

注意：对于ε或某个a的作为r的子表达式的每次出现，都应使用这两个基本构造规则分别构造出一个独立的NFA。

归纳规则：

假设正规表达式s和t的NFA分别为N(s)和N(t)，它们分别识别L(s)和L(t)。

(1) 假设r=s|t，令r对应的NFA为N(r)，N(r)应能识别L(s) ∪ L(t)。可以按照图3-17中的方式构造得到N(r)。其中i和f是新状态，分别是N(r)的开始状态和接受状态。从i到N(s)和N(t)的开始状态各构造一条标记为ε的边，从N(s)和N(t)的每一个接受状态到f也各构造一条ε边。注意，N(s)和N(t)的接受状态在N(r)中不再是接受状态。因为从i到f的任何路径要么只通过N(s)，要么只通过N(t)，且离开i或进入f的ε边都不会改变路径上的标记，因此N(r)可识别L(s) ∪ L(t)，也就是L(r)。

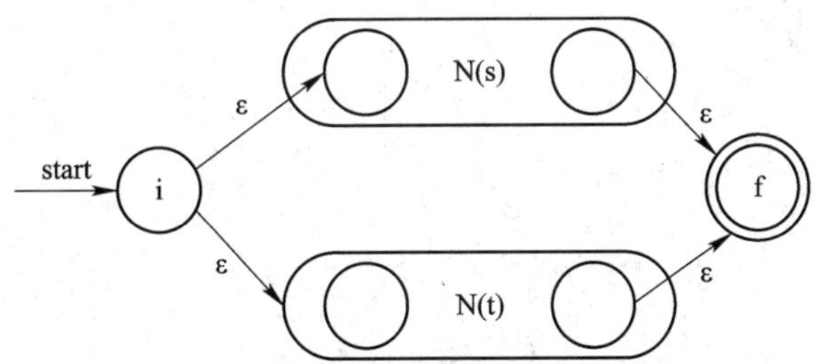

图3-17　两个正规表达式的“|”的NFA

(2) 假设r=st，N(r)应能识别L(s)L(t)。可按图3-18所示构造N(r)。N(s)的开始状态作为N(r)的开始状态，N(t)的接受状态作为N(r)的接受状态。如果N(s)只有一个接受状态，则将N(s)的接受状态和N(t)的开始状态合并为一个状态，合并后的状态保留合并前两个状态的全部入边与出边，如图3-18(a)所示。如果N(s)有多个接受状态，则须从N(s)的每个接受状态构造ε边指向N(t)的开始状态，如图3-18(b)所示。图中一条从i到f的路径必须首先经过N(s)，故这条路径上的标记以L(s)中的某个串开始。然后这条路径继续通过N(t)，故这条路径上的标记以L(t)中的某个串结束。因此这个N(r)恰好识别L(s)L(t)。

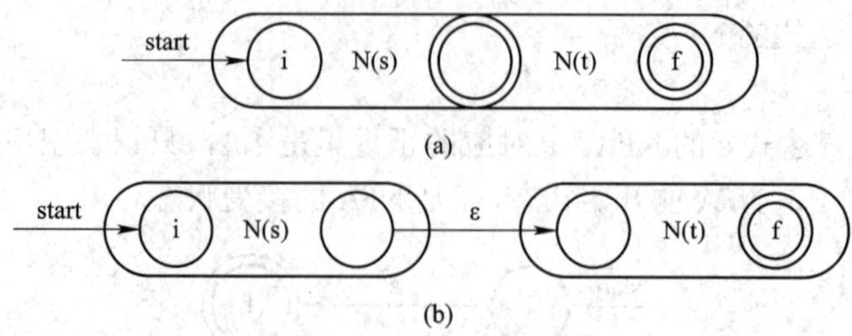

图 3-18　两个正规表达式的“连接”的 NFA

(3) 假设 $r=s^*$，N(r) 应能识别 $L(s)^*$。可按图 3-19 所示构造 N(r)。其中 i 和 f 是两个新状态，分别是 N(r) 的开始状态和唯一的接受状态。要从 i 到达 f，可以沿着新引入的标记为 ε 的路径前进，这个路径识别 ε，是 $L(s)^0$ 中的一个串。也可以到达 N(s) 的开始状态，然后经过该 NFA，再零次或多次从它的接受状态回到他的开始状态并重复上述过程。这些路径使得 N(r) 可以识别 $L(s)^1$ 中、$L(s)^2$ 中、…、$L(s)^n$ 中、…集合中的所有串，因此 N(r) 识别的所有串的集合就是 $L(s)^*$。

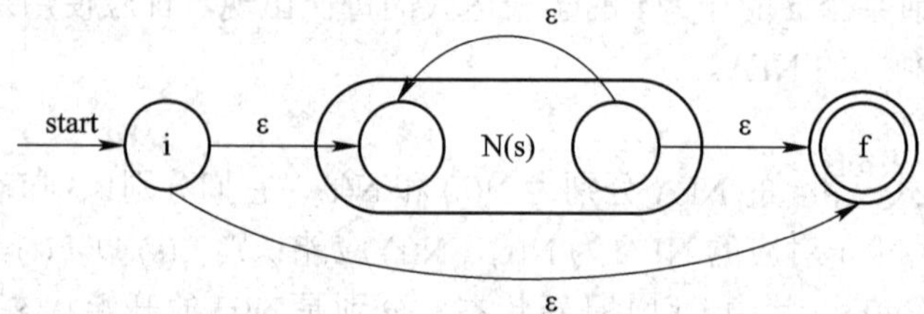

图 3-19　一个正规表达式的“* 闭包”的 NFA

(4) 假设 r=(s)，那么 L(r)=L(s)，可以直接把 N(s) 作为 N(r)。

【例 3-15】求正规表达式 $01^* \mid 1$ 对应的 NFA。

解：首先分析该表达式的结构，并构造其语法分析树，见图 3-20；然后画出 NFA 的状态转换图，如图 3-21 所示。

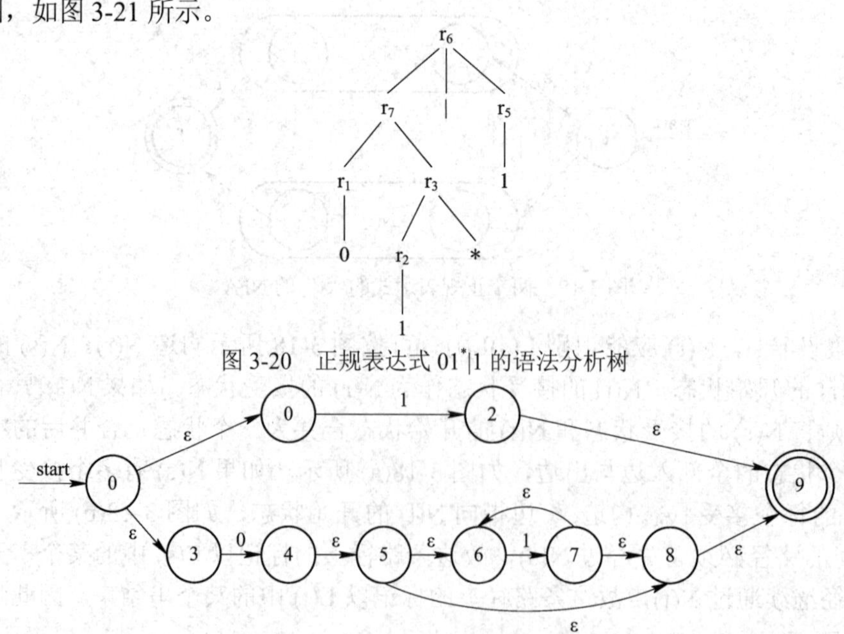

图 3-20　正规表达式 $01^*|1$ 的语法分析树

图 3-21　例 3-15 求得的 NFA

【例 3-16】求正规表达式 (a|b)*abb 对应的 NFA。

解：首先构造该表达式的语法分析树，如图 3-14 所示；然后画出 NFA 的状态转换图，如图 3-22 所示。

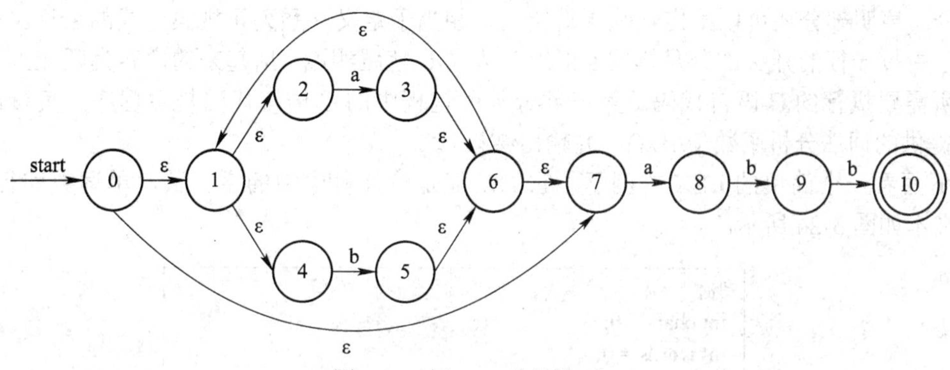

图 3-22 例 3-16 求得的 NFA

3.5 词法分析程序的自动构造工具

为提高开发效率，可借助自动化构造工具来辅助词法分析器的开发。用得最广泛的词法分析程序自动构造工具是 LEX(Lexical Analyzer Generator)。LEX 由 AT&T 公司的 Mike Lesk 和暑期实习生 Eric Schmidt 在 1975 年编写并逐渐流行起来。1987 年左右，Lawrence Berkeley 实验室的 Vern Paxson 将 LEX 的一个版本改写为 C 语言实现，称为 FLEX(Fast Lexical Analyzer Generator)。由于它比 AT&T 的 LEX 更快速和可靠，逐渐成为主流的 LEX 版本。Flex 现在是 SourceForge 的一个基于伯克利许可证的开源项目。

LEX 的使用过程如图 3-23 所示。首先，使用 LEX 语言规范编写词法分析器的源程序 lex.l，然后通过 LEX 编译器将 lex.l 转换为 C 语言程序 lex.yy.c。LEX 编译器根据 lex.l 中给定的正规表达式生成有限自动机的状态转换表，并产生以该表为基础的单词识别驱动程序。Lex.yy.c 经过 C 编译器生成目标程序 a.out。a.out 即为一个词法分析器。

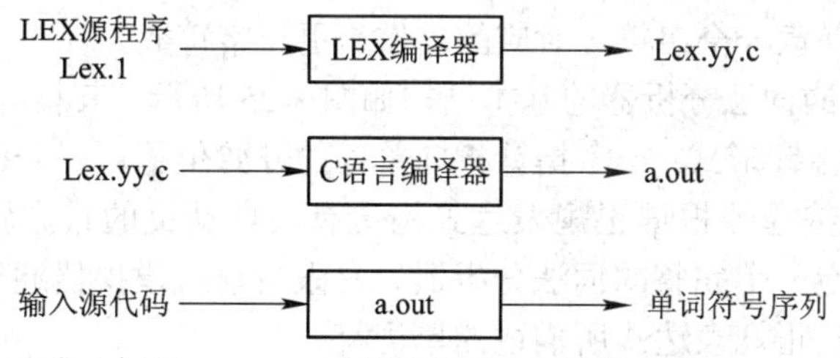

图 3-23 LEX 构建词法分析器的过程

LEX 程序包含三个部分，各部分之间通过仅有“%%”的行隔开。第一个部分包含声明和选项设置；第二个部分是一系列的模式和动作定义；第三部分为辅助过程，是会被拷贝到生成的词法分析器程序里面的 C 语言代码。LEX 程序的基本构成如下：

声明部分

%%

识别规则部分

%%

辅助过程部分

在声明部分，“%”和“%”之间的代码会原封不动地拷贝到生成的C代码文件的开头部分。声明部分还可以给定一些正规定义，相当于定义一系列正规表达式的名称。第二个部分中每一行的开头部分是模式(正规表达式)，后面用{}括起来的内容为匹配到该模式后所需要执行的C语言代码。第三部分辅助过程中的C语言代码是主程序，负责调用LEX提供的词法分析函数yylex()，并输出结果。

下面看一个简单的LEX的例子，它的功能是统计程序中的字符数、单词数和行数，程序文本如图3-24所示。

```
%{
int chars = 0;
int words = 0;
int lines = 0;
%}
%%
[a-zA-Z]+        {words++; chars +=strlen(yytext); }
\n               {chars++; lines++;}
.                {chars++;}
%%
int main(int argc， char **argv)
{
        yylex();
        printf( “%8d%8d%8d\n”， lines， words， chars);
        return 0;
}
```

图3-24　一个简单的LEX例子

这个例子的声明部分定义了字符数、单词数和行数变量，并作了初始化。例子中共设置了三个模式，第一个模式“[a-zA-Z]+”用来匹配一个单词，对应的动作是更新单词数和字符数。第二个模式“\n”用来匹配换行符，对应的动作是更新行数和字符数。第三个模式是一个点号，代表任意一个字符，对应的动作是更新字符数。

LEX编译器产生的词法分析器的基本结构如图3-25所示，其核心是一个有限自动机。

输入缓冲采用双指针形式：一个指针指向单词的开始位置，另一个为向前搜索其余符号的向前指针。LEX编译器根据正规表达式构造有限自动机的状态转换表，然后结合有限自动机模拟器，构造一个完整的词法分析器。有限自动机模拟器通过查询状态转换表即可从输入缓冲中分析出正规表达式所描述的单词符号。整个过程可以分为以下三个步骤：

(1) 对于LEX源程序中识别规则部分的每一个模式 $p_i(1 \leqslant i \leqslant n)$，构造一个相应的NFA N_i。

(2) 通过引入一个全局的初始状态 q_0，并用ε边将 q_0 和每个 N_i 的开始状态连接起来，从而得到一个NFA N，N可以识别LEX源程序中所定义的各类单词。

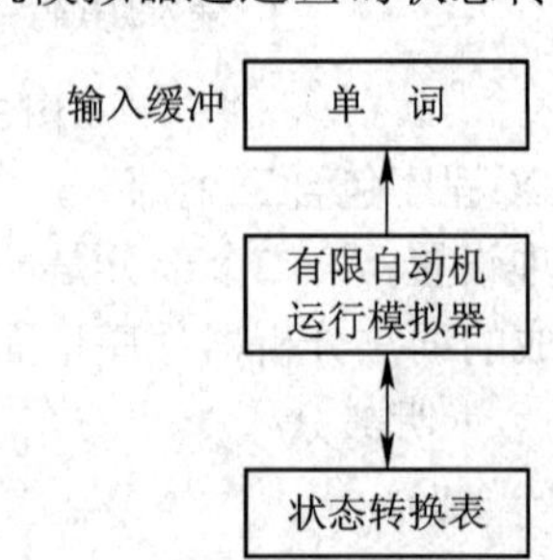

图3-25　LEX产生的词法分析器结构图

(3) 利用子集构造法将 N 确定化，必要的时候进行最小化，并将所得到的确定性有限自动机以状态转换表形式，与模拟器驱动程序 yylex 一起输出到 lex.yy.c 中。

从 LEX 的基本原理可以看出，有限自动机在词法分析程序的生成器中起着至关重要的作用。这也进一步说明要实现程序的自动化构造，首要条件是对程序功能进行合适的形式化描述。

3.6 小 结

源程序的初始形态是字符流，编译的第一个步骤是词法分析，即对源程序进行预处理，并分析构成源程序的字符序列，从源程序中识别出所有的单词符号。词法分析负责将源程序从字符流的形式转化为单词符号的序列。单词是具有独立含义的最小语法单位，每个单词用一个形如 < 词类表示，单词的属性值 > 的二元式来表示。高级语言的单词符号一般都包括保留字、标识符、运算符、分界符和常量等这样几类。单词是符号的有穷序列，要识别单词符号首先需要采用一个数学工具对单词的结构进行描述。正规表达式是一个描述字符串格式的模式，可以作为描述单词结构的数学工具。每一个正规表达式都匹配了一个符号串集合，这个符号串集合称为正规集。高级语言的单词符号都可以用正规表达式来描述，一个高级语言的所有单词符号构成一个正规集。正规集是乔姆斯基文法分类体系中的 3 型语言 (正规语言)，可以由有限自动机来识别。有限自动机是一种具有离散输入与离散输出的数学模型，它能对输入的字符串是否属于某个正规集作出判断。有限自动机分为非确定的有限自动机 (NFA) 和确定的有限自动机 (DFA)。NFA 的不确定性体现在两个方面：一方面是它的一个状态面临一个输入符号的时候有可能转移到多个状态上；另一方面是 NFA 中允许存在 ε 边。NFA 的不确定性使得它在识别符号串时可能产生回溯，严重影响符号串的识别效率。DFA 克服了 NFA 的这个缺点，它的一个状态在面临一个输入符号时最多只转移到一个状态，也不允许有 ε 边。但是 DFA 不容易理解，直接构造也比较困难。直接构造的有限自动机往往是 NFA，为提高识别字符串的效率，可以通过子集构造法将 NFA 转化为等价的 DFA，还可以进一步对 DFA 进行化简。可以证明，对于任何一个 NFA(或 DFA) 总存在一个状态数最少的和它们等价的 DFA。正规表达式和有限自动机都是描述正规集 (正规语言) 的数学工具，它们的描述能力是相同的。给定一个正规表达式，可以分析它的语法结构，构造反映它层次结构的语法分析树，并在此基础上构造和它等价的有限自动机。

本章要求理解掌握正规式和正规集的递归定义，理解掌握 NFA 和 DFA 的定义及其特点，重点是正规式到有限自动机的转换方法，NFA 确定化和 DFA 最小化的算法。构造词法分析器的一般过程是首先用正规式描述单词的结构，再将正规式转化为 NFA，在将 NFA 确定化及化简之后，编写能模拟最小化 DFA 运行的词法分析程序。实现词法分析器还可以借助自动化构造工具 (如 LEX) 来提高效率。

习 题

3.1 词法分析的输入是源代码文件，在你熟悉的操作系统上，用熟悉的程序语言编写一个程序，将一个文件读入内存，并统计字符序列 abcabc 出现的次数。要求程序运行速度越快越好。(注意：序列可能会存在重叠的情况，如 abcabcabc 就存在 2 个 abcabc 的序列)

3.2 给定正规表达式 $a^*(a|b)aa$，

(1) 构造一个对应的 NFA；

(2) 通过子集构造算法将该 NFA 转换为 DFA。

3.3 给定正规表达式 $((a|b)(a|bb))^*$，

(1) 构造一个对应的 NFA；

(2) 通过子集构造算法将该 NFA 转换为 DFA。

3.4 用自己的语言描述如下有限自动机所接受的语言。

(1)

(2)

(3)

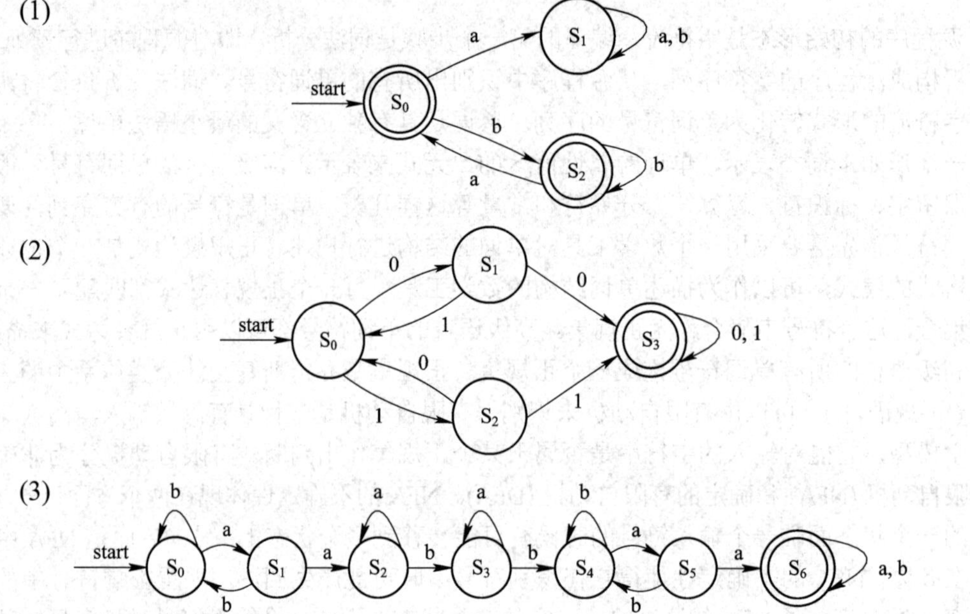

3.5 构造某个语言中“标识符”的正规表达式，其中标识符的定义为：以字母开头的字母数字串，或者通过“.”或“-”连接起来的字母开头的字母数字串。

3.6 将下面的 NFA 转化为最小状态的 DFA。

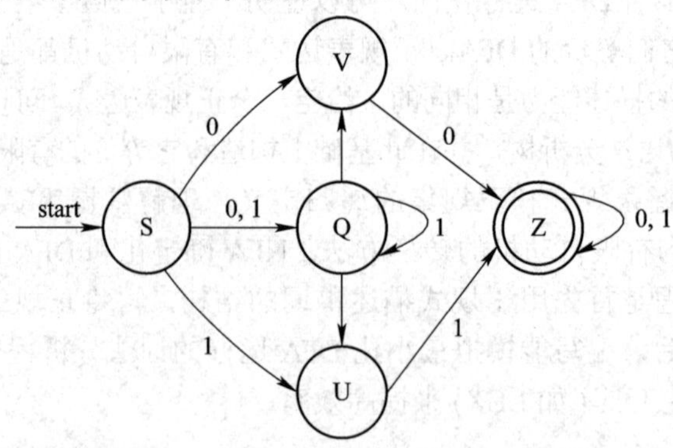

3.7 某语言的合法句子形式如下：$\{x \mid x \in \{0，1\}^+$，且 x 以 1 开头、以 101 结尾 $\}$，请写出能描述该语言的正规表达式，构造相应的 NFA，并将其转换为 DFA，如能化简，则进行最小化处理。

3.8 请写出在 Σ={a，b} 上，不以 a 开头，但以 aa 结尾的字符串集合的正规表达式，并构造与之等价的最小 DFA。

3.9　构造正规式 $r=(a|ba)^*$ 对应的最小化 DFA。

3.10　设计一个 DFA，它能接受以 0 开始，以 1 结尾的所有序列 (提示：输入的字母表为 Σ={0，1}，首先构造该语言的正规式，然后转换为对应的 DFA)

3.11　给定 Σ={a，b} 上的正规式 $r=b^*ab(b|ab)^*$，构造一个能识别该正规式所描述的语言的 DFA。

3.12　通过子集构造算法将下列 NFA 转换为 DFA。

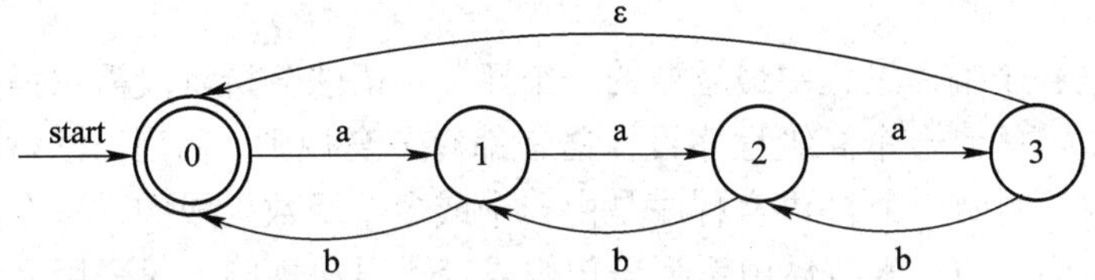

3.13　最小化下列 DFA。

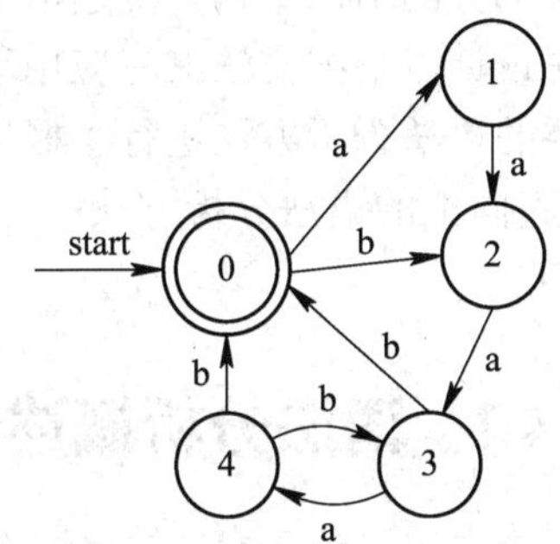

3.14　最小化下列 DFA。

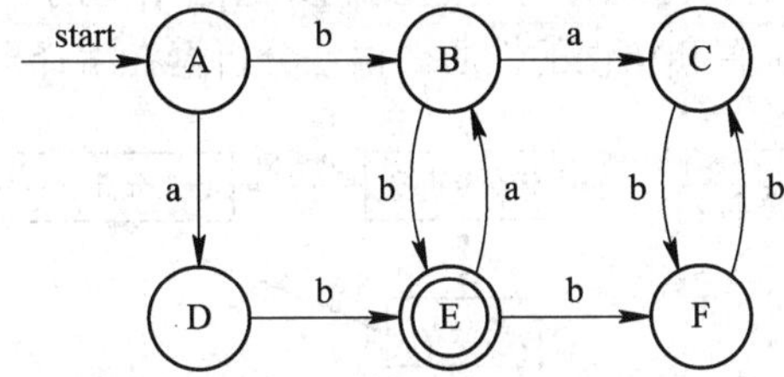

3.15　构造下列正规语言对应的 DFA，其中字母表均为 {a，b}

(1) 所有包含恰好 3 个 b 的符号串集合 (任意个 a)；

(2) 含有 3 的倍数个 b 的符号串集合 (任意个 a)。

第4章 语法分析

语法分析是整个编译过程中最重要的一个环节。语法分析阶段需扫描并分析源程序在语法上是否合法。任何一个高级程序设计语言都有一套规则(称为语法规则)来描述合法程序的语法结构，例如一个C语言程序是由一个或多个函数构成的，每个函数又是由预处理指令和函数体构成的，函数体由系列语句构成等。语法规则一般采用文法的形式，上下文无关文法可以描述高级语言大部分的语法结构。描述语法结构的文法是程序设计者和编译器开发者共同的界面，即程序设计者根据文法书写应用程序，编译器开发者根据文法实现编译器。本章首先对两类主要的语法分析方法进行了概述，然后重点介绍自顶向下的语法分析方法——LL(1)分析和自底向上的语法分析方法——LR分析，最后简要介绍了语法分析器的自动生成工具——YACC。

4.1 语法分析概述

语法分析器的主要功能是识别由词法分析给出的单词序列是否是给定的(上下文无关)文法的正确的句子，如果是则为源程序构造反映其语法结构的分析树，如果不是则需要指出错误在源程序中出现的位置和错误的性质。语法分析器在编译器模型中的位置见图4-1。

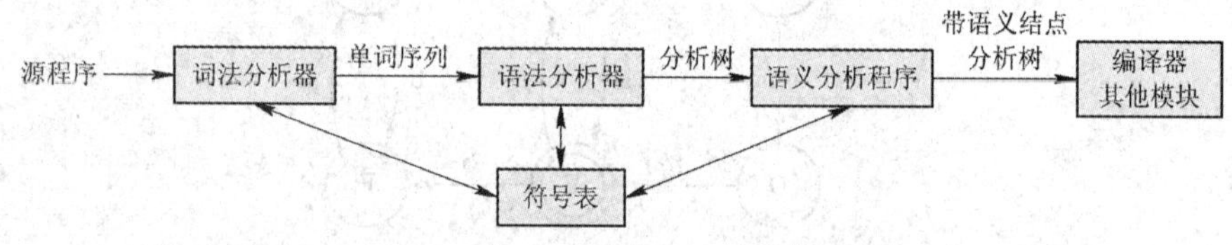

图4-1 编译器模型中语法分析器的位置

常见的语法分析方法有两种类型：一种是自顶向下的语法分析方法(Top-Down Parsing)；另一种是自底向上的语法分析方法(Bottom-Up Parsing)。

1. 自顶向下语法分析方法

从左到右扫描单词序列(句子)，一次读入一个单词符号，按自顶向下的顺序构造分析树，即首先构造分析树的根结点，然后构造根结点的子结点，一层一层往下构建，直到构建完成所有的叶子结点。这个自顶向下构造分析树的过程，对应了一个从文法的开始符号开始到生成句子结束的推导序列。

【例4-1】考虑以下文法，

$$
\begin{aligned}
&E \rightarrow E + T \\
&E \rightarrow T \\
&T \rightarrow T * F \\
&T \rightarrow F
\end{aligned}
\tag{4.1}
$$

F → (E)

F → id

这个文法是表达式文法，其中E是表达式，表达式由一组项以“+”号连接构成；T是项，项由一组因子以“*”号连接构成；F表示因子，可以是括号括起来的表达式，也可以是变量标识符。

试分析该文法的一个句子：id*id。该句子分析树的一个自顶向下的构造过程见图4-2。

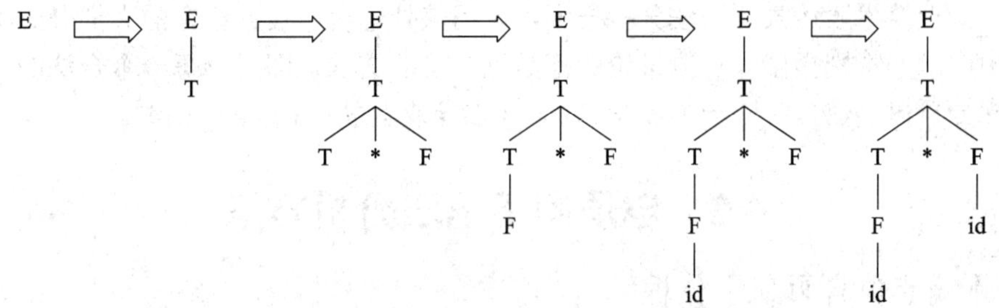

图4-2 例4-1自顶向下构造分析树

这个分析树的构造过程对应了一个推导序列，见(4.2)。

$$E \Rightarrow T \Rightarrow T*F \Rightarrow F*F \Rightarrow id*F \Rightarrow id*id \tag{4.2}$$

对于合法的句子，一个自顶向下分析方法可以给出句子的一个自顶向下(一般还同时要求从左到右)构造分析树的过程，或者给出一个从开始符号开始推导出句子的推导序列(一般还要求是最左推导序列)。

2. 自底向上语法分析方法

从左到右扫描单词序列(句子)，一次读入一个单词符号，按自底向上的顺序构造分析树，即首先构建叶子结点，然后一层一层往上构建内部结点，最后构建根结点。这个自底向上构造分析树的过程，对应了一个从句子开始到文法开始符号结束的归约序列。

【例4-2】考虑文法(4.1)，分析该文法的一个句子：id*id。

解：该句子分析树的一个自底向上的构造过程见图4-3。

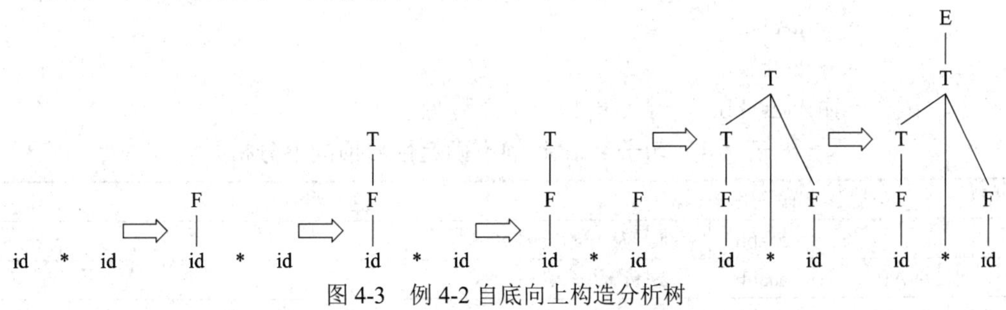

图4-3 例4-2自底向上构造分析树

这个分析树的构造过程对应了一个归约序列，见(4.3)。

$$id*id \Leftarrow F*id \Leftarrow T*id \Leftarrow T*F \Leftarrow T \Leftarrow E \tag{4.3}$$

对于合法的句子，一个自底向上分析方法可以给出句子的一个自底向上(一般还同时要求从左到右)构造分析树的过程，或者给出一个将句子归约为开始符号的归约序列(一般还要求是最左归约序列)。

这两种分析方法都按照从左向右的方式来扫描待分析的句子，而且是每次读入一个单词(或者向前看一个单词)。最高效的自顶向下分析方法和自底向上分析方法只能处理某些满足特殊要求的文法，比如 LL(1) 文法和 LR 文法。好在这些文法的表达能力已经足以描述现代程序设计语言的大部分语法结构。手工实现的语法分析器通常基于 LL(1) 文法，比如预测分析器，对于处理较大的 LR 文法的语法分析器通常是使用自动化工具构造得到的。

在本章及后续章节，经常采用算术表达式文法作为例子，因为算术表达式是高级语言中的典型结构，而且由于运算符的结合性和优先级特性使得分析算术表达式更具挑战性。实际上，处理算术表达式的语法分析技术可以用来处理程序设计语言的大部分结构。在后续讨论中，除非特别指出，一般讨论的都是无二义的文法，即对于每一个合法的句子，都只有一棵分析树，也只对应一个最左 (最右) 推导或者最左 (最右) 归约。

4.2 自顶向下语法分析方法

4.2.1 不确定的自顶向下分析

从为句子构造最左推导的角度来看，一个自顶向下分析过程就是一个为句型最左边的非终结符号选择产生式一步步往下推导的过程。由于限定是做最左推导，因此在每步推导过程中需要展开的非终结符号是确定的，唯一不确定的是如何为该非终结符号选择推导要用的产生式，因为该非终结符号可能会有多条候选产生式。

在选择产生式时如果采用的是随机策略，这样一种自顶向下分析方法称为不确定的自顶向下分析。由于每一个合法的句子都只有一棵分析树，也只有一个最左推导序列，每步推导选择的产生式只有一条是正确的，因此如果选择产生式是随机的，则不能保证每次的选择是正确的。如果在某步推导中选择了不正确的产生式，分析过程将无法完成，当发现推导无法匹配句子的时候需回过头再随机选择另外一条产生式往下推导。这样一个回头选择另外一条产生式进行推导的操作，称为回溯。不确定的自顶向下分析可能会有大量的回溯操作。

【例 4-3】考虑以下文法，

$$S \rightarrow AB$$
$$A \rightarrow aA \mid \varepsilon$$
$$B \rightarrow b \mid bB$$

解：试分析输入 aaabb。一个可能的分析过程见表 4-1。

表 4-1 句子 aaabb 的不确定性自顶向下分析

步骤	推导结果	输入串	说 明
1	S	aaabb	推导从开始符号 S 开始
2	⇒ AB	aaabb	选择产生式 S → AB
3	⇒ aAB	aaabb	选择产生式 A → aA，匹配第 1 个 a
4	⇒ aaAB	aaabb	选择产生式 A → aA，匹配第 2 个 a
5	⇒ aaaAB	aaabb	选择产生式 A → aA，匹配第 3 个 a
6	⇒ aaaaAB	aaabb	选择产生式 A → aA，无法匹配下一符号
6'	⇒ aaaεB	aaabb	回溯，取消上一步骤，选择另一条产生式 A → ε
7	⇒ aaab	aaabb	选择产生式 B → b，匹配第 1 个 b，推导结束，无法匹配第 2 个 b
7'	⇒ aaabB	aaabb	回溯，取消上一步骤，选择另一条产生式 B → bB，匹配第 1 个 b
8	⇒ aaabb	aaabb	选择产生式 B → b，匹配第 2 个 b，推导结束

在以上分析过程中，执行了两次回溯操作。分别取消了步骤6的这次推导，代之以步骤6'；取消了步骤7的这次推导，代之以步骤7'。最终寻找到了需要的最左推导序列，推出了要分析的句子。

不确定的自顶向下分析本质上是一种基于穷举原理的试探方法，是一个反复使用不同的候选产生式谋求匹配句子的过程。其不确定性体现在每次选择的产生式不一定是正确的，在分析过程中可能会有大量的回溯操作。不确定的自顶向下分析方法虽然对文法几乎没有什么要求，适用的文法很广，但是由于回溯造成分析的效率低下，实现代价极高，因此这种方法只有理论价值，实践中很少采用这种方法。

4.2.2 确定的自顶向下分析

如果在自顶向下分析过程中，每步推导都能根据句子中下一个要匹配的符号，以及与文法相关的一些信息，选出唯一正确的产生式，那么这样一种自顶向下的分析方法称为确定的自顶向下分析。采用确定的自顶向下分析方法，无论待分析的句子是否合法，都不会有回溯，分析的效率高。如果句子是合法的，可以一次性地构造出最左推导的序列；如果句子是不合法的，在句子出现语法错误的位置，将无法挑选出正确的产生式继续往下推导。

确定的自顶向下分析，其确定性体现在分析过程中能选择正确的产生式。确定的自顶向下分析又称为预测分析。这种分析方法在选择产生式时，除了需要考察句子中下一个要匹配的符号外，还需要利用事先计算的与文法相关的一些信息，只有满足一定的条件才能实现确定性的分析，因此对文法是有限制的，并不是任意的文法都适合这种分析方法。

那么在分析过程中需要哪些和文法相关的信息来帮助我们选择产生式呢？

【例4-4】考虑以下文法，

$$S \to Ap$$
$$S \to Bq$$
$$A \to a$$
$$A \to cA$$
$$B \to b$$

试分析输入串ccap。

解：正确的最左推导过程见表4-2。

表4-2 句子ccap的确定性自顶向下分析

步骤	推导结果	输入串	说明
1	S	ccap	推导从开始符号S开始
2	⇒ Ap	ccap	选择产生式S → Ap
3	⇒ cAp	ccap	选择产生式A → cA，匹配第1个c
4	⇒ ccAp	ccap	选择产生式A → cA，匹配第2个c
5	⇒ ccAp	ccap	选择产生式A → a，匹配ap

以上分析过程中共选择了 4 条产生式进行推导，每条产生式都是唯一正确的。在步骤 2 中，需要对 S 进行展开，而 S 有两条候选产生式，其右部分别是“Ap”和“Bq”，这时为什么选择第 1 条产生式用“Ap”去替换 S 而不是选择第 2 条产生式用“Bq”去替换 S 呢？因为句子中下一个要匹配的符号 (第 1 个符号) 是“c”，经过分析发现“Ap”往下推导是可以推出以“c”开始的串，也就是说是可以匹配句子中的下一个符号的，而“Bq”往下推导无法推出以“c”开始的串，也就无法匹配句子中的下一个符号，因此选择 S 的第 1 条产生式用“Ap”去替换 S 是正确的。

同理，在步骤 3 中，需要对 A 进行展开，A 也有两条候选产生式，其右部分别是“a”和“cA”，这时句子中的下一个要匹配的符号还是“c”，此时只能选择 A → cA 去匹配“c”，选择 A → a 是无法匹配下一个符号的。采用同样的分析，可以为步骤 4、步骤 5 确定正确的产生式。

以上例子说明，在确定产生式过程中每条产生式右部都能推导出哪些终结符号 (即能推导出哪些以终结符号开始的串) 是很重要的信息。令句子中的下一个要匹配的符号是“x”，下面要对 A 进行展开，A 的一条候选产生式的右部为 α，如果 α 能推出以“x”开始的串，那么这条候选产生式是可选择的。α 能推出哪些终结符号为首的串，这些终结符号是事先可以计算的，α 能推出的所有终结符号构成一个集合，称为 α 的首符号集，记为 FIRST(α)。

假设 A 还有另外一条候选产生式 A → β，若同时满足 $x \in$ FIRST(β)，则 A → β 也是可以选择的。如果存在这种情况，就无法确定唯一正确的产生式往下推导，也就无法实现确定的自顶向下分析。因此一个文法要做确定的自顶向下分析，同一个非终结符号的多个候选产生式，其右部的首符号集的交集必须为空集。

以上例子说明了计算产生式右部 FIRST 集的重要性，下面再看一个例子。

【例 4-5】考虑以下文法，

S → aA

S → d

A → bAS

A → ε

试分析输入串 abd。

解：正确的最左推导过程见表 4-3。

表 4-3　句子 abd 的确定性自顶向下分析

步骤	推导结果	输入串	说明
1	S	abd	推导从开始符号 S 开始
2	⇒ aA	abd	选择产生式 S → aA，匹配 a
3	⇒ abAS	abd	选择产生式 A → bAS，匹配 b
4	⇒ abεS	abd	选择产生式 A → ε，消除 A
5	⇒ abd	abd	选择产生式 S → d，匹配 d

在以上分析过程中，步骤 2、步骤 3、步骤 5 中的产生式选择可以根据当前候选产生式右部的 FIRST 集来确定 (如例 4-4)。步骤 4 需要对 A 进行展开，此时句子中下一个要匹配的符号是“d”，A 有两个候选产生式，其中 A → bAS 显然推不出“d”，那么 A → ε 这条产生式能采用吗？如何来判断？

如果用 A → ε 往下推导，相当于是在当前句型中将 A 消除掉，如果事先知道，在包含 A 的文法的句型中紧跟在 A 的后面是可以出现下一个要匹配的符号“d”的，那么选择这条产生式是可能去匹配“d”，也即这条产生式是可以选择的。在文法的所有句型中，能出现在某个非终结符号 A 后面的所有终结符号构成的集合，称为 A 的后跟符号集，记为 FOLLOW(A)。

例 4-5 说明，当某个非终结符号的候选产生式右部为空，计算该非终结符号的后跟符号集是非常重要的。一般地，令候选产生式为 A → α (α 等于 ε，或者 α 能推出 ε)，句子中下一个要匹配的符号为“x”，如果 x ∈ FOLLOW(A)，则 A → α 是可以选择的。要实现确定的自顶向下分析，除了 A 的多个候选产生式的右部的 FIRST 集的交集为空集，FOLLOW(A) 还应该和其他 A 的非空候选产生式的 FIRST 集的交集也为空集，从而确保每次选择唯一正确的产生式往下推导。

下面给出 FIRST 集和 FOLLOW 集的形式定义。

定义 4-1 FIRST(α) 是由文法符号串 α 推导出的所有以终结符号开始的符号串的第一个终结符号组成的集合，即：

$$\text{FIRST}(\alpha) = \{\, a \mid \alpha \overset{*}{\Rightarrow} a\gamma,\ a \in V_T \,\},$$

如果 $\alpha \overset{*}{\Rightarrow} \varepsilon$，则规定 ε ∈ FIRST(α)。

下面考虑如何构建一个文法符号串的 FIRST 集。令 $\alpha=X_1X_2\cdots X_n$(其中 $x_i \in V_T \cup V_N$，$1 \leqslant i \leqslant n$)，首先将 X_1 能推出的首个终结符号加入 FIRST(α)；若 X_1 能推出 ε，则再将 X_2 能推出的首个终结符号加入 FIRST(α)；若 X_2 也能推出 ε，则接着考察 X_3；依此类推，直到找到一个 X_j (j = 1，2，⋯，n) 不能推出 ε。若每个 X_i (i = 1，2，⋯，n) 都能推出 ε，则将 ε 也加入 FIRST(α)。如果 α=ε，则将 ε 加入 FIRST(α)。

【例 4-6】考虑以下文法：

E → TE’
E’ → +TE’ | ε
T → F T’ (4.4)
T’ → *F T’ | ε
F → (E)| id

求每个产生式右部的 FIRST 集。

解：首先求单个非终结符号 E、E’、T、T’、F 的 FIRST 集：

FIRST(E) = FIRST(T) = FIRST(F) = {(，id }
FIRST(E’) = { +，ε}
FIRST(T’) = { *，ε}

再求产生式右部的 FIRST 集：

FIRST(TE’) = {(，id }

FIRST(+TE’) = { + }

FIRST(ε) = {ε}

FIRST(F T’) = {(，id }

FIRST(*F T’) = { * }

FIRST((E)) = {(}

FIRST(id) = { id }

定义 4-2　非终结符号 A 的 FOLLOW 集，定义为：

$$\text{FOLLOW}(A) = \{ a \mid S \overset{*}{\Rightarrow} \alpha A a \beta,\ a \in V_T \}。$$

构造非终结符号的 FOLLOW 集，遵循以下几条规则：

(1) (特例) 令文法的开始符号是 S，则将“$”符号加入 FOLLOW(S) 中。 在实际的语法分析中，往往在句子的结尾加一个特殊符号 (如“$”符号) 作为句子的结束标志，当扫描到这个符号时就知道整个句子已经分析完成了。句子由 S 代表，“$”紧跟在句子后面，因此 $ ∈ FOLLOW(S)。

(2) 若有产生式 $A \rightarrow \alpha B \beta$(其中 α、β 均是文法符号串)，则将 FIRST(β) 中的非空符号并入 FOLLOW(B) 中。

(3) 若有产生式 $A \rightarrow \alpha B$ 或 $A \rightarrow \alpha B \beta$(满足 $\beta \overset{*}{\Rightarrow} \varepsilon$)，则将 FOLLOW(A) 中的符号并入 FOLLOW(B) 中。

【例 4-7】考虑例 4-6 中的文法 (4.4)，求每个非终结符号的 FOLLOW 集。

解：非终结符号 E、E’、T、T’、F 的 FOLLOW 集如下：

FOLLOW(E) = FOLLOW(E’) ={)，$}

FOLLOW(T) = FOLLOW(T’) ={+，)，$}

FOLLOW(F) = {+，*，)，$}

通过对例 4-4 和例 4-5 的分析，知道在做确定的自顶向下分析时，需要事先计算文法中每个产生式右部的 FIRST 集和非终结符号的 FOLLOW 集。只有根据这些信息才能在每步推导过程中选出唯一正确的产生式。为方便选择产生式，在 FIRST 集和 FOLLOW 集的基础上定义 SELECT 集。

定义 4-3　给定文法产生式 $A \rightarrow \alpha$ (其中 $A \in V_N$，$\alpha \in (V_T \cup V_N)^*$)，

SELECT($A \rightarrow \alpha$) 定义为：

(1) 若 α 不能推出 ε，则 SELECT($A \rightarrow \alpha$) = FIRST(α) − {ε}；

(2) 若 $\alpha \overset{*}{\Rightarrow} \varepsilon$，则 SELECT($A \rightarrow \alpha$) = (FIRST(α) − {ε}) ∪ FOLLOW(A)。

【例 4-8】考虑例 4-6 中的文法 (4.4)，求每条产生式的 SELECT 集。

解：文法产生式的 SELECT 集如下：

SELECT(E → TE’) = {(，id }

SELECT(E’ → +TE’) = { + }

SELECT(E’ → ε) = {)，$ }

SELECT(T → F T’) = {(，id }

SELECT(T’ → *F T’) = { * }

SELECT(T’ → ε) = { +，)，$ }

SELECT(F → (E)) = {(}

SELECT(F → id) ={ id }

有了 SELECT 集的定义，在选择产生式时只需要考察 SELECT 集就可以了。在自顶向下分析过程中，假设当前句子中下一个要匹配的符号是“x”，待展开的非终结符号是 A，A → α 是该非终结符号的一条候选产生式，若 x ∈ SELECT(A → α)，则产生式 A → α 是可以选择的。如果要做确定的自顶向下分析，每次选出的产生式最多只能有一条，这就要求文法满足一定的条件。LL(1) 文法就是这样的满足条件的文法。

定义 4-4　一个文法是 LL(1) 文法的充分必要条件是对每个非终结符号 A 的两个不同产生式 A → α，A → β，满足：

$$SELECT(A \to \alpha) \cap SELECT(A \to \beta)=\Phi$$

LL(1) 文法中的第一个 L 是指在分析句子时是从左到右进行扫描的，第二个 L 是指分析过程中是要生成一个句子的最左推导，1 代表在作出分析前 (选择产生式的时候) 要向前看 1 个符号。

根据定义，文法 (4.4) 是 LL(1) 的。对于任何一个 LL(1) 文法，都可以对其句子做确定的自顶向下分析。

【例 4-9】基于例 4-6 中的文法 (4.4)，对句子 id+id*id 做确定性的自顶向下分析。

解：分析过程见表 4-4。

表 4-4　句子 id+id*id 的自顶向下分析

步骤	推导结果	句子	下一个符号	选择的产生式	说明
1	E	id+id*id$	id	E → TE’	id ∈ SELECT(E → TE’)
2	⇒ T E’	id+id*id$	id	T → F T’	id ∈ SELECT(T → F T’)
3	⇒ F T’ E’	id+id*id$	id	F → id	id ∈ SELECT(F → id)
4	⇒ id T’ E’	id+id*id$	+	T’ → ε	+ ∈ SELECT(T’ → ε)
5	⇒ id ε E’	id+id*id$	+	E’ → +TE’	+ ∈ SELECT(E’ → +TE’)
6	⇒ id + T E’	id+id*id$	id	T → F T’	id ∈ SELECT(T → F T’)
7	⇒ id + F T’ E’	id+id*id$	id	F → id	id ∈ SELECT(F → id)
8	⇒ id + id T’ E’	id+id*id$	*	T’ → *F T’	* ∈ SELECT(T’ → *F T’)
9	⇒ id + id * F T’ E’	id+id*id$	id	F → id	id ∈ SELECT(F → id)
10	⇒ id + id * id T’ E’	id+id*id$	$	T’ → ε	$ ∈ SELECT(T’ → ε)
11	⇒ id + id * id ε E’	id+id*id$	$	E’ → ε	$ ∈ SELECT(E’ → ε)
12	⇒ id + id * id εε	id+id*id$			

分析树的构造过程见图 4-4。

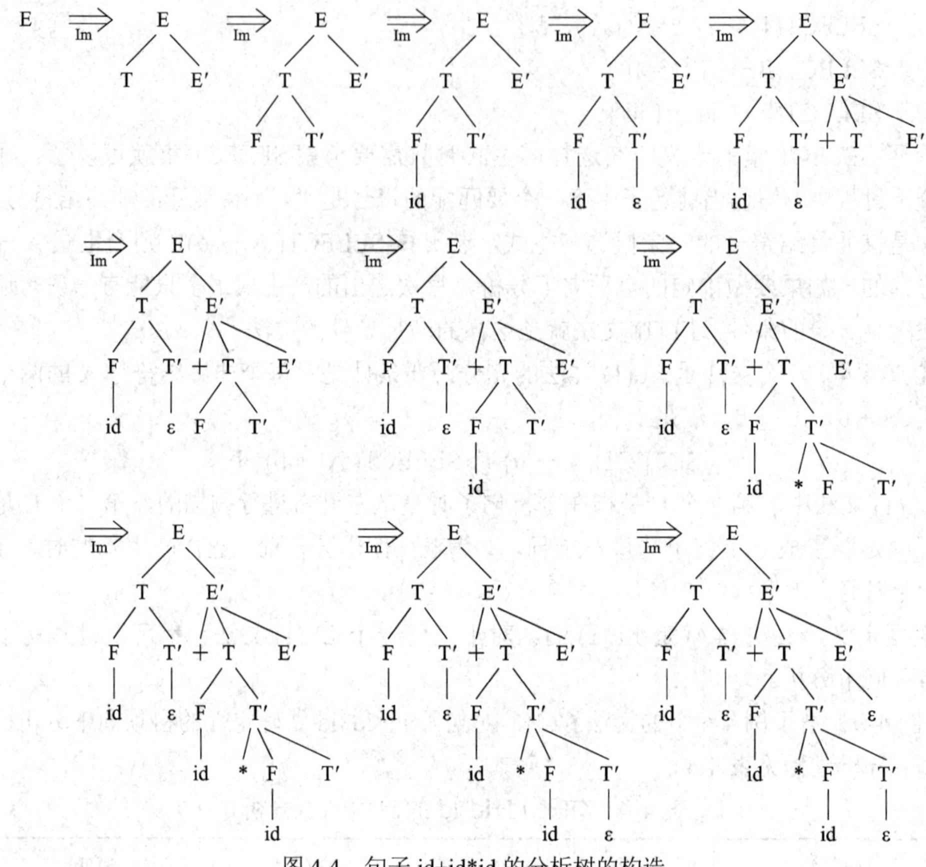

图 4-4　句子 id+id*id 的分析树的构造

4.2.3　非 LL(1) 文法到 LL(1) 文法的等价变换

一个语言可以有多个文法去描述它，但不是每个语言都一定会有 LL(1) 文法。要对语言的句子做确定的自顶向下分析，必须基于此语言的 LL(1) 文法。

有些文法带有非 LL(1) 文法的特征，但是我们可以通过一定的变换操作，消除它的这个非 LL(1) 特征，这样就有可能将它转化为等价的 LL(1) 文法。

1. 提取公共左因子

有些文法含有形如：$A \rightarrow \alpha\beta \mid \alpha\gamma$（其中 α、β、γ 都是文法符号串）的产生式。其中 α 是产生式右部共同的部分，称为公共左因子。含有公共左因子的文法不是 LL(1) 的，如上面这两条产生式的 SELECT 集里面都包含 FIRST(α)，故：

$$\text{SELECT}(A \rightarrow \alpha\beta) \cap \text{SELECT}(A \rightarrow \alpha\gamma) \neq \Phi$$

不满足 LL(1) 文法定义的要求。

含有公共左因子的产生式的一般形式为：

$$A \rightarrow \alpha\beta_1 \mid \alpha\beta_2 \mid \alpha\beta_3 \mid \cdots \mid \alpha\beta_n \qquad (4.5)$$

在推导过程中，需要将 A 展开时，不知道应该将 A 展开为 $\alpha\beta_1$、$\alpha\beta_2$、…，还是 $\alpha\beta_n$。一个解决方案是先将 A 展开为 αA'，从而将做出决定的时间往后延。在扫描完由 α 推导得到的符号串之后，再决定将 A’ 展开为 β_1、β_2、…，还是 β_n。

基于以上分析，可以对含有公共左因子的产生式作如下变换：

(1) 提取公共左因子，

$$A \rightarrow \alpha(\beta_1 \mid \beta_2 \mid \beta_3 \mid \cdots \mid \beta_n) \tag{4.6}$$

(2) 引入一个新的非终结符号 A’，对 (4.6) 进行等价变换，

$$A \rightarrow \alpha A'$$
$$A' \rightarrow \beta_1 \mid \beta_2 \mid \beta_3 \mid \cdots \mid \beta_n$$

【例 4-10】考察如下含有公共左因子的文法，

$$S \rightarrow aSb$$
$$S \rightarrow aSa$$
$$S \rightarrow b$$

试提取该文法的公共左因子。

解：以上文法第 1、2 条产生式右部含有公共左因子“aS”，引入一个新的非终结符号 A，对以上文法进行等价变换，得：

$$\begin{aligned} &S \rightarrow aSA \\ &S \rightarrow b \\ &A \rightarrow a \\ &A \rightarrow b \end{aligned} \tag{4.7}$$

提取公共左因子之后，文法有可能转化为 LL(1) 的。

如上例：

$$\begin{aligned} &\text{SELECT}(S \rightarrow aSA) \cap \text{SELECT}(S \rightarrow b) \\ &\quad = \{a\} \cap \{b\} \\ &\quad = \Phi \end{aligned}$$

$$\begin{aligned} &\text{SELECT}(A \rightarrow a) \cap \text{SELECT}(A \rightarrow b) \\ &\quad = \{a\} \cap \{b\} \\ &\quad = \Phi \end{aligned}$$

故 (4.7) 是 LL(1) 文法。

【例 4-11】考虑如下文法，

$$S \rightarrow i\,E\,t\,S \mid i\,E\,t\,S\,e\,S \mid a$$
$$E \rightarrow b$$

解：该文法描述了高级语言中常见的条件语句，其中 i、t、e 分别表示 if、then 和 else，E 和 S 分别表示表达式和语句。

提取公共左因子之后，文法变换为：

$$\begin{aligned} &S \rightarrow i\,E\,t\,S\,S' \mid a \\ &S' \rightarrow e\,S \mid \varepsilon \\ &E \rightarrow b \end{aligned} \tag{4.8}$$

提取公共左因子有可能将文法转化为 LL(1) 的，也有可能文法仍然不是 LL(1) 的。

如 (4.8) 中，

$$\text{SELECT}(S' \rightarrow e\,S) \cap \text{SELECT}(S' \rightarrow \varepsilon)$$

$$= \{ e \} \cap \{ e、\$ \}$$
$$\neq \Phi$$

故 (4.8) 不是 LL(1) 文法。

2. 消除左递归

定义 4-5　含有形如 $A \to A\alpha|\beta$ 的产生式或 $A \overset{+}{\Rightarrow} A\alpha$ 形式的推导的文法称为左递归 (Left Recursive) 文法。左递归文法不是 LL(1) 文法。

以含 $A \to A\alpha|\beta$ 产生式的文法为例，SELECT($A \to A\alpha$) 和 SELECT($A \to \beta$) 中均包含 FIRST(β)，故：

$$\text{SELECT}(A \to A\alpha) \cap \text{SELECT}(A \to \beta) \neq \Phi$$

因此文法不是 LL(1) 的。

左递归文法又分为直接左递归的和间接左递归的。

直接左递归文法的一般形式如下：

$$A \to A\alpha_1 |A\alpha_2 |\cdots|A\alpha_m |\beta_1 |\beta_2 |\cdots |\beta_n \tag{4.9}$$

其中，β_i (i=1，2，…，n) 第一个符号都不是 A，α_j(j=1，2，…，m) 不等于 ε。

那么可以把 (4.9) 改写为如下等价形式：

$$A \to \beta_1 A' \mid \beta_2 A' \mid\cdots\mid \beta_n A'$$
$$A' \to \alpha_1 A' \mid \alpha_2 A' \mid\cdots\mid \alpha_m A' \mid\varepsilon \tag{4.10}$$

文法 (4.10) 之所以和文法 (4.9) 等价，是因为文法 (4.10) 中非终结符号 A 能推出的符号串和文法 (4.9) 中非终结符号 A 能推出的符号串是一样的。文法 (4.10) 不再包含左递归，虽然 A’ 的产生式是右递归的，但是右递归并不影响它是否是 LL(1) 文法。

【例 4-12】考虑如下表达式文法，

$$E \to E + T$$
$$E \to T$$
$$T \to T * F$$
$$T \to F$$
$$F \to (E)$$
$$F \to id$$

解：显然此文法是直接左递归文法，按照上述消除左递归的方法，将此文法进行等价变换，得到的文法如下：

$$E \to TE'$$
$$E' \to +TE' \mid \varepsilon$$
$$T \to F T'$$
$$T' \to *F T' \mid \varepsilon$$
$$F \to (E)\mid id$$

上一节已证明该文法是 LL(1) 的。

间接左递归文法是含有形如 $A \overset{+}{\Rightarrow} A\alpha$ 推导的文法。

【例 4-13】考虑如下文法，

$$A \rightarrow aB \mid Bb \qquad (4.11)$$
$$B \rightarrow Ac \mid d$$

解：由于存在推导：$A \Rightarrow Bb \Rightarrow Acb$，所以文法 (4.11) 是间接左递归的。间接左递归文法也不是 LL(1) 的，对于文法 (4.11)，其关于非终结符号 A 的产生式的 SELECT 集计算如下：

$$\text{SELECT}(A \rightarrow aB) = \{ a \}$$
$$\text{SELECT}(A \rightarrow Bb) = \{ a, d \}$$

故：$\text{SELECT}(A \rightarrow aB) \cap \text{SELECT}(A \rightarrow Bb) \neq \Phi$

要消除一个文法中的间接左递归，前提条件是文法不含环路，即无形如 $A \stackrel{+}{\Rightarrow} A$ 的推导，还要求没有 $A \rightarrow \varepsilon$ 形式的产生式。

算法 4-1 间接左递归消除算法。

输入：没有环或 ε 产生式的文法 G；

输出：一个等价的无左递归文法；

方法：对文法 G 执行以下算法。

(1) 按任意顺序排列非终结符号：A_1，A_2，…，A_n
(2) for (从 1 到 n 的每个 i)
(3) { for (从 1 到 i-1 的每个 j)
(4) { 将每个形如的 $A_i \rightarrow A_j\gamma$ 产生式替换为产生式组：
(5) $A_i \rightarrow \delta_1\gamma \mid \delta_2\gamma \mid \cdots \mid \delta_k\gamma$，
(6) 其中 $A_j \rightarrow \delta_1 \mid \delta_2 \mid \cdots \mid \delta_k$ 是所有关于 A_j 的产生式
(7) }
(8) 消除产生式的直接左递归；
(9) }
(10) 对获得的文法化简。

【例 4-14】 消除以下文法的左递归，

$$S \rightarrow Ac \mid c$$
$$A \rightarrow Bb \mid b$$
$$B \rightarrow Sa \mid a$$

解：首先给出一个非终结符号的排列：B，A，S，

(1) 先写出 B 的产生式，$B \rightarrow Sa \mid a$，无直接左递归。

(2) 写出 A 的产生式，将 B 的产生式代入 A 的产生式的右部，得：

$$A \rightarrow Sab \mid ab \mid b$$

这组产生式也无直接左递归。

(3) 写出 S 的产生式，将 (2) 中得到的 A 的产生式带入 S 产生式的右部，得：

$$S \rightarrow Sabc \mid abc \mid bc \mid c$$

这组产生式有直接左递归，消除这组产生式的直接左递归得：

$$S \rightarrow abcS' \mid bcS' \mid cS'$$
$$S' \rightarrow abcS' \mid \varepsilon$$

(4) 以上步骤获得的文法如下：

S → abcS’ | bcS’ | cS’
S’ → abcS’ | ε
A → Sab | ab | b
B → Sa| a

最后对此文法化简。文法开始符号是 S，A 和 B 的产生式在推导过程中不会被用到，可删除。化简之后的文法如下：

S → abcS’ | bcS’ | cS’
S’ → abcS’ | ε

对非终结符号的排序不同，最后得到的无左递归的文法可能也是不同的，但它们都是等价的。

例如，给出另一个非终结符号的排列：S，A，B，消除左递归之后得到文法：

S → Ac | c
A → Bb | b
B → bcaB’ |caB’ |aB’
B’ → bcaB’ |ε

需要注意的是，一个文法没有公共左因子，没有左递归，并不一定能保证文法是 LL(1) 的，无左因子产生式和无左递归只是文法为 LL(1) 文法的必要条件，而非充分条件。

4.2.4 无回溯递归下降分析法

递归下降分析法为自顶向下语法分析的实现提供了一个框架。一个递归下降语法分析器由一组过程构成，文法中的每个非终结符号 U(它们分别代表一个语法单位) 都对应一个过程，该过程完成对 U 所对应的语法单位的分析和识别任务。U 对应的过程的结构和 U 的产生式右部的结构是一致的，对于产生式右部的终结符号调用一个辅助过程直接匹配，对于非终结符号，则调用该非终结符号对应的过程来对它进行分析和识别。由于在分析 (构造推导序列) 过程中，可能会有同一个非终结符号对应的过程的多个实例同时在运行，即所谓的过程递归调用，另外这种方法是自顶向下分析的具体实现方法，以自顶向下顺序构建分析树，因此这种方法称为递归下降分析法。

采用递归下降分析法分析句子时是从调用开始符号 S(对应整个句子) 对应的过程开始的。作为自顶向下分析的具体实现，递归下降分析法也要解决一个如何选择产生式的问题。如果是实现不确定的自定向下分析，那么在分析过程中会产生回溯，影响分析效率。如果是实现确定的自顶向下分析，那么可以在 SELECT 集计算的基础上，以无回溯的方式来实现句子的分析。下面结合一个实例来介绍无回溯的递归下降分析法。

【例 4-15】考虑以下文法：

type → *simple*
  | ↑ id
  | array [*simple*] of *type*
simple → integer
  | char
  | num dotdot num

试分析句子：array [num dotdot num] of integer

解：首先计算每条产生式的 SELECT 集：

SELECT(*type* → *simple*) = { integer，char，num }

SELECT(*type* → ↑ id) = { ↑ }

SELECT(*type* → array [simple] of type) = { array }

SELECT(*simple* → integer) = { integer }

SELECT(*simple* → char) = { char }

SELECT(*simple* → num) = { num }

下面为文法构建无回溯的递归下降分析程序。该文法有两个非终结符号 *type* 和 *simple*，分别为它们构建识别过程。

```
procedure type ;
begin
    if lookahead in { integer，char，num } then
                simple ( )
        else if lookahead = ‘↑’ then
            begin
                match ( ‘↑’ );
                match (id);
            end
                else if lookahead = ‘array’ then
                    begin
                        match ( ‘array’ );
                        match ( ‘ [ ’ );
                        simple ( );
                        match ( ‘ ] ’ );
                        match ( ‘of’ );
                        type ( )
                    end
        else error( )
end;
```

```
procedure simple ;
begin
      if lookahead = ‘integer’ then
          match ( ‘integer’ )
      else if lookahead = ‘char’ then
          match ( ‘char’ )
      else if lookahead = ‘num’ then
          begin
```

```
                    match ( 'num' );
                    match ( 'dotdot' );
                    match ( 'num' );
                end
            else  error( )
        end;
```

以上过程中的 lookahead 是一个全局变量，指向句子中的下一个待匹配的符号，开始时指向句子的第一个符号。以上过程的基本思想是，若 lookahead 指向的符号在当前非终结符号某条候选产生式的 SELECT 集中，则进入这条产生式右部的分析，同时输出这条产生式(用于最左推导)。

另外需要一个辅助过程 match，输入参数为 t，如果 t 与 lookahead 指向的符号匹配，lookahead 指向句子中的下一个输入符号，如果不匹配就报错。

```
procedure match (t : token);
    begin
        if  lookahead = t  then
                lookahead  :=  nexttoken( )
        else  error ( )
end;
```

调用以上分析程序，对句子“array [num dotdot num] of integer”进行分析，分析过程如下：

(1) 调用 type，输出 *type* → array [*simple*] of type；

(2) 调用 simple，输出 *simple* → num dotdot num；

(3) 调用 type，输出 *type* → *simple*；

(4) 调用 simple，输出 *simple* → integer。

用以上步骤输出的 4 条产生式作最左推导，可以推出句子“array [num dotdot num] of integer”，同时可以自顶向下构建句子的分析树。

构建一个递归下降分析程序，相对来说比较简单，程序结构比较直观，可读性好。如果要对文法进行扩充，实现起来也比较方便。基于以上优点，递归下降分析法在许多高级语言的编译器设计中得到了应用。

4.2.5 非递归预测分析器

确定的自顶向下分析又叫预测分析。预测分析的一个实现方案是上一小节讨论的无回溯递归下降分析。在这种分析方法中，将文法产生式的 SELECT 集的信息直接写在代码里，也就是说代码和数据是集成在一起的。下面介绍预测分析的另一个实现方案——非递归预测分析器模型，见图 4-5。

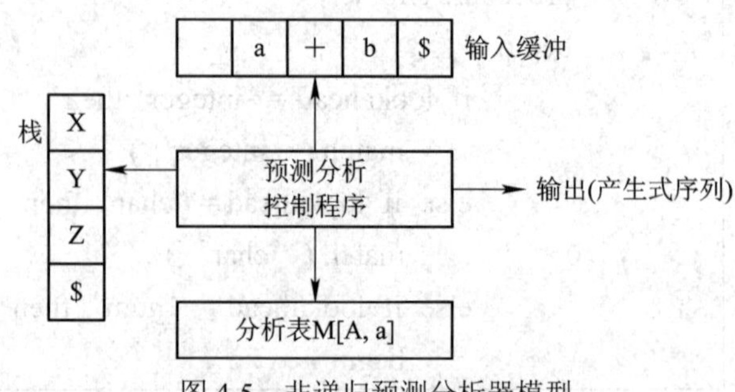

图 4-5 非递归预测分析器模型

该模型包含几个组成部分：

(1) 输入缓冲：待分析的句子末尾跟上一个“$”符号，放在输入缓冲区中，在分析过程中有一个指针指向句子中下一个待匹配的符号；

(2) 栈：用于存放分析的中间结果，栈底是“$”符号，其他是文法符号；

(3) 分析表：是一张二维表，用于存放 SELECT 集的信息，一个分析表的例子见表 4-5；

(4) 预测分析控制程序：是一个算法，根据当前非终结符号及句子中下一个要匹配的符号查询分析表，确定下一步用哪条产生式进行推导；

(5) 输出：算法输出一个产生式序列，用这个产生式序列作最左推导可以推出待分析的句子。

下面介绍分析表的构造方法。分析表是一张二维表，记为 M [A，a]，A 是非终结符号，a 是终结符号或“$”符号，表中存放的是产生式，如果：

$$a \in \text{SELECT}(A \to \alpha),$$

则把 A → α 放入 M [A，a] 中。空白表项表示出错。本质上，分析表是以表格的形式存放了 SELECT 集的信息。

考虑文法 (4.4)，前面已经计算了每条产生式的 SELECT 集，则：

(1) 由 SELECT(E → TE’)= {(，id}，将产生式“E → TE’”放到“E”这行的“(”这列和“id”这列。

(2) 由 SELECT(E’→ +TE’)={+}，将产生式“E’→ +TE’”放到“E’”这行的“+”这列。

(3) 由 SELECT(E’→ ε)={)，$}，将产生式“E’→ ε”放到“E’”这行的“)”这列和“$”这列。

(4) 由 SELECT(T → FT’) ={(，id}，将产生式“T → FT’”放到“T”这行的“(”这列和“id”这列。

(5) 由 SELECT(T’→ *FT’)={*}，将产生式“T’→ *FT’”放到“T’”这行的“*”这列。

(6) 由 SELECT(T’→ ε)={)，+，$}，将产生式“T’→ ε”放到“T’”这行的“)”这列、“+”这列和“$”这列。

(7) 由 SELECT(F → (E))={(}，将产生式“F → (E)”放到“F”这行的“(”这列。

(8) 由 SELECT(F → id)={id}，将产生式“F → id”放到“F”这行的“id”这列。

最后构造的分析表见表 4-5。

表 4-5 文法 (4.4) 的分析表

非终结符号	输入符号					
	id	+	*	(	)	$
E	E → TE’			E → TE’		
E’		E’→ +TE’			E’→ ε	E’→ ε
T	T → FT’			T → FT’		
T’		T’→ ε	T’→ *FT’		T’→ ε	T’→ ε
F	F → id			F → (E)		

定义 4-6　如果一个文法的预测分析表没有多重定义入口，则该文法是 LL(1) 文法。

所谓多重定义入口是指在分析表的某个表项中存在多条产生式。定义 4-6 是 LL(1) 文法的另一个定义。定义 4-4 从 SELECT 集的角度定义了 LL(1) 文法，定义 4-6 是通过考察分析表来定义 LL(1) 文法的。由于分析表是 SELECT 集的一种存储方式，这两个定义本质上是一样的。

下面讨论无递归预测分析器是如何分析句子的，即预测分析控制程序的工作过程。

令当前栈顶为 X、当前输入符为 a，由 (X，a) 决定分析动作，共 3 种可能：

(1) 若 $X=a \neq \$$，则 X 从栈中弹出，输入指针下移，指向下一个符号；

(2) 若 $X \in V_N$，则去查分析表 M 的元素 M[X，a]，该元素或为 X 的产生式，或为一个“空白”(出错)。

a) 如果 $M[X，a]=X \rightarrow Y_1Y_2\cdots Y_k$，则把 X 从栈中弹出，并依次将 Y_k，Y_{k-1}，…，Y_1 压入栈中；

b) 如果 M[X，a]= “空白” (出错)，调用出错处理程序。

(3) 若 X=a=$，分析停止，宣告成功完成分析。

基于非递归预测分析器模型，下面给出具体的预测语法分析算法。

算法 4-2　预测语法分析算法。

输入：一个串 w，文法 G 的预测分析表 M。

输出：如果 w 在 L(G) 中，输出 w 的一个最左推导，否则给出一个错误指示。

方法：预测分析器初始设置：将 w$ 放入输入缓冲区中，将“$”符号压栈，将 G 的开始符号 S 压栈，然后执行以下算法。

```
置 ip 指向 w$ 的第一个符号；
repeat
        令 X 是栈顶符号，a 是 ip 所指向的符号；
        if X 是终结符号或 $ then
             if X=a then
            把 X 从栈中弹出，ip 指向下一符号；
            else error()
        else    /* X 是非终结符号 */
            if M[X，a] = X → Y1Y2…Yk then begin
            把 X 从栈中弹出；
            依次把 Yk，Yk-1，…，Y1 压入栈中，即 Y1 在栈顶上；
            输出产生式 X → Y1Y2…Yk
                end
            else error()
until X=$  /* 栈为空 */
```

【例 4-16】用预测分析器分析文法 (4.4) 的句子“id+id*id”，分析表如表 4-5 所示。

解：分析过程如表 4-6 所示。

表 4-6 句子 id+id*id 的预测分析

步骤	已匹配	栈	输入串	动作
1		E$	id+id*id$	
2		T E'$	id+id*id$	输出 E → TE'
3		F T' E'$	id+id*id$	输出 T → F T'
4		id T' E'$	id+id*id$	输出 F → id
5	id	T' E'$	+id*id$	匹配 id
6	id	E'$	+id*id$	输出 T' → ε
7	id	+ T E'$	+id*id$	输出 E' → +TE'
8	id+	T E'$	id*id$	匹配 +
9	id+	F T' E'$	id*id$	输出 T → F T'
10	id+	id T' E'$	id*id$	输出 F → id
11	id+id	T' E'$	*id$	匹配 id
12	id+id	* F T' E'$	*id$	输出 T' → *F T'
13	id+id*	F T' E'$	id$	匹配 *
14	id+id*	id T' E'$	id$	输出 F → id
15	id+id*id	T' E'$	$	匹配 id
16	id+id*id	E'$	$	输出 T' → ε
17	id+id*id	$	$	输出 E' → ε

表 4-6 内容分为 4 列，“已匹配”列显示的是句子中已扫描过的部分，“输入串”列显示的是剩余的待扫描的部分，每一行的这两列并起来构成正在被分析的句子。“栈”这列显示的是在分析过程中获得的中间结果，每一行的“已匹配”列并上“栈”这列构成推导得到的句型。“动作”列有两个动作，一个是输出产生式 (用于最左推导)，另一个是当推导出终结符号时与句子中的终结符号进行匹配。分析过程输出一个产生式的序列，用这个产生式序列作最左推导可以推出句子，同时可以按自顶向下、从左到右的顺序构建分析树，见图 4-4。

4.2.6 预测分析中的错误处理

错误处理是任何一个语法分析方法必须考虑的问题。在分析过程中一旦发现源程序存在语法错误，首先要报告错误出现的位置，然后要判断该错误的性质与类别，并给出提示信息。同时要有错误处理机制，使得分析可以继续，以便在一次扫描中尽可能多地发现源程序中的错误。一种有效的错误处理机制是所谓的恐慌模式。恐慌模式错误处理的基本思想是：发现错误后忽略掉输入串中的一些符号，直到下一个输入符号是事先确定的一个同步单词集合中的元素，分析过程再恢复进行。

对于预测分析器模型，在两种情况下会发现错误 (见算法 4-2)：

(1) 栈顶的终结符号和句子中的下一个输入符号不匹配。

(2) 根据栈顶符号 X 和句子中下一个符号 a，去查分析表，发现是空白。

针对这两种情况，结合恐慌模式错误处理的基本思想，一个启发式的错误处理机制如下：

(1) 若栈顶终结符号和下一个输入符号不匹配，则弹出栈顶终结符号。

(2) 在分析表中加入同步化入口 (synch)，如果查询分析表时是“synch”，则从栈中弹出 A。

(3) 如果查询分析表时是“空白”，则跳过输入符号 a。

根据非终结符号的 FOLLOW 集可以在分析表中添加同步化入口 (synch)。计算每个非终结符号 A 的 FOLLOW 集，令 x ∈ FOLLOW(A)，若在分析表中 M[A，x] 是空白，则在这个表项中添加“synch”。

【例 4-17】为文法 (4.4) 构建含同步化入口的分析表，并分析一个输入串“+id*+id”。

解：

(1) 由 FOLLOW(E) ={)，$ }，在 M[E，)] 和 M[E，$] 添加“synch”。

(2) 由 FOLLOW(T) ={)，+，$ }，在 M[T，)]、M[T，+] 和 M[T，$] 添加“synch”。

(3) 由 FOLLOW(F) ={ +，*，)，$ }，在 M[F，+]、M[F，*]，M[F，)] 和 M[F，$] 添加“synch”。

含同步化入口的分析表如表 4-7 所示。

表 4-7 文法 (4.4) 含同步化入口的分析表

非终结符号	输入符号					
	id	+	*	(	)	$
E	E → TE’			E → TE’	synch	synch
E’		E’ → +TE’			E’ → ε	E’ → ε
T	T → FT’	synch		T → FT’	synch	synch
T’		T’ → ε	T’ → *FT’		T’ → ε	T’ → ε
F	F → id	synch	synch	F → (E)	synch	synch

句子“+id*+id”有两个错误，一个是表达式不能以运算符“+”开头，一个是两个二目运算符“*”“+”之间必须要有运算对象。句子分析过程如表 4-8 所示，分析过程中发现了这两个错误，确定了具体位置，并作了处理以保证分析过程能继续下去。

表 4-8 预测分析错误处理示例

步骤	栈	输入串	动作
1	E$	+id*+id$	错误，忽略 +，继续分析
2	E$	id*+id$	
3	T E'$	id*+id$	
4	F T' E'$	id*+id$	
5	id T' E'$	id*+id$	
6	T' E'$	*+id$	

续表

步骤	栈	输入串	动作
7	* F T' E'$	*+id$	
8	F T' E'$	+id$	错误，弹出 F，继续分析
9	T' E'$	+id$	
10	E'$	+id$	
11	+ T E'$	+id$	
12	T E'$	id$	
13	F T' E'$	id$	
14	id T' E'$	id$	
15	T' E'$	$	
16	E'$	$	
17	$	$	

4.3　自底向上语法分析—— LR 分析

4.3.1　自底向上语法分析的关键——识别句柄

如 4.1 节所述，一个自底向上的语法分析过程是从左到右扫描待分析的句子，构造一个归约序列 (一般要求是最左归约序列),将句子最终归约为文法的开始符号。这个 (最左) 归约序列的逆序是一个 (最右) 推导序列。最右推导序列对应的是这个句子的分析树的一个自顶向下、从右到左的分析树的构造过程。这个构造过程的逆序是自底向上、从左到右构造分析树，和最左归约的顺序是一致的。参见例 4-2。

归约是用某条产生式的左部非终结符号替换其右部文法符号串的过程。在自底向上分析过程中，关键是要解决如何确定可归约串的问题，如果是做最左归约就是要解决一个如何确定最左可归约串的问题。

定义 4-7　从文法的开始符号出发进行零步或多于零步的最右推导得到的文法符号串称为右句型，右句型又称为规范句型。

令文法 G 的开始符号是 S，给出以下最右推导序列：

$$S=\gamma_0 \underset{rm}{\Rightarrow} \gamma_1 \underset{rm}{\Rightarrow} \gamma_2 \ldots \gamma_{n-1} \underset{rm}{\Rightarrow} \gamma_n = w \tag{4.12}$$

S 做零步最右推导，得到 γ_0，因此 γ_0 是右句型，做一步最右推导，得到 γ_1，γ_1 是右句型。以此类推，做 n 步最右推导得到 γ_n，γ_n 只包含终结符号，不能够继续推导，就是我们要分析的句子 w。反过来看 (4.12) 就是一个最左归约的过程，每一步归约都是将右句型 γ_i 归约为右句型 γ_{i-1}。自底向上的语法分析可以看作是一个从句子出发，不断对右句型 (句子也是右句型) 中的最左可归约串进行归约的过程。

考虑 (4.12) 中的某步推导 ($S \overset{*}{\underset{rm}{\Rightarrow}}$) $\alpha Ax \underset{rm}{\Rightarrow} \alpha\beta x$。由于是最右推导，x 不含非终结

符号，这步推导用到的产生式是 A → β，用产生式右部 β 去替换左部 A。对应分析树的构造过程，这步推导之后分析树结构如图 4-6 所示。

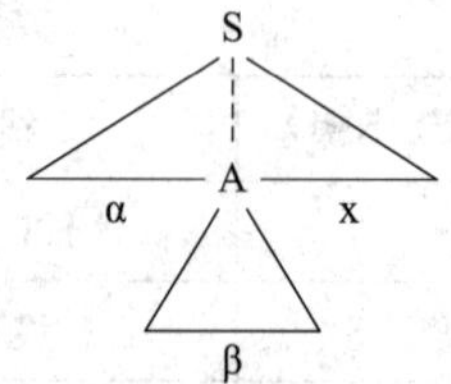

图 4-6 句柄的识别

从图 4-6 可知，A 及其子结点 β 构成的子树是分析树中最左边的只有父子两代的子树。根据定义 2-24，β 是右句型 αβx 的句柄。于是将右句型 αβx 归约为右句型 αAx，是对句柄 β 进行归约，αβx 的最左可归约串就是句柄 β。

需要注意的是文法可能是二义性的，αβx 可能存在多个最右推导，就可能存在多个句柄。如果一个文法是无二义性的，那么文法的每个右句型都有且只有一个句柄。

句柄首先必须和某个产生式右部匹配，但是和某个产生式右部匹配的未必是句柄。如例 4-2 中的归约序列：

$$id*id \Leftarrow F*id \Leftarrow T*id \Leftarrow T*F \Leftarrow T \Leftarrow E$$

在 3 步归约之后得到 T*F，T 是产生式 E → T 的右部，T*F 是产生式 T → T*F 的右部。这时候有两个选择，一个是将 T 归约为 E，另一个是将 T*F 归约为 T。显然第一个选择是错误的，如果将 T 归约为 E，则后续无法将句子归约到开始符号。也就是说对于右句型 T*F 来说，T*F 是它的句柄，而 T 不是。

因此自底向上语法分析的关键问题是如何识别右句型的句柄。

4.3.2 自底向上语法分析的实现方法——移进—归约法

在具体实现自底向上分析的时候往往会借助一个符号栈。在从左到右对待分析的句子进行扫描的过程中，将输入符号逐个移进一个先进后出的符号栈中。一边移进一边分析栈顶，一旦栈顶出现了当前右句型的句柄就选择一条产生式进行归约。重复这一过程，直到归约到栈中只剩下文法的开始符号，同时输入符号全部移入了栈中时分析成功。

分析过程中通常使用 $ 来标记栈的底部，在输入串的末尾也加上一个 $ 符号作为输入串的结束标志。开始的时候栈中除了一个 $ 符号之外没有其他元素，输入串 w 后跟一个 $ 符号存放在输入缓冲区中，见如下格局。

符号栈	输入串
$	w $

首先将 w 的第一个符号移进栈中，同时分析栈顶有没有出现 w 的句柄，如果有就选择一条产生式进行归约，否则就继续移进第二个符号并判断，直到栈顶出现 w 的句柄并进行归约。反复执行这样的移进—归约操作，如果 w 是一个正确的句子，分析过程中栈中的文法符号串拼接上剩余的输入串将构成一个右句型，一旦这个右句型的句柄出现在了栈顶，就选择一条产生式进行归约。如果句子是正确的，分析将在如下格局出现后结束。

符号栈	输入串
$S	$

如果句子有错误，分析将在发现错误时报错。虽然语法分析动作主要是移进和归约，但实际上一个移进—归约语法分析器可以有四个动作：

(1) 移进 (shift)：将下一个输入符号移进到栈顶。

(2) 归约 (reduce)：应用一条产生式对出现在栈顶的句柄进行归约（句柄从栈中弹出，产生式左部压入栈中）。

(3) 接受 (accept)：宣布语法分析过程成功完成。

(4) 报错 (error)：发现一个语法错误，并调用一个错误处理子程序。

【例 4-18】考虑以下文法：

(1) S → aAcBe

(2) A → b　　(4.13)

(3) A → Ab

(4) B → d

试用移进—归约法分析句子：abbcde。

解：分析过程见表 4-9。

表 4-9　对句子 abbcde 的移进—归约分析

步骤	符号栈	输入串	动作
1	$	abbcde$	移进
2	$a	bbcde$	移进
3	$ab	bcde$	归约 (A → b)
4	$aA	bcde$	移进
5	$aAb	cde$	归约 (A → Ab)
6	$aA	cde$	移进
7	$aAc	de$	移进
8	$aAcd	e$	归约 (B → d)
9	$aAcB	e$	移进
10	$aAcBe	e$	归约 (S → aAcBe)
11	$S	$	接受

在分析过程中，依次使用了四条产生式进行归约。每次都是对右句型进行归约，归约的结果也是右句型。每一时刻栈中的文法符号串拼接上剩余的输入串构成当前右句型，每次都是当前右句型的句柄出现在栈顶时立刻进行归约。

需要注意的是移进—归约法只是自底向上分析具体实现的一个框架，并没有解决句柄如何识别这一自底向上分析的关键问题，反映到分析过程中就是并没有解决何时移进、何时归约，如果要归约用哪条产生式进行归约的问题。

4.3.3　LR 分析器模型

LR 分析器模型是一个采用移进—归约法的自底向上语法分析器模型，它通过查询预先构造的 LR 分析表来决定在分析过程中下一步是作移进还是作归约，归约的话又选择哪条产生式进行归约。

LR 分析器模型的一般结构如图 4-7 所示。

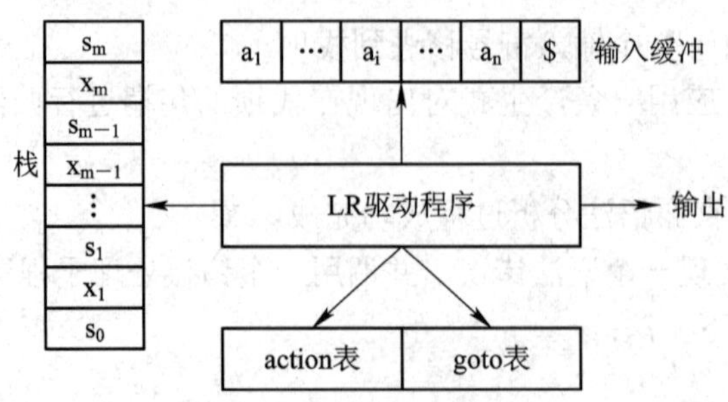

图 4-7　LR 分析器模型

LR 分析器模型由一个输入、一个输出、一个栈、一个驱动程序、一个 LR 分析表 (action 子表、goto 子表) 构成。待分析的句子后跟 $ 符号放在输入缓冲区里面，分析的时候从输入缓冲区逐个读入符号。栈中包含两类符号，x_i 是文法符号，可以是终结符号或非终结符号，s_i 是状态符号，栈底是 s_0，代表初始状态，栈顶是 s_m，代表当前状态，文法符号和状态符号交替出现。所有 LR 语法分析器的驱动程序都是一样的，驱动程序是 LR 分析算法的一个实现，而分析表是和文法相关的，文法不同分析表也不同。LR 分析器输出的是一个产生式的序列，如果句子是正确的，可以用该产生式序列对句子进行最左归约，将句子归约为文法的开始符号，实现句子的自底向上分析。

LR 分析表由两个子表组成：一个动作表 action、一个转换表 goto。LR 分析表的行表头是状态，action 表的列表头是终结符号或 $ 符号，goto 表的列表头是非终结符号。

令 i 是状态，a 是终结符号或者 $ 符号，则 action[i，a] 的取值可以有下列四种形式：

(1) 移进 (s_j)，其中 j 是一个状态，分析器的下一步动作将是把输入符号 a 移进栈中，接着把 j 也移进栈中。

(2) 归约 (r_k)，其中 k 是产生式的编号，假设文法第 k 条产生式是 A → β，则分析器下一步动作是把栈顶的 β (句柄) 归约为产生式的左部 A。

(3) 接受 (Acc)，分析器宣告成功完成对句子的分析。

(4) 报错 (空白)，分析器发现了输入串中的错误。

令 A 是非终结符号，若 goto[i，A]=j，表示状态 i 面临 A 时转换到状态 j。

表 4-10 是 (4.13) 的 LR(0) 分析表，如何构建分析表后续再介绍。

表 4-10　LR 分析表示例

	action						goto		
	a	b	c	d	e	$	S	A	B
0	s_2						1		
1						Acc			
2		s_4						3	
3		s_6	s_5						
4	r_2	r_2	r_2	r_2	r_2	r_2			
5				s_8					7
6	r_3	r_3	r_3	r_3	r_3	r_3			
7					s_9				
8	r_4	r_4	r_4	r_4	r_4	r_4			
9	r_1	r_1	r_1	r_1	r_1	r_1			

LR 分析器的工作过程可以看作是栈中的符号序列和输入缓冲区中剩余符号串所构成的二元式的变化过程。这个二元式称为格局 (configuration)。初始格局为：

$$(s_0,\ a_1a_2\cdots a_n\$)$$

其中 s_0 为初始状态，$a_1a_2\cdots a_n$ 是待分析的符号串。

假设分析过程中当前格局为：

$$(s_0x_1s_1x_2s_2\cdots x_ms_m,\ a_ia_{i+1}\cdots a_n\$)$$

其中栈中的文法符号串拼接上剩余输入串 $(x_1x_2\cdots x_ma_ia_{i+1}\cdots a_n)$ 构成当前正在分析的右句型，当该右句型的句柄出现在栈顶，就进行归约，否则就移进。在这个格局下，下一步的动作由栈顶状态 s_m 和下一个输入符号 a_i 决定：

(1) 若 action $[s_m,\ a_i] = s_j$，则移进，即将 a_i 和 j 依次压入栈中，格局变为：

$$(s_0x_1s_1x_2s_2\cdots x_ms_ma_ij,\ a_{i+1}\cdots a_n\$)$$

(2) 若 action $[s_m, a_i] = r_k$，则归约。令文法第 k 条产生式为 $A \rightarrow \beta$，假设 β 的长度为 r，则 $\beta = x_{m-r+1}x_{m-r+2}\ldots x_m$。查询转换表，若 goto$[s_{m-r},\ A]$=s，则格局变为：

$$(s_0x_1s_1x_2s_2\cdots x_{m-r}\,s_{m-r}As,\ a_ia_{i+1}\cdots a_n\$)$$

(3) 若 action $[s_m,\ a_i] = \mathrm{Acc}$，则宣告分析成功。

(4) action $[s_m,\ a_i]$ = 空白 (error)，则报告错误。

上面的讨论可以归纳为如下的 LR 分析算法，LR 驱动程序即是对 LR 分析算法的实现。

算法 4-3　LR 分析算法。

输入：一个输入串 w 和文法 G 的 LR 分析表。

输出：若 w 是 L(G) 中的句子，则输出对 w 的自底向上分析过程，否则给出一个错误提示。

方法：将初始状态 s_0 置于栈底，将 w$ 置于输入缓冲区中，然后执行以下程序，如图 4-8 所示。

```
置 ip 指向 w$ 的第一个符号；
repeat forever begin
        令 s 是栈顶状态符号，a 是 ip 指向的当前符号；
        if action[s，a] = shift s’ then
             begin
                    把 a 和 s’ 依次压入栈中；
                    使 ip 指向下一个符号
             end
        else if action[s，a] = reduce A → β then
             begin
                       从栈中弹出 2 * |β| 个符号；
                       令 s’ 是当前的栈顶状态；
                       把 A 和 goto[s’，A] 依次压入栈中；
                       输出产生式 A → β
             end
             else if action[s，a] = Acc then
                       return
               else error()
end
```

图 4-8　LR 分析程序

基于表 4-10 调用 LR 分析算法对句子 abbcde 进行分析，分析过程如表 4-11 所示。

表 4-11 基于 LR 分析表对句子 abbcde 进行分析

步骤	栈	输入串	action	goto
1	0	abbcde$	s_2	
2	0a2	bbcde$	s_4	
3	0a2b4	bcde$	r_2	3
4	0a2A3	bcde$	s_6	
5	0a2A3b6	cde$	r_3	3
6	0a2A3	cde$	s_5	
7	0a2A3c5	de$	s_8	
8	0a2A3c5d8	e$	r_4	7
9	0a2A3c5B7	e$	s_9	
10	0a2A3c5B7e9	e$	r_1	1
11	0S1	$	Acc	

基于 LR 分析器模型的语法分析又称为 LR(k) 分析，其中 L 表示对输入串进行从左到右的扫描，R 表示构造一个最右推导的反向过程 (即最左归约过程)，k 是在做出分析决定时向前看的输入符号的个数。k 通常为 0 或 1，省略 k 时，默认 k=1。LR(k) 分析是当前最广义的“移进 - 归约”方法，现今的能用上下文无关文法描述的程序设计语言一般都可以用 LR 分析方法进行有效的分析。相对于 LL(1) 分析来说它适用的文法更广，而分析效率却不逊色。

LR(k) 分析的关键问题是如何构造分析表，不同的构造方法形成不同的 LR 分析方法，主要有 LR(0)、SLR(1)、LR(1)、LALR(1) 等。

4.3.4 构造 LR(0) 分析表

1. LR 分析过程中的性质与特点

总结一下，在调用 LR 分析器模型分析句子过程中，忽略掉栈中的状态符号，剩下的文法符号串并上输入缓冲区中剩余的输入串构成一个右句型，当该右句型的句柄出现在栈顶时归约，否则就移进。栈中的文法符号串是当前右句型的前缀，这个前缀有一个重要的性质，那就是它不可能包含当前右句型的句柄右边的符号，因为一旦在栈顶出现了完整的句柄，就进行归约，归约之后当前右句型就转换成了另一个右句型。栈中的这个不含右句型句柄右边符号的前缀称为活前缀。

【例 4-19】考虑文法 (4.13)，作最右推导：

$$S \underset{rm}{\Rightarrow} \underline{aAcBe} \underset{rm}{\Rightarrow} aAc\underline{d}e \underset{rm}{\Rightarrow} a\underline{Ab}cde$$

每步最右推导推出的都是右句型，考虑右句型 $a\underline{Ab}cde$，其中 $\underline{Ab}$ 是其句柄，这个右句型的不含句柄后面符号的活前缀有 4 个：ε，a，aA，aAb，其中 aAb 包含了完整的句柄。

包含完整句柄的活前缀称为可归前缀。将活前缀作为考察对象，当栈中的活前缀是可归前缀时，下一步动作是归约，否则移进。如果有识别活前缀 (特别是可归前缀) 的方法，将可以帮助我们决定 LR 分析中的下一步动作。

2. 构造识别活前缀的 DFA

对于某文法 G，其能推导出哪些右句型是确定的。一个右句型又对应若干个活前缀，因而每个文法 G 都对应了一个特定的活前缀的集合。可以证明：任一文法 G 的右句型的所有活前缀构成一个语言，这个语言是正规语言，可以用确定的有限自动机 (DFA) 来识别。证明这个定理已超出本书范围，在这里不作介绍。

在 LR 分析中一般会对文法 G 进行一个拓广，令 G 的开始符号是 S，那么 G 的拓广文法 G' 就是为 G 引入一个新的开始符号 S'，同时增加产生式 S' → S 而得到的文法。拓广文法具有以下特点：

(1) 拓广文法与原文法等价。对于同一个句子，基于拓广文法作自顶向下分析，第一步是用 S' → S 推导，其他步骤和原来一样；作自底向上分析，最后一步是用 S' → S 归约，其他步骤和原来一样。

(2) 文法的开始符号 (S') 只在第一条产生式的左部出现，不会出现在其他位置。这样可以区别在分析过程中是归约到了文法的最初开始符号还是产生式右边出现的开始符号。

(3) 在分析过程中，如果用 S' → S 进行归约，则分析结束，输入串被分析器接受。

【例 4-20】 文法 (4.13) 的拓广文法如下：

(0) S' → S
(1) S → aAcBe
(2) A → b　　　　(4.14)
(3) A → Ab
(4) B → d

识别该文法所有活前缀的 DFA 见图 4-9。

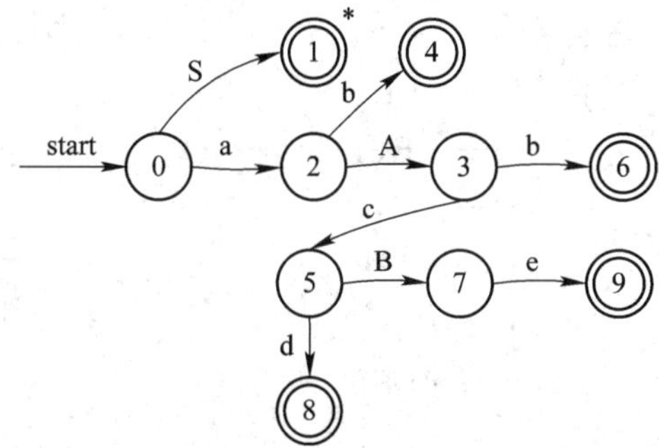

图 4-9　识别文法 (4.14) 所有活前缀的 DFA

在这个 DFA 中每个状态都是活前缀的识别态，双圈状态是可归前缀 (句柄) 识别态，标识了“*”的双圈状态是句子识别态。例如：识别 ε，a，aA，aAb 这几个活前缀的分别是状态 0、2、3、6。其中状态 6 识别可归前缀 aAb。

下面讨论如何构建识别文法所有活前缀的 DFA。

首先介绍 LR(0) 项目。

定义 4-8　在文法产生式右部的适当位置添加一个圆点“ · ”构成 LR(0) 项目 (item)。

【例 4-21】 产生式 A → XYZ 的 LR(0) 项目包括：

A → · XYZ; A → X · YZ; A → XY · Z; A → XYZ ·

特殊地，对于空产生式 A → ε，它有唯一的一个项目：A → · 。

项目的含义：圆点的左部表示分析过程中的某时刻用该产生式归约时句柄已识别过的部分，圆点右部表示待识别部分。

项目又分为4类：

(1) 移进项目：形如 $A \rightarrow \alpha \cdot a\beta$，即圆点“·”后面是一个终结符号的项目。

(2) 待约项目：形如 $A \rightarrow \alpha \cdot B\beta$，即圆点“·”后面是一个非终结符号的项目。

(3) 归约项目：形如 $A \rightarrow \alpha \cdot$，即圆点“·”位于产生式右部最后面的项目。

(4) 接受项目：形如 $S' \rightarrow S \cdot$，是一个特殊的归约项目，和文法开始符号 S’ 的唯一产生式有关。

定义 4-9 令 I 是一个项目集合，按如下步骤构建的项目集合称为 I 的项目集闭包 (closure)，记为 closure(I)：

(1) I 中的每个项目在 closure(I) 中。

(2) 若 $A \rightarrow \alpha \cdot B\beta$ 在 closure(I) 中，且 $B \rightarrow \gamma$ 是产生式，则将 $B \rightarrow \cdot\gamma$ 添加到 closure(I) 中。

(3) 反复执行 (2)，直到没有新的项目添加到 closure(I) 中为止。

【例 4-22】考虑以下拓广的表达式文法：

$$
\begin{aligned}
&(0)\ E' \rightarrow E \\
&(1)\ E \rightarrow E + T \\
&(2)\ E \rightarrow T \\
&(3)\ T \rightarrow T * F \\
&(4)\ T \rightarrow F \\
&(5)\ F \rightarrow (E) \\
&(6)\ F \rightarrow id
\end{aligned}
\tag{4.15}
$$

试求 $closure(\{E' \rightarrow \cdot E\})$。

解：

$$
\begin{aligned}
closure(\{E' \rightarrow \cdot E\}) = \{ & E' \rightarrow \cdot E \\
& E \rightarrow \cdot E+T \\
& E \rightarrow \cdot T \\
& T \rightarrow \cdot T*F \\
& T \rightarrow \cdot F \\
& F \rightarrow \cdot (E) \\
& F \rightarrow \cdot id \}
\end{aligned}
$$

定义 4-10 令 I 是一个项目集合，X 是一个文法符号，转换函数 go(I，X) 定义为：

$$go(I, X) = closure(J)$$

其中 J 按如下规则构建：若 I 中存在形如 $A \rightarrow \alpha \cdot X\beta$ 的项目，则把项目 $A \rightarrow \alpha X \cdot \beta$ 添加到 J 中。

【例 4-23】考虑文法 (4.15)，求：$go(\{E' \rightarrow E \cdot, E \rightarrow E \cdot +T\}, +)$。

解：

$$
\begin{aligned}
& go(\{E' \rightarrow E \cdot, E \rightarrow E \cdot +T\}, +) \\
& \quad = closure(\{E \rightarrow E+ \cdot T\}) \\
& \quad = \{ E \rightarrow E+ \cdot T \\
& \qquad T \rightarrow \cdot T*F \\
& \qquad T \rightarrow \cdot F
\end{aligned}
$$

F → · (E)

F → · id }

以项目 S' → · S 为源头，使用闭包运算 closure 和转换函数 go，可以构建拓广文法的规范的 LR(0) 项目集族。见算法 4-4。

算法 4-4　规范的 LR(0) 项目集族构建算法。

令 G' 为拓广文法，开始符号为 S'，其唯一产生式为 S' → · S，执行以下程序求规范的 LR(0) 项目集族 C：

```
procedure items(G');
        begin
            C := { closure ( { S' → · S } ) } ;
            repeat
                for 每一 I ∈ C 和每一 X ∈ { V_T ∪ V_N }
                    把 go(I, X) 加入到 C 中
            until C 不再增大
        end;
```

【例 4-24】试求文法 (4.15) 的规范的 LR(0) 项目集族。

解：

I_0 = closure ({ E' → · E })

= { E' → · E; E → · E+T; E → · T; T → · T*F; T → · F; F → · (E); F → · id }

I_1 = go (I_0，E)

= closure ({ E' → E · ; E → E · +T })

= { E' → E · ; E → E · +T }

I_2 = go (I_0，T)

= closure ({ E → T · ; T → T · *F })

= { E → T · ; T → T · *F }

I_3 = go (I_0，F)

= closure ({ T → F · })

= { T → F · }

I_4 = go (I_0，( )

= closure ({ F → (· E) })

= { F → (· E); E → · E+T; E → · T; T → · T*F; T → · F; F → · (E); F → · id }

I_5 = go (I_0，id)

= closure ({ F → id · })

= { F → id · }

I_6 = go (I_1，+)

= closure ({ E → E+ · T })

= { E → E+ · T; T → · T*F; T → · F; F → · (E); F → · id }

I_7 = go (I_2，*)

= closure ({ T → T* · F })

= { T → T* · F; F → · (E); F → · id }

I_8 = go (I_4, E)

= closure ({ F → (E ·); E → E · +T })

= { F → (E ·); E → E · +T }

I_9 = go (I_6, T)

= closure ({ E → E+T · ; T → T · *F })

= { E → E+T · ; T → T · *F }

I_{10} = go (I_7, F)

= closure ({ T → T*F · })

= { T → T*F · }

I_{11} = go (I_8,))

= closure ({ F → (E) · })

= { F → (E) · }

可以在规范的 LR(0) 项目集族及项目集之间 go 函数映射关系的基础上构建识别拓广文法 G’ 所有活前缀的 DFA：

(1) 以规范的 LR(0) 项目集族作为 DFA 的状态集，I_0 作为初始状态。

(2) go (I，X) 作为 DFA 的状态转换函数。

(3) 含有归约项目的项目集是可归前缀识别态。

(4) 含有项目“S’ → S•”的是“句子”识别态。

识别文法 (4.15) 所有活前缀的 DFA 见图 4-10。

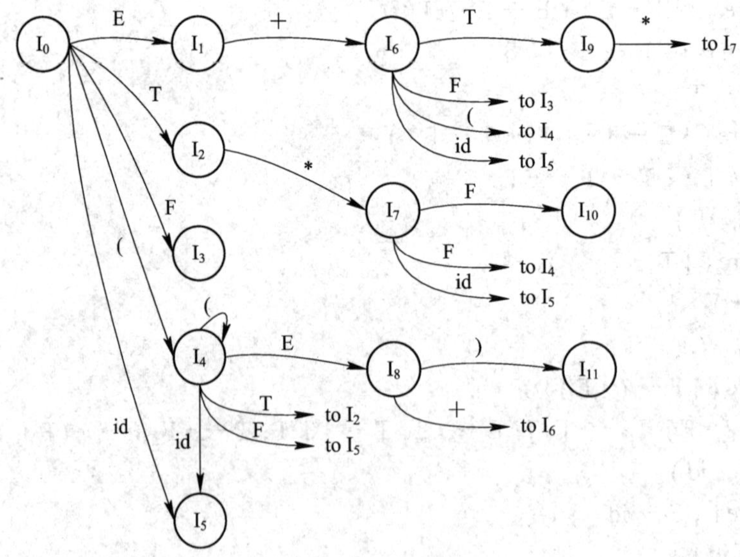

图 4-10　识别文法 (4.15) 所有活前缀的 DFA

在这个 DFA 中，每个状态都是活前缀的识别态，识别的是从初态 I_0 到该状态的通路上标记的文法符号构成的活前缀。

定义 4-11　令 γ 是活前缀，从初态出发经过 γ 路径所到达的那个状态 (即 γ 的识别态）所代表的项目集称为活前缀 γ 的有效项目集。

特殊地，初态是活前缀 ε 的有效项目集。

在 LR 分析过程中，栈中文法符号串是当前右句型的活前缀，可以根据当前活前缀的有效项目集确定下一步的分析动作。有以下 3 种情况：

(1) 有效项目集中包含移进项目 A → α · aβ，且句子中下一个符号是 a，则移进。

(2) 有效项目集中包含归约项目 A → α ·，则用产生式 A → α 归约。

(3) 有效项目集中包含接受项目 S' → S ·，则用产生式 S' → S 归约，同时宣告分析成功完成。

有了识别所有活前缀的 DFA，就可以分析句子了。

【例 4-25】 基于文法 (4.15) 的规范的 LR(0) 项目集族和如图 4-10 所示的 DFA 分析句子 id*id。

分析过程如表 4-12 所示。

表 4-12　基于识别活前缀的 DFA 对句子 id*id 进行分析

步骤	栈	输入串	活前缀 (识别态)	动作
1	0	id*id $	ε(I_0)	移进
2	0id5	*id $	id(I_5)	归约 (F → id)
3	0F3	*id $	F(I_3)	归约 (T → F)
4	0T2	*id $	T(I_2)	移进
5	0T2*7	id $	T*(I_7)	移进
6	0T2*7id5	$	T*id(I_5)	归约 (F → id)
7	0T 2*7F10	$	T*F(I_{10})	归约 (T → T*F)
8	0T2	$	T(I_2)	归约 (E → T)
9	0E1	$	E(I_1)	接受

步骤 1：分析开始前栈中没有文法符号，或者说文法符号串为 ε，ε 是任何一个右句型的活前缀，识别 ε 的是状态 I_0，故将状态编号 0 压入栈中。当前句子中下一个符号是“id”，I_0 中包含移进项目“F → · id”，因此下一个分析动作就是移进。移进“id”之后，栈中活前缀为“id”，识别它的是 I_5，故将 5 压入栈中。反映到 DFA 中就是当前状态从 I_0 沿着标记为“id”的有向边到达 I_5。

步骤 2：当前栈顶状态是 I_5，I_5 中包含归约项目“F → id·”，于是用产生式 F → id 归约。从栈中弹出句柄“id”，同时弹出“id”对应的状态编号 5，然后将产生式的左部 F 压入栈中。此时栈中活前缀为“F”，识别该活前缀的是 I_3，故将 3 压入栈中。反映到 DFA 中的就是从状态 I_5，沿着标记为“id”的有向边退回到 I_0，然后沿着标记为“F”的有向边到达 I_3。

步骤 3：当前栈顶状态是 I_3，I_3 中包含归约项目“T → F·”，于是用产生式 T → F 归约。从栈中弹出句柄“F”，同时弹出“F”对应的状态编号 3，然后将产生式的左部 T 压入栈中。此时栈中活前缀为“T”，识别该活前缀的是 I_2，故将 2 压入栈中。反映到 DFA 中的就是从状态 I_3，沿着标记为“F”的有向边退回到 I_0，然后沿着标记为“T”的有向边到达 I_2。

步骤 4：当前栈顶状态是 I_2，I_2 中包含移进项目“T → T · *F”，当前句子中下一个符号是“*”，因此下一个分析动作就是移进。移进“*”之后，栈中活前缀为“T*”，识别它的是 I_7，故将 7 压入栈中。反映到 DFA 中就是当前状态从 I_2 沿着标记为“*”的有向边到达 I_7。

步骤 5：当前栈顶状态是 I_7，I_7 中包含移进项目“F → · id”，当前句子中下一个符号是“id”，因此下一个分析动作就是移进。移进“id”之后，栈中活前缀为“T*id”，识别它的是 I_5，故将 5 压入栈中。反映到 DFA 中就是当前状态从 I_7 沿着标记为“id”的有向边到达 I_5。

步骤 6：当前栈顶状态是 I_5，I_5 中包含归约项目“F → id·”，于是用产生式 F → id 归约。从栈中弹出句柄“id”，同时弹出“id”对应的状态编号 5，然后将产生式的左部 F 压入栈中。此时栈中活前缀为“T*F”，识别该活前缀的是 I_{10}，故将 10 压入栈中。反映到 DFA 中的就是从状态 I_5，沿着标记为“id”的有向边退回到 I_7，然后沿着标记为“F”的有向边到达 I_{10}。

步骤 7：当前栈顶状态是 I_{10}，I_{10} 中包含归约项目“T → T*F ·”，于是用产生式 T → T*F 归约。从栈中弹出句柄“T*F”，同时弹出“T*F”对应的状态编号 2、7、10，然后将产生式的左部 T 压入栈中。此时栈中活前缀为“T”，识别该活前缀的是 I_2，故将 2 压入栈中。反映到 DFA 中的就是从状态 I_{10}，依次沿着标记为“F”、“*”、“T”的有向边退回到 I_0，然后沿着标记为“T”的有向边到达 I_2。

步骤 8：当前栈顶状态是 I_2，I_2 中包含归约项目“E → T·”，于是用产生式 E → T 归约。从栈中弹出句柄“T”，同时弹出“T”对应的状态编号 2，然后将产生式的左部 E 压入栈中。此时栈中活前缀为“E”，识别该活前缀的是 I_1，故将 1 压入栈中。反映到 DFA 中的就是从状态 I_2，沿着标记为“T”的有向边退回到 I_0，然后沿着标记为“E”的有向边到达 I_1。

步骤 9：当前栈顶状态是 I_1，I_1 中包含接受项目“E’ → E·”，于是接受输入串，分析成功。

在步骤 4 和 8 中，栈顶都是状态 I_2，为什么一个作移进，另一个作归约，将在下一小节讨论。

3. 构造 LR(0) 分析表

基于识别所有活前缀的 DFA 来分析句子在实现的时候不是很方便，可以在 DFA 的基础上构建 LR(0) 分析表，然后调用 LR 分析器模型来分析句子。

假设已构建识别拓广文法 G’所有活前缀的 DFA，按以下规则可构造 G’的 LR(0) 分析表：

(1) 若 go (I_k，a) = I_j，则 action [k，a] = s_j；

(2) 若 go (I_k，A) = I_j，则 goto [k，A] = j；

(3) 若 I_k 包含 A → α ·，则 aciton [k，a] = r_j，a 为任何终结符号或 $，j 为产生式 A → α 的编号；

(4) 若 I_k 包含 S’ → S ·，则 action [k，$] = Acc。

【例 4-26】构造以下拓广文法的 LR(0) 分析表。

(0) S’ → S

(1) S → aA

(2) S → bB

(3) A → cA　　(4.16)

(4) A → d

(5) B → cB

(6) B → d

解：首先构造文法 (4.16) 规范的 LR(0) 项目集族及识别其所有活前缀的 DFA，如图 4-11 所示。

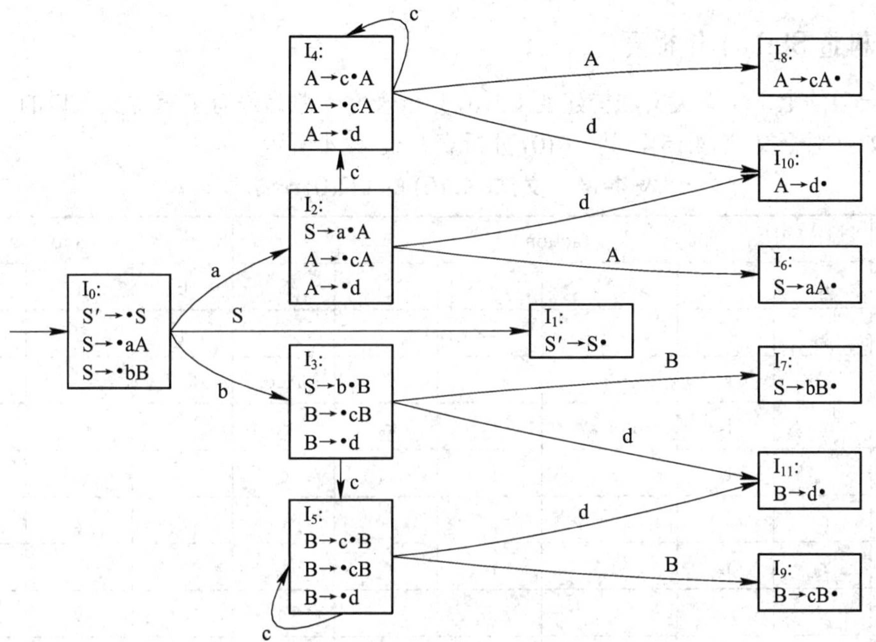

图 4-11　识别文法 (4.16) 所有活前缀的 DFA

文法 (4.16) 的 LR(0) 分析表见表 4-13。

表 4-13　文法 (4.16) 的 LR(0) 分析表

	action					goto		
	a	b	c	d	$	S	A	B
0	s_2	s_3				1		
1					Acc			
2			s_4	s_{10}			6	
3			s_5	s_{11}				7
4			s_4	s_{10}			8	
5			s_5	s_{11}				9
6	r_1	r_1	r_1	r_1	r_1			
7	r_2	r_2	r_2	r_2	r_2			
8	r_3	r_3	r_3	r_3	r_3			
9	r_5	r_5	r_5	r_5	r_5			
10	r_4	r_4	r_4	r_4	r_4			
11	r_6	r_6	r_6	r_6	r_6			

对于拓广文法 G'，若其 LR(0) 分析表没有多重定义入口 (在一个表项中最多只有一个移进 / 归约 / 接受动作)，则称 G' 为 LR(0) 文法，基于 LR(0) 分析表的 LR 分析称为 LR(0) 分析。之所以称为 LR(0) 分析，是因为在构建 LR(0) 分析表时，若某项目集合 I_k 包含归约项目 $A \to \alpha \cdot$，则无论句子中下一个符号是什么 (或者说向前看了 0 个符号) aciton[k，a] 均填入 r_j，其中 j 为产生式 $A \to \alpha$ 的编号。文法 (4.16) 就是 LR(0) 文法。

4.3.5 构造 SLR(1) 分析表

为一般的上下文无关文法构建的 LR(0) 分析表并不总是没有多重定义入口的。

例如，对于文法 (4.15)，其 LR(0) 分析表如表 4-14 所示。

表 4-14 文法 (4.15) 的 LR(0) 分析表

	action						goto		
	id	+	*	(	)	$	E	T	F
0	s_5			s_4			1	2	3
1		s_6				Acc			
2	r_2	r_2	r_2、s_7	r_2	r_2	r_2			
3	r_4	r_4	r_4	r_4	r_4	r_4			
4	s_5			s_4			8	2	3
5	r_6	r_6	r_6	r_6	r_6	r_6			
6	s_5			s_4				9	3
7	s_5			s_4					10
8		s_6			s_{11}				
9	r_1	r_1	r_1、s_7	r_1	r_1	r_1			
10	r_3	r_3	r_3	r_3	r_3	r_3			
11	r_5	r_5	r_5	r_5	r_5	r_5			

在表 4-13 中存在两个多重定义入口，即：

(1) action[2，*]= { r_2、s_7 }；

(2) action[9，*]= { r_1、s_7 }。

多重定义入口是由 I_2、I_9 中包含的项目造成的：

(1) I_2 = go (I_0，T) = { $E \to T\cdot$；$T \to T\cdot{*}F$ }，其中既包含移进项目，又包含归约项目；

(2) I_9 = go (I_0，T) = { $E \to E{+}T\cdot$；$T \to T\cdot{*}F$ }，其中既包含移进项目，又包含归约项目。

一个项目集中既含移进项目又含归约项目，称该项目集存在冲突。项目集存在冲突必然造成 LR(0) 分析表存在多重定义入口。基于有冲突的 LR(0) 分析表的 LR 分析无法对某些句子作正确的分析，因为如果在查询 action 表时发现了多重定义入口，将无法决定下一步的动作。

项目集的冲突有两种情况：

(1) 移进 - 归约冲突：项目集合中同时含有形如 $A \to \alpha \cdot a\beta$ 和 $B \to \gamma \cdot$ 的项目；

(2) 归约 - 归约冲突：项目集合中同时含有形如 $A \to \alpha \cdot$ 和 $B \to \beta \cdot$ 的项目。

对于规范的 LR(0) 项目集族中有冲突的项目集，有的可以通过向前看一个符号 (即考察句子中下一个符号) 来解决冲突。

解决冲突的方法基于以下分析：含有归约项目的项目集，无论句子中下一个符号是什么都进行归约是不合理。假设句子中下一个符号为 a，项目集包含的归约项目是 $A \rightarrow \alpha \cdot$，则 a 在 A 的后跟符号集 (Follow 集) 中才能用 $A \rightarrow \alpha$ 进行归约。因为执行归约之后，栈顶的句柄 α 被替换为 A，a 自然跟在 A 后面，如果 a 不在 Follow(A) 中，后续分析将无法进行。另外，若项目集中包含形如 $X \rightarrow \alpha \cdot b\beta$ 的移进项目，若 $a \neq b$，则不能执行移进操作，因为移进之后栈中的文法符号串不是活前缀，后续分析也将无法进行。

假设文法的规范 LR(0) 项目集族中存在如下项目集合：

$$\{ X \rightarrow \alpha \cdot b\beta,\ A \rightarrow \gamma \cdot,\ B \rightarrow \delta \cdot \}$$

即该项目集合既存在移进 – 归约冲突，又存在归约 – 归约冲突。

如果 $\mathrm{FOLLOW}(A) \cap \mathrm{FOLLOW}(B) \cap \{ b \} = \Phi$，则可以按如下规则解决冲突 (假设句子中下一个符号是 a)：

(1) 若 a = b，则移进。

(2) 若 $a \in \mathrm{FOLLOW}(A)$，则用产生式 $A \rightarrow \gamma$ 归约。

(3) 若 $a \in \mathrm{FOLLOW}(B)$，则用产生式 $B \rightarrow \delta$ 归约。

(4) 否则，报错。

如果文法 G’ 的规范 LR(0) 项目集族中的移进 – 归约冲突和归约 – 归约冲突可以用上述方法解决，则称文法 G’ 为 SLR(1) 文法。

构造分析表过程中，如果在填入归约项时考察了产生式左边非终结符号的 Follow 集 (即句子中下一个符号 a 属于产生式左部非终结符号 A 的 Follow 集才归约)，这样形成的分析表称为 SLR(1) 分析表。基于 SLR(1) 分析表的 LR 分析称为 SLR(1) 分析。

SLR(1) 分析是在 LR(0) 项目集中存在冲突的时候才通过向前看一个符号 (考察句子中下一个符号) 来解决冲突，是一种简单的 LR(1) 分析方法，即 Simple LR(1) 分析。

文法 (4.15) 中各非终结符号的 FOLLOW 集计算如下：

(1) FOLLOW(E) ={ +，)，$ }；

(2) FOLLOW(T) ={ +，*，)，$ }；

(3) FOLLOW(F) ={ +，*，)，$ }。

为文法 (4.15) 构建 SLR(1) 分析表，如表 4-15 所示。

表 4-15　文法 (4.15) 的 SLR(1) 分析表

	action						goto		
	id	+	*	(	)	$	E	T	F
0	s_5			s_4			1	2	3
1		s_6				Acc			
2		r_2	s_7		r_2	r_2			
3		r_4	r_4		r_4	r_4			
4	s_5			s_4			8	2	3
5		r_6	r_6		r_6	r_6			

续表

	action						goto		
	id	+	*	(	)	$	E	T	F
6	s_5			s_4				9	3
7	s_5			s_4					10
8		s_6			s_{11}				
9		r_1	s_7		r_1	r_1			
10		r_3	r_3		r_3	r_3			
11		r_5	r_5		r_5	r_5			

文法 (4.15) 的 SLR(1) 分析表没有多重定义入口，因此是 SLR(1) 文法，基于该分析表可以对文法 (4.15) 的句子作 SLR(1) 分析。

【例 4-27】基于文法 (4.15) 的 SLR 分析表 (表 4-15) 对句子 id*id 作 SLR(1) 分析。

解: 分析过程如表 4-16 所示，这个分析过程和表 4-12 的基于识别活前缀的 DFA 对句子 id*id 进行分析的过程是一致的。

表 4-16 对句子 id*id 的 SLR(1) 分析

步骤	栈	输入串	action	goto
1	0	id*id $	s_5	
2	0id5	*id $	r_6	3
3	0F3	*id $	r_4	2
4	0T2	*id $	s_7	
5	0T2*7	id $	s_5	
6	0T2*7id5	$	r_6	10
7	0T 2*7F10	$	r_3	2
8	0T2	$	r_2	1
9	0E1	$	Acc	

4.3.6 LR(1) 和 LALR(1) 分析表的构造

每个 SLR(1) 文法都是无二义性的，但是也存在很多不是 SLR(1) 的无二义性文法。

【例 4-28】考察如下拓广文法：

(0) S’ → S

(1) S → L=R

(2) S → R (4.17)

(3) L → *R

(4) L → id

(5) R → L

构造该文法的规范的 LR(0) 项目集族及识别它所有活前缀的 DFA，如图 4-12 所示。

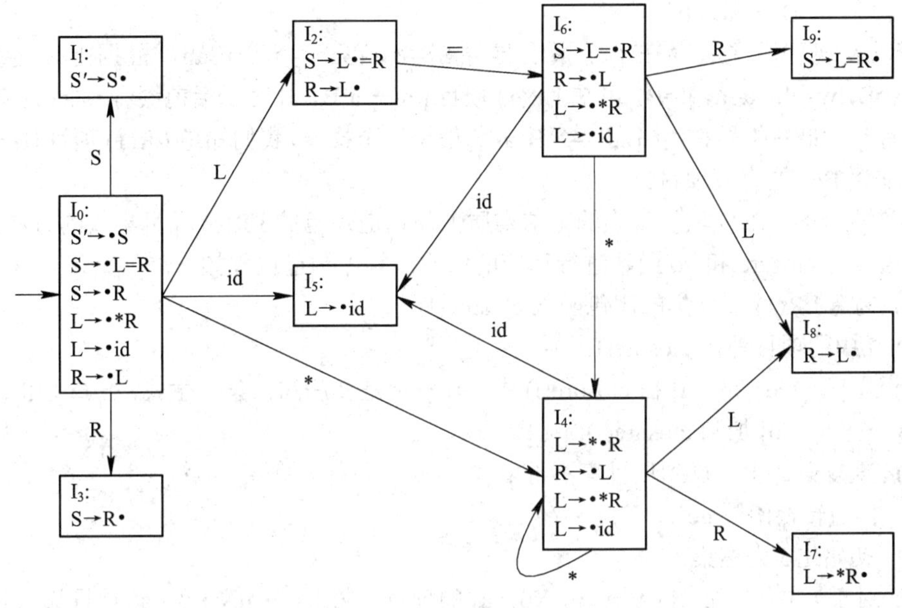

图 4-12　识别文法 (4.17) 所有活前缀的 DFA

其中，I_2= { S → L•=R; R → L• } 存在移进 - 归约冲突。由于归约项目“R → L•”左部非终结符号 R 的 FOLLOW 集中包含“=”，而移进项目“S → L•=R”圆点后面的符号也为“=”，故构造 SLR(1) 分析表时，当状态 I_2 面临“=”时既可以作移进 (将“=”压入栈中)，也可以作归约 (用产生式“R → L”归约)，于是 SLR(1) 分析表存在多重定义入口，文法 (4.17) 不是 SLR(1) 文法。

造成冲突无法消除的原因是 SLR(1) 分析器功能还不够强大，不能记住足够多的上下文信息。当它看到栈顶有一个可归约为 L 的串时，不能确定语法分析器应该对输入“=”采取什么动作。

从对文法 (4.17) 的分析可知，当尝试用某个产生式 A → α 对栈顶符号串进行归约时，不仅要向前看一个输入符号，还需要考虑当前格局下，栈中所有的符号串 δα。只有当把 α 归约为 A 后得到的符号串 δA 和后续的输入符号 a 能构成该文法的某一个规范句型的前缀时，才能够用该产生式对 α 进行归约。那么问题是怎么才能保证 δAa 是文法的某个规范句型的前缀呢？

实际上从前面的分析，可以简单地总结为，SLR(1) 在解决冲突的时候引入非终结符号的 FOLLOW 集，考察的范围过大。为此，可以考虑为每一条产生式的归约设置一个向前看的搜索符，即在原来的 LR(0) 项目 A → α • β 中增加一个搜索符，代表当右部的符号串出现在栈顶时，紧跟在 A 后面的符号，从而得到如下形式的 LR(1) 项目：[A → α•β，a]，a 必须保证 δAa 是文法某个规范句型的前缀，即 LR(1) 项目对应的活前缀 δα 必须是有效的。

形式地说，LR(1) 项目 [A → α • β，a] 对活前缀 γ 有效，如果存在着最右推导序列：$S \overset{*}{\underset{rm}{\Rightarrow}} \delta Aw \overset{*}{\underset{rm}{\Rightarrow}} \delta\alpha\beta w$，其中：

(1) γ = δα。

(2) a 是 w 的第一个符号，或者 w 是空串 ε 且 a 为 $。

【例 4-29】考虑文法：

S → BB

B → aB | b

可以发现，该文法存在一个最右推导 $S \underset{rm}{\overset{*}{\Rightarrow}} aaBab \underset{rm}{\overset{*}{\Rightarrow}} aaaBab$。根据上述定义，令 δ=aa，A=B，w=ab，α=a，β=B，可知 LR(1) 项目 [B → a·B，a] 对于活前缀 γ=aaa 是有效的。另外还有一个最右推导 $S \underset{rm}{\overset{*}{\Rightarrow}} BaB \underset{rm}{\overset{*}{\Rightarrow}} BaaB$。根据这个推导，我们知道 LR(1) 项目 [B → a·B，$] 是活前缀 Baa 的有效项目。

构造规范的 LR(1) 项目集族的方法实质上与构造规范的 LR(0) 项目集族的方法是一样的，只需要对 closure 和 go 函数进行相应的修改。具体构造过程如下：

(1) 构造 LR(1) 项目集的闭包函数 closure(I)。

(a) I 中的项目都在 closure(I) 中；

(b) 若 [A → α·Bβ，a] 在 closure(I) 中，B → γ 是文法的一条产生式，b ∈ FIRST (βa)，则将 [B → · γ，b] 加到 closure(I) 中；

(c) 重复第 2 步，直到项目集不再增大。

(2) 构造转换函数 go(I，X)。

(a) 初始化 J 为空集；

(b) 对于 I 中任何形如 [A → α · Xβ，a] 的项目，将 [A → αX · β，a] 项目加入到 J 中；

(c) GO(I，X) = closure(J)。

构造规范的 LR(1) 项目集族 items(G)：

(1) 初始化集合 C 为 closure({[S' → · S，$]})；

(2) 对于 C 中的每个项目集 I，每个文法符号 X，如果 GO(I，X) 不为空且不在 C 中，将 GO(I，X) 加入 C 中；

(3) 重复 2，直到 C 不再增大。

对拓广文法 (4.17)，令 I={[S' → · S，$]} 为初始项目集，构造出它的规范的 LR(1) 项目集族，结果如图 4-13 所示。

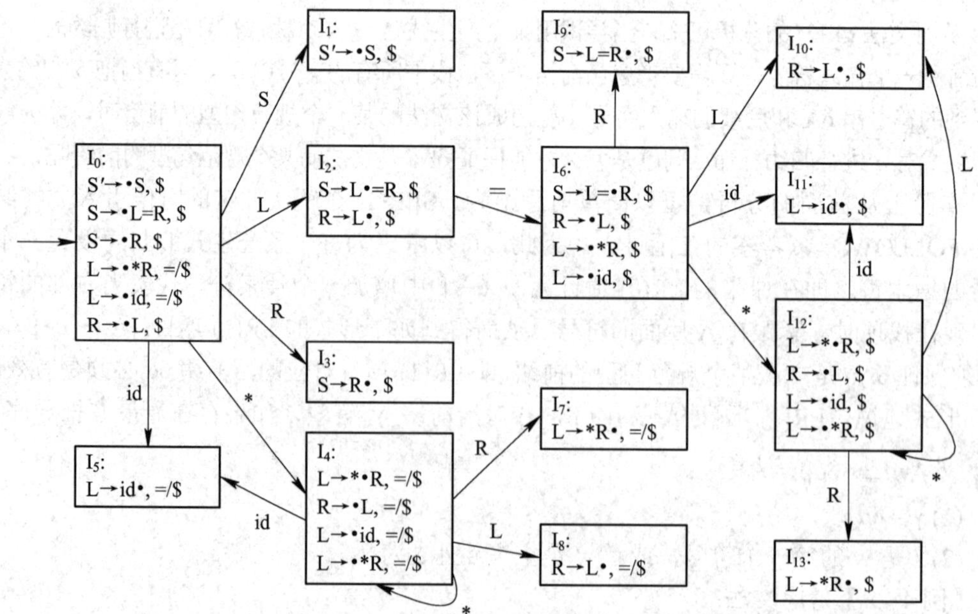

图 4-13 文法 (4.17) 的规范的 LR(1) 项目集族及转换函数

需特别注意的是，根据算法流程，项目集 I_0 中的项目 [L → · *R，=/$]，其向前搜索符 = 和 $ 的计算是经过两次计算后合并得到的：由项目 [S → · L=R，$] 可以得到 [L → · *R，=]；由项目 [S → · R，$] 得到 [R → · L，$]，进一步得到 [L → · *R，$]。同理，项目 [L → · id，=/$] 通过类似方式得到。

下面给出从规范的 LR(1) 项目集族构造 LR(1) 分析表的算法。

算法 4-5 构造 LR(1) 分析表。

输入：一个拓广文法 G'；

输出：LR(1) 语法分析表 (action 和 goto)；

步骤：

(1) 构造 G' 的规范的 LR(1) 项目集族 C，令 C = {I_0，I_1，…，I_n}；

(2) 分析器的状态 i 对应于项目集 I_i，0 为开始状态，状态 i 的语法分析动作按以下规则确定：

(a) 若项目 [A → α · aβ，b] 在 I_i 中，并且 GO(I_i，a) = I_j，a 为终结符号，那么设置 ACTION[i，a] = shift j，即移进；

(b) 若项目 [A → α ·，a] 在 I_i 中，并且 A ≠ S'，那么设置 ACTION[i，a] = reduce A → α，即归约；

(c) 如果项目 [S' → S ·，$] 在 I_i 中，那么设置 action[i，$]= "Acc"；

(d) 对于非终结符号 A，如果 GO($I_{i,}$ A) = I_j，设置 goto[i，A] = j。

(3) 所有没有按第 2 步获得填充的位置均表示出错。

基于以上算法可以得到文法 (4.17) 的 LR(1) 分析表，见表 4-17。

表 4-17 文法 (4.17) 的 LR(1) 分析表

	action				goto		
	*	id	=	$	S	L	R
0	s_4	s_5			1	2	3
1				Acc			
2			s_6	r_6			
3				r_3			
4	s_4	s_5				8	7
5			r_5	r_5			
6	s_{12}	s_{11}				10	9
7			r_4	r_4			
8			r_6	r_6			
9				r_2			
10				r_6			
11				r_5			
12	s_{12}	s_{11}				10	13
13				r_4			

从 LR(1) 分析表可以看出，对于所有的 LR(1) 归约项目均不存在无效的归约。如果一个文法的 LR(1) 分析表不存在多重定义入口，或者任何一个 LR(1) 项目集中没有“移进－归约”冲突或“归约－归约”冲突，称该文法为 LR(1) 文法。基于 LR(1) 分析表的 LR 分析称为 LR(1) 分析。

在大多数情况下，同一个文法的 LR(1) 项目集个数比 LR(0) 项目集个数要多得多。这是因为对于同一个 LR(0) 项目集，由于向前搜索符不同而对应多个 LR(1) 项目集。项目集个数的急剧增长，带来的是分析时时间效率和空间效率的降低。

为了克服这一缺点，Frank DeRemer 提出了一种折中的方法，即 LALR(1) 分析法。这种方法的基本思想是将 LR(1) 项目集中的同心项目集合并，以减少项目集的个数。如图 4.13 中的 I_5 = { [L → id·，=/$] } 和 I_{11} = { [L → id·，$] }，它们的第一个分量，即 LR(0) 项目部分相同，只是搜索符不一样，它们就是一对同心项目集，其中的心即为 { L → id· }。同样的，I_4 和 I_{12}，I_7 和 I_{13}，I_8 和 I_{10}，均为同心集。

如果将一个文法 G 的所有同心项目集进行合并，而且合并后的项目集中不存在“移进－归约”冲突或“归约－归约”冲突，则得到的规范项目集族即为规范的 LALR(1) 项目集族。根据该项目集族构建的分析表就是 LALR(1) 分析表，该文法称为 LALR(1) 文法，基于 LALR(1) 分析表进行的 LR 分析称为 LALR(1) 分析。

同心集合并后的项目集族具有以下几个特点：

(1) 同心集合并之后，心仍相同，只是向前搜索符集合为各同心集的原有向前搜索符的并集。

(2) 合并同心集后，转换函数自动合并。

(3) 可能会有冲突，但只会出现归约－归约冲突，而不会是移进－归约冲突。

(4) 合并同心集后，可能会推迟发现错误的时间，但位置仍然是准确的。

经过同心集合并，可将图 4-13 转换为图 4-14。

基于图 4-14 可构造文法 (4.17) 的 LALR(1) 分析表，如表 4-18 所示。

表 4-18　文法 (4.17) 的 LALR(1) 分析表

	action				goto		
	*	id	=	$	S	L	R
0	s_4	s_5			1	2	3
1				Acc			
2			s_6	r_6			
3				r_3			
4	s_4	s_5				8	7
5			r_5	r_5			
6	s_4	s_5				8	9
7			r_4	r_4			
8			r_6	r_6			
9				r_2			

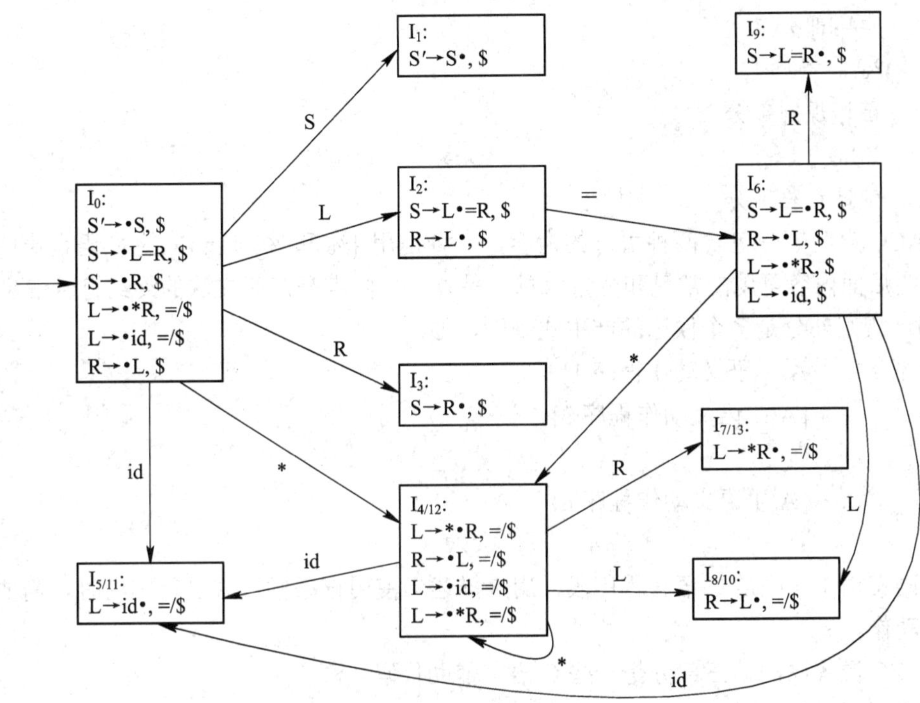

图 4-14　文法 (4.17) 的规范的 LALR(1) 项目集族及转换函数

4.4　语法分析程序的自动构造工具

本节介绍语法分析器的生成器 YACC(Yet Another Compiler Compiler)。YACC 结合 LEX 可以构造编译器的前端。YACC 产生于 20 世纪 70 年代初，现在仍然是 UNIX 和 Linux 等系统下的流行工具。YACC 生成的编译器主要是用 C 语言写成的语法分析器，需要与词法分析生成器 LEX 结合在一起使用，再将两部分生成的 C 程序一并编译，其构造分析器的过程如图 4-15 所示。

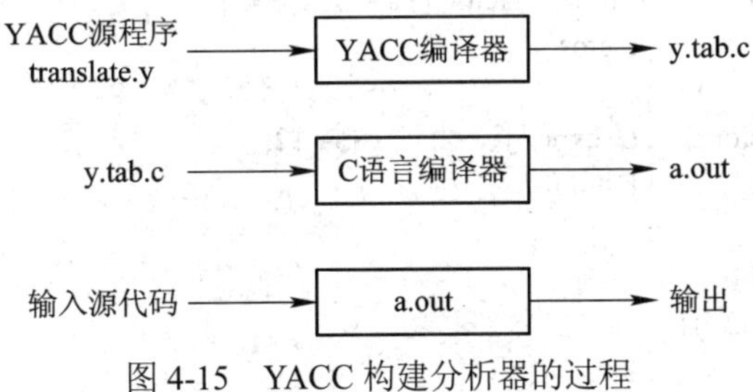

图 4-15　YACC 构建分析器的过程

首先，用 YACC 语言规范建立一个 YACC 源程序文件，如 translate.y。该文件通过 YACC 编译器处理，生成 C 语言程序 y.tab.c。 y.tab.c 文件包含了 LALR(1) 分析器的 C 实现代码以及用户的辅助代码。C 语言程序 y.tab.c 经过 C 编译器后可得到目标程序 a.out。

YACC 源程序由三个部分构成：声明、翻译规则、辅助过程，各部分之间用 %% 行分割，其格式如下：

声明部分
%%
翻译规则部分
%%
辅助过程部分

YACC 声明部分包含两种可选的内容，一种是用 {% 和 %} 括起来的 C 语言声明，通常是声明后面内容可用的常量和变量信息。另外一种内容是声明文法的终结符号信息。

翻译规则部分是多个候选的产生式规则，如：

```
左部：    A1 { 语义动作程序 1}
          | A2 { 语义动作程序 2}
              …
          | An { 语义动作程序 n}
          ;
```

其中，语义动作程序是 C 语言程序段，用来描述当使用该条候选式进行归约时，需要执行的语义动作。

YACC 源程序的第三部分是一些 C 语言辅助代码。

下面通过一个简单计算器例子来说明 YACC 源程序的基本结构，如图 4-16 所示。

```
%{
#include <ctype.h>
%}
%token DIGIT
%%
line :      expr '\n' { printf( "%d\n", $1);}
            ;
expr :      expr '+' term  { $$ = $1 + $3; }
            | term
            ;
term :      term '*' factor {$$ = $1 * $3; }
            | factor
            ;
factor :    '(' expr ')'          {$$= $2; }
            | DIGIT
            ;
%%
yylex(){
            int c;
            c = getchar( );
            if (isdigit(c)) {
                        yylval = c – '0' ;
                        return DIGIT;
                        }
            return c;
            }
```

图 4-16　简单计算器的 YACC 源程序

在 YACC 的产生式中，没有加引号的字母数字串，如果没有被声明为终结符号，则被看作非终结符号；所有加了单引号的字符，如‘+’会被看成字符 + 所代表的单词符号。右部各个候选式及其语义动作之间通过竖线隔开，最后一个用分号结尾。第一个左部非终结符号默认为开始符号。在语义动作的 C 程序段中，符号 $$ 代表左部非终结符号的属性值，而 $i 表示右部第 i 个文法符号的属性值。

在图 4-16 给出的 YACC 程序中，表达式 E 有两个产生式，即 E → E+T|T，其语句包括：

```
expr : expr '+' term { $$=$1+$3; }
                    | term
                    ;
```

在第一个产生式中，非终结符号 term 是右部第三个符号，‘+’是第二个符号，其语义动作是把右部 expr 的属性值和 term 的属性值相加，把结果赋给左边 expr 的属性值。第二个产生式的语义动作为缺省动作，默认将 term 的属性值直接赋给左部 expr 的属性值。

针对简单计算器工作特点，该 YACC 程序增加了一条开始产生式：

Line : expr '\n' { printf("%d\n", $1;)

该产生式的作用是代表该计算器的输入为一个表达式后面跟一个换行符，对应的语义动作是输出该表达式的计算结果并换行。

YACC 的第三部分是 C 语言代码段，函数 yylex() 的主要作用是进行词法分析，也可以由 LEX 来产生。yylex 返回单词符号二元组 (单词类别码，值)，返回的单词类别 (如 DIGIT) 必须在 YACC 程序第一部分声明，值则必须通过内置变量 yyval 传给分析器。

上述例子中的词法分析器是比较粗糙的，它使用 C 语言库函数 getchar() 每次读取一个字符，如果读入的是数字字符，则将其值存入 yyval，返回类别码 DIGIT，否则把字符本身作为单词符号返回。如果输入非法字符，则自动退出程序。

4.5　小　结

语法分析的任务是为合法的句子构造分析树，构造分析树的方法有很多。按构造分析树结点的顺序来分类，可以将语法分析技术分为两大类：自顶向下语法分析技术和自底向上语法分析技术。

自顶向下语法分析按照自上而下的顺序构建分析树。首先构造根结点，再构造根结点的子结点及子结点的子结点，直到构建完所有的叶子结点，叶子结点从左至右排列就是要分析的句子。从推导的角度来看，自顶向下语法分析就是构造一个以句子为目标的从开始符号出发的 (最左) 推导序列。如何选择每步推导的产生式是自顶向下语法分析的关键问题。在每步推导时随机选择一条候选产生式 (不确定的自顶向下分析) 会造成回溯，因而效率低下，没有实用价值。对于 LL(1) 文法，可以通过计算每条产生式的 SELECT 集来确定每步推导唯一正确的产生式，这就是确定的自顶向下分析 (即 LL(1) 分析)。只有 LL(1) 文法才可以做确定的自顶向下分析，含左公因子和左递归的文法不是 LL(1) 的。对这类文法实施提取左公因子、消除左递归操作之后有可能把它们转换成 LL(1) 的。确定性自顶向下分析的具体实现方法有两种：递归下降子程序法和基于非递归预测分析器模型的方法。

自底向上语法分析按照自下而上的顺序构建分析树。首先构造分析树的叶子结点，然后一层层往上构建内部结点，最后构建根结点。从归约的角度来看，自底向上语法分析就是要构造一个以开始符号为目标的从句子出发的(最左)归约序列。从实现的角度通常又将自底向上语法分析称为移进-归约分析，移进和归约都是相对于一个分析栈来说的，LR 分析器模型是一个采用移进-归约法的自底向上的语法分析器模型。在从左至右扫描句子的过程中，判断何时移进、何时归约是移进-归约分析中要解决的核心问题。LR 分析器模型通过查 LR 分析表来决定什么时候移进、什么时候归约，如果归约又用哪条产生式归约。LR 分析表的构造有多种方法，不同的构造 LR 分析表的方法形成不同的 LR 分析方法。根据构造分析表方法的不同，LR 分析又分为 LR(0) 分析、SLR 分析、LR(1) 分析、LALR 分析等。

本章的重点是理解掌握自顶向下语法分析和自底向上语法分析中涉及的关键概念和算法。自顶向下分析部分需掌握 FIRST 集、FOLLOW 集和 SELECT 集的计算方法；提取左公因子和消除左递归的算法；无递归预测分析器模型及预测分析算法。自底向上分析部分需理解活前缀在分析过程中的关键作用，掌握构造识别文法所有活前缀的 DFA 的方法及各类 LR 分析表构造方法，理解 LR 分析器模型及 LR 分析算法。

习　题

4.1　试消除下列文法 G[E] 中存在的左递归：

E → ET+ | ET- | T

T → TF* | TF/ | F

F → (E) | i

4.2　设有文法 G[S](o，a，d，e，f，b 是终结符号)：

S → MH | a

H → LSo |ε

K → dML | ε

L → eHf

M → K | bLM

求非终结符号的 FIRST 集与 FOLLOW 集。

4.3　设有文法 G[S]：

S → a | ^ | (T)

T → T，S | S

(1) 改写文法(消除左递归或左公共因子)。

(2) 判断改写后文法是否是 LL(1) 的，如果是，构造预测分析表。

(3) 给出输入串 (a，a) 的分析过程。

4.4　设有文法 G[A]：

A → aABe | a

B → Bb | d

(1) 改写文法(消除左递归或左公共因子)。

(2) 判断改写后文法是否是 LL(1) 的，如果是，构造预测分析表。

4.5　考虑简化了的 C 语言声明语句的文法 G[<declaration>]，其中 <、> 括起来的串表示非终结符号，其他符号都是终结符号 (注意：int，float，id 均为终结符号)。

<declaration> → <type><var_list>

<type> → int | float

<var_list> → id，<var_list> | id

(1) 在该文法中提取左公共因子。

(2) 为改造后文法的非终结符号构造 FIRST 集和 FOLLOW 集。

(3) 说明改造后的文法是 LL(1) 文法。

(4) 为改造后的文法构造 LL(1) 分析表。

(5) 给出输入串 int x，y，z 所对应的 LL(1) 分析过程。

4.6　设有拓广文法 G[S’]：

[0] S’ → S

[1] S → S(S)

[2] S → a

(1) 计算该文法的 LR(0) 项目集规范族，构造识别器所有规范句型活前缀的 DFA。

(2) 该文法是 LR(0) 文法吗？请说明理由。

(3) 构造该文法的 SLR(1) 分析表。

(4) 给出识别句子 a(a(a)) 的自底向上分析过程。

4.7　证明如下拓广文法 G[S’] 不是 LR(0)，但是 SLR(1) 文法。

(0) S’ → S

(1) S → A

(2) A → Ab | bBa

(3) B → aAc | a | aAb

4.8　若有定义二进制数的文法，G[S’]：

S’ → S

S → L.L | L

L → LB | B

B → 0 | 1

(1) 证明该文法是 SLR(1) 文法，但不是 LR(0) 文法。

(2) 构造其 SLR(1) 分析表。

(3) 给出输入串 101.110$ 的分析过程。

4.9　设有如下文法 G[S’]：

[0] S’ → S

[1] S → aAD

[2] S → aBe

[3] S → bBS

[4] S → bAe

[5] A → g

[6] B → g

[7] D → d

[8] D → ε

试构造该文法的 LR(1) 项目集规范族 (包括项目集及状态图)。该文法是 LALR(1) 文法吗？

4.10　设有文法 G[S]:

S → (S) | ε

试判断该文法是否 SLR(1) 文法，若不是，给出理由；若是，则构造出其 SLR(1) 分析表。

4.11　设有文法 G[S]:

S → aA | bB

A → 0A | 1

B → 0B | 1

(1) 构造识别该文法活前缀的 DFA；

(2) 判断该文法是否 LR(0) 文法，若是，请给出其 LR(0) 分析表，若不是，给出理由。

4.12　设有文法 G[S]：

S → rD

D → D，i | i

(1) 构造识别该文法活前缀的 DFA；

(2) 该文法是 LR(0) 文法吗？请说明理由；

(3) 该文法是 SLR(1) 文法吗？若是，构造其 SLR(1) 分析表。

第 5 章　语法制导翻译技术

语法制导翻译技术是实现语义分析和中间代码生成的主流技术，一般来说语义分析和中间代码生成是作为编译中的一“遍”同时完成的。本章首先简要介绍语义分析的主要任务，接着介绍语法制导翻译中的几个重要概念，包括文法符号的属性 (综合属性和继承属性)、语法制导定义、依赖图和属性计算顺序、翻译模式等。然后详细讨论了基于 S- 属性定义的自底向上属性计算方法和基于 L- 属性定义的深度优先属性计算方法。这是实现语义分析和中间代码生成的两个主要方法，在第 6 章中将反复用到。

5.1　语义分析概述

源程序通过了词法分析和语法分析只能保证在书写上是正确的、在语法上是正确的，但不能保证其含义 (语义) 上的正确性。语义分析的主要任务是分析源程序的含义，并作相应的处理。语义分析模块的基本功能包括：

(1) 确定类型：确定标识符所关联数据对象的类型，即处理源程序的说明部分。

(2) 类型检查：对语句中运算及进行运算的运算分量进行类型检查，检查运算的合法性和运算分量类型的一致性 (或者相容性)，必要时作相应的类型转换。

(3) 识别含义：确定程序中各组成成分组合到一起的含义，对可执行语句生成中间代码或目标代码。

(4) 其他静态语义检查，如：

(a) 控制流检查：如对于 Pascal 语言不允许从循环外跳转到循环内、C 语言的 Break 语句引起控制离开最小包围的 while、for 等语句，需检查是否存在这样的语句；

(b) 唯一性检查：如标识符只能定义一次，枚举类型的元素不能重复等。

语义分析和中间代码生成是紧密联系的，在实际的编译器中语义分析和中间代码生成一般是在同一“遍”里实现的。语义分析的输入是语法分析的输出 (即分析树)，输出的往往是中间代码，另外它还完成了其他很多语义处理工作。

语义分析 (包括中间代码生成) 的主流实现技术是语法制导翻译技术，本章重点介绍编译中常用的几种语法制导翻译技术。

5.2　语法制导定义

首先为文法 G 中的每个文法符号 (包括终结符号和非终结符号) 引入一个属性集合，用以反映文法符号对应的语言结构的语义信息，如标识符的类型属性、常量的值属性、变量的地址属性等。

可以根据在语义分析过程中属性值的计算方法来对属性进行分类，属性主要有两种类型：

(1) 综合属性 (synthesized attribute)：其属性值是分析树中该结点的子结点的属性值的函数，或者说该文法符号 (产生式左部非终结符号) 的属性值是依赖产生式右部文法符号的属性值计算出来的；

(2) 继承属性 (inherited attribute)：其属性值是分析树中该结点的父结点和 / 或兄弟结点的属性值的函数，或者说该文法符号 (产生式右部某个文法符号) 的属性值是依赖产生式左部非终结符号及产生式右部其他文法符号的属性值计算出来的。

在语法分析过程中，如果用到了一条形如 $A \to X_1 X_2 \cdots X_n$ 的产生式，则分析树中必然有如图 5-1 所示的结构，其中 A 是父结点，X_1、X_2、…、X_n 是它的子结点。

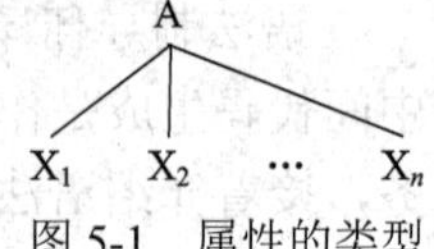

图 5-1　属性的类型

令 A 有一个属性，属性值由以下公式计算：

$$S(A) := f(I(X_1), \cdots, I(X_n))$$

其中 $I(X_i)$ 为结点 X_i 的属性，f 是一个函数，则 A 的这个属性为综合属性。

令 X_j 有一个属性，属性值由以下公式计算：

$$T(X_j) := f(I(A), I(X_1), \ldots, I(X_n))$$

其中 I (A) 为结点 A 的属性，$I(X_i)$ 为结点 X_i 的属性，f 是一个函数，则 X_j 的这个属性为继承属性。

根据综合属性的计算方法可知，要计算分析树中父结点的综合属性，需首先计算出其子结点的属性值，因此综合属性用于“自下而上”传递属性信息。而对于某结点的继承属性，只有在已知其父结点属性值及其他兄弟结点的属性值的基础上才能够被计算，因此继承属性用于“自上而下”传递属性信息。

对于文法 G，其非终结符号 (开始符号除外) 既可以有综合属性也可以有继承属性，文法的开始符号 S 只有综合属性而没有继承属性。我们通常把终结符号的属性看作是综合属性，其属性值一般由词法分析器提供。

要计算文法符号的属性，需要有进行属性计算的规则。为文法的每一条产生式引入若干条语义规则，这样一种书写形式称为语法制导定义 (SDD，Syntax-Directed Definition)。

令产生式为 $A \to X_1 X_2 \cdots X_n$，语义规则的一般形式为：

$$b := f(c_1, c_2, \cdots, c_k)$$

其中 b、c_1、c_2、…、c_k 是该产生式中文法符号的属性，f 是计算属性值的函数。若 b 是 A 的综合属性，则 c_1，c_2，…，c_k 是产生式右部文法符号的属性，若 b 是产生式右部某文法符号的继承属性，则 c_1，c_2，…，c_k 是产生式中左部或者右部文法符号的属性。

需要注意的是，在实践中综合属性和继承属性都可以依赖其自身的属性值来计算。

【例 5-1】 考察表 5-1 中的语法制导定义。

表 5-1　语法制导定义示例 (只有综合属性)

产生式	语义规则
$L \to E\ n$	print(E.val)
$E \to E_1 + T$	$E.val = E_1.val + T.val$
$E \to T$	E.val = T.val

续表

产生式	语义规则
$T \to T_1 * F$	$T.val = T_1.val * F.val$
$T \to F$	T.val = F.val
$F \to (E)$	F.val = E.val
$F \to$ digit	F.val = digit .lexval

这个语法制导定义基于算术表达式文法，它对一个以 n 作为结尾标志的表达式求值，并将表达式的值打印出来。一些非终结符号带有下标，是为了区分同一个非终结符号在一条产生式里的多次出现。在这个语法制导定义中，每个非终结符号具有唯一的被称为 val 的综合属性，终结符号 digit 具有一个名为 lexval 的综合属性，它的值是由词法分析器返回的整数值。

第 1 条产生式对应 1 条语义规则，功能是打印 E.val，E.val 代表整个表达式的值。

第 2 条产生式对应 1 条语义规则，功能是将产生式右边非终结符号 E_1 和 T 的 val 属性值相加，赋给产生式左边非终结符号 E 的 E.val。

第 3 条产生式对应 1 条语义规则，功能是将产生式右边非终结符号 T 的 val 属性值赋给产生式左边非终结符号 E 的 E.val。

第 4 条产生式对应 1 条语义规则，功能是将产生式右边非终结符号 T_1 和 F 的 val 属性值相乘，赋给产生式左边非终结符号 T 的 T.val。

第 5 条产生式对应 1 条语义规则，功能是将产生式右边非终结符号 F 的 val 属性值赋给产生式左边非终结符号 T 的 T.val。

第 6 条产生式对应 1 条语义规则，功能是将产生式右边非终结符号 E 的 val 属性值赋给产生式左边非终结符号 F 的 F.val。

第 7 条产生式对应 1 条语义规则，功能是将产生式右边终结符号 digit 的词法值 lexval 赋给产生式左边非终结符号 F 的 F.val。

第 1 条产生式的语义规则“print(E.val)”比较特殊，它是一个语义动作 (过程或语义子程序)。对于这类语义动作，我们也把它看作是计算了一个属性，并把该属性称为 (虚) 综合属性。这样表 5-1 给出的就是一个只包含综合属性计算的语法制导定义。

语义规则可以用来计算属性值，也可以通过语义动作执行一些语义操作，如在符号表中登录信息、输出错误信息、进行类型检查、产生中间代码等。

【例 5-2】考察表 5-2 中的语法制导定义。

表 5-2　语法制导定义示例 (带有继承属性)

产生式	语义规则
$D \to T\ L$	L.in = T.type
$T \to$ int	T.type = integer
$T \to$ real	T.type = real
$L \to L_1$，id	L_1.in = L.in addtype (id.entry，L.in)
$L \to$ id	addtype (id.entry，L.in)

这个语法制导定义基于一个产生变量说明语句的文法，它的作用是在变量表中登录变量的类型信息。T 的 type 属性是综合属性，用来记录变量的类型信息。L 的 in 属性是继承属性，用来传递变量的类型信息。id 的 entry 属性指向变量表中 id 的表项的入口。语义动作 addtype 执行在变量表中登录变量 id 的类型信息的动作。这个语法制导定义既包含综合属性的计算也包含继承属性的计算。

下面介绍语法制导翻译的概念。

根据语法分析中产生式对应的语义规则进行翻译的方法称为语法制导翻译。所谓的“语法制导”指翻译过程是基于语法分析中输出的产生式序列。这里的“翻译”是广义的，指完成语义分析的各项功能，不仅指生成中间代码。翻译是通过执行语义规则进行属性计算的方式来完成的。

从属性计算的角度来看，所谓语义分析就是要计算出分析树中每一个结点的每一个属性的值。按什么顺序来执行语义规则，即如何安排属性的计算顺序非常重要。

计算属性的语义规则的一般形式是 $b := f(c_1, c_2, \cdots, c_k)$，只有在已知 c_1，c_2，…，c_k 的值的基础上，才能计算属性值 b，这种情况下称属性 b 依赖于属性 c_1，c_2，…，c_k。因此在安排属性计算顺序的时候，应该先计算 c_1，c_2，…，c_k 的值，再计算 b 的值。

分析树中可能有很多结点，每个结点又可能有若干个属性，这些属性之间的依赖关系可能非常复杂。可以采用一个称为依赖图 (dependency graph) 的有向图来描述分析树中的结点的属性之间的依赖关系。

假设 a、b 是两个属性，先分别为 a、b 构建依赖图中的结点，若属性 b 依赖于属性 a，则从 a 结点到 b 结点画一条有向边。以表 5-1 定义的语法制导定义为例，如果语法分析时用到了产生式 $E \rightarrow E_1+T$，则分析树中必然存在以 E 为父结点，E_1 和 T 为其子结点的结构，见图 5-2 中的虚线部分。这条产生式对应的语义规则是 $E.val = E_1.val + T.val$，于是为 E.val、E_1.val、T.val 分别构建属性结点，并分别从 E_1.val、T.val 的对应结点到 E.val 的对应结点画有向边，如图 5-2 所示的实线部分。

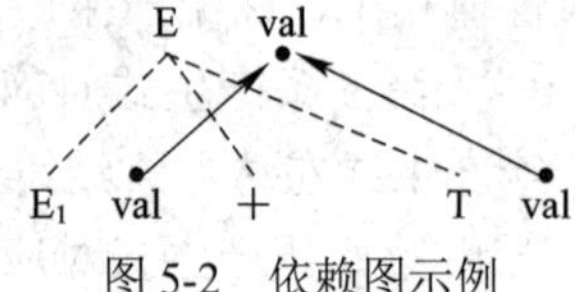

图 5-2　依赖图示例

为一棵分析树构造依赖图的算法见算法 5-1。

算法 5-1　依赖图构建算法。

输入：一个语法制导定义及一棵分析树；

输出：分析树的依赖图；

方法：执行以下算法：

```
for 分析树中的每个结点 n  do
   for 与结点 n 对应的文法符号的每个属性 a  do
        在依赖图中为 a 构造一个结点；
for 分析树的每个结点 n  do
  for 结点 n 所用产生式对应的每条语义规则 b: = f(c1, c2, …, ck ) do
       for  i:=1  to  k  do
          从结点 ci 到结点 b 构造一条有向边。
```

图 5-3　依赖图构建算法

【例 5-3】基于表 5-1 给出的语法制导定义，给出表达式 3*5+4n 的依赖图。

表达式 3*5+4 经过词法分析后转化为单词序列 digit*digit+digit，3 个 digit 的词法值分别为 3、5、4。依赖图如图 5-4 所示，虚线部分是分析树，实线部分是依赖图。其中根结点 L 的属性结点代表 L 的虚属性 (由语义动作 print 计算)。

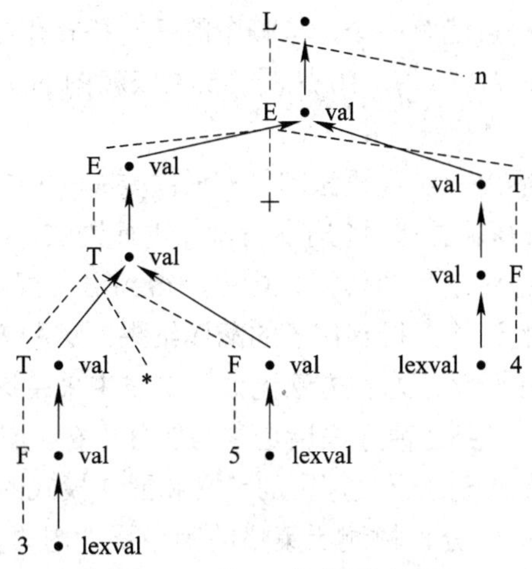

图 5-4　表 5-1 依赖图示例

表 5-1 的语法制导定义只包含综合属性的计算，综合属性用于“自下而上”传递属性值，图 5-4 有向边的走向清楚地证明了这一特性。

【例 5-4】 基于表 5-2 给出的语法制导定义，给出句子 real id_1，id_2，id_3 的依赖图。

依赖图如图 5-5 所示。其中 6、8、10 分别是 3 个 L 的虚属性 (由语义动作 addtype 计算)。

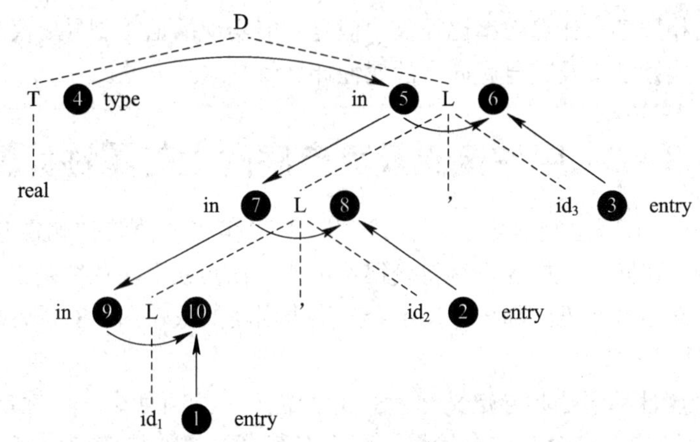

图 5-5　表 5-2 依赖图示例

依赖图刻画了对一棵分析树中不同结点上的属性求值时可能采取的顺序。如果依赖图中有一条从结点 a 到结点 b 的边，那么要先对 a 对应的属性求值，再对 b 对应的属性求值。因此所有可行的属性计算顺序应该是满足下列条件的属性结点序列 n_1、n_2、…、n_k：如果有一条从结点 n_i 到 n_j 的有向边，那么 i 必须小于 j，即 n_i 必须排在 n_j 前面。这其实就是有向无环图的拓扑排序 (topological sort)。

如果依赖图中存在回路，那么就不存在拓扑排序，也就无法按拓扑排序的顺序安排属性的计算顺序。如果依赖图中没有回路，那么至少存在一个拓扑排序。因为没有回路，所以一定能够找到一个没有入边的结点。如果没有这样的结点，那么可以从任一结点出发不断地从一个前驱结点到达另一个前驱结点，直到回到某个已经访问过的结点，从而形成一个回路。令这个没有入边的结点为拓扑排序的第一个结点，从依赖图中删除这个点，并对其余的结点重复上面的过程，最终就可以得到一个拓扑排序。

一个依赖图的拓扑排序可能有多个，依赖图的任一拓扑排序都是一个可行的属性计算顺序。1、2、3、4、5、6、7、8、9、10 是图 5-5 中依赖图的一个拓扑排序，也是计算该依赖图中每个属性值的一个可行计算顺序。

确定语义规则的执行顺序，实现语法制导翻译主要有三种方法：

(1) 分析树法：首先按基础文法对句子(程序)进行语法分析，构造句子的分析树；然后为分析树构造依赖图，并对依赖图作拓扑排序，得到语义规则的执行顺序；最后按顺序执行语义规则，完成属性的计算，得到句子的翻译结果。这种方法需要构建依赖图，时空效率不高，如果依赖图存在回路，这种方法无效。实践中采用这种方法的比较少。

(2) 基于语义规则的方法：这种方法也是先构造分析树，然后按预先定义的策略遍历分析树来计算每个结点的属性值。语义规则的定义和翻译模式的设计(用于确定计算顺序)在编译器构造之前确定。由于分析树遍历策略的确定要考虑语义规则的定义及计算顺序，因此是基于规则的方法。这种方法的优点是不构造依赖图，不对依赖图进行拓扑排序，时空效率比较高。5.4 节介绍的 L- 属性定义及其深度优先的属性计算就是这类方法。

(3) 忽略语义规则的方法：这种方法将语法分析和语义分析放在同一“遍”里来实现，在进行语法分析的同时进行翻译，即边作语法分析边计算属性，计算顺序由语法分析方法确定而与语义规则无关，因此是忽略语义规则的方法。这种方法同样不构造依赖图，无需对依赖图进行拓扑排序，计算效率比较高，但是它能实现的语法制导定义比较少。接下来 5.3 节介绍的 S- 属性定义及其自底向上的属性计算就是这种方法。

5.3　S- 属性定义及其自底向上的属性计算

对于给定的一个语法制导定义，很难判断是否存在一棵其依赖图包含回路的分析树。如果依赖图存在回路，属性计算将变得不可能。在实践中，往往是去实现某些特定类型的语法制导定义，这类语法制导定义不会产生带回路的依赖图，S-属性定义就是这样一种语法制导定义。

只含有综合属性的语法制导定义称为S-属性定义。表5-1就是S-属性定义。

如果语法制导定义只含有综合属性，那么在其分析树的依赖图中有向边的走向都是“自下而上”的，参见图5-4。这与自底向上语法分析时建立分析树的顺序是一致的。因此对于S-属性定义可以在对句子进行自底向上语法分析的同时执行语义规则来计算各结点的属性。

具体实现方案是扩充 LR 分析器，为栈中的每一个文法符号增加一个属性域，存放分析过程中该文法符号的(综合)属性值。当用产生式进行归约时，产生式左边非终结符号入栈，其属性值由栈中正在归约的产生式右边文法符号的属性值计算。

假设在分析的某个时刻，栈顶出现了句柄“XYZ”，X、Y、Z 的综合属性存放在各自的属性域里，分别为 X.x、Y.y、Z.z。下一步操作是用产生式 A → XYZ 进行归约，在归约的同时，利用 X.x、Y.y、Z.z 计算出 A 的综合属性 A.a 并将它存放到 A 的属性域中。分析过程见图 5-6。

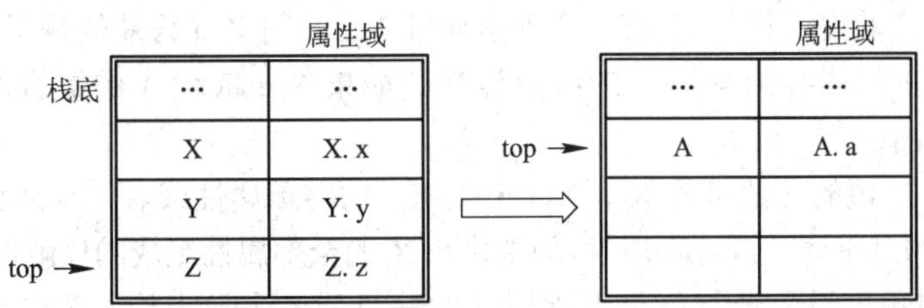

图 5-6　S- 属性定义的属性计算

【例 5-5】 基于表 5-1 给出的 S－属性定义，对句子 3*5+4n 进行翻译。

句子 3*5+4n 的分析树如图 5-7 所示。

自底向上构建分析树，同时计算属性值。属性计算过程如下：

(1) 第 1 步归约："digit(3) 归约为 F_1"，归约产生式为"F → digit"，语义规则为"F.val = digit .lexval"，计算出 F_1.val=3。

(2) 第 2 步归约："F_1 归约为 T_1"，归约产生式为"T → F"，语义规则为"T.val = F.val"，计算出 T_1.val=F_1.val=3。

(3) 第 3 步归约："digit(5) 归约为 F"，归约产生式为"F → digit"，语义规则为"F.val = digit .lexval"，计算出 F.val = 5。

(4) 第 4 步归约："T_1*F 归约为 T"，归约产生式为"T → T_1 * F"，语义规则为"T.val = T_1.val * F.val"，计算出 T.val = 3*5 = 15。

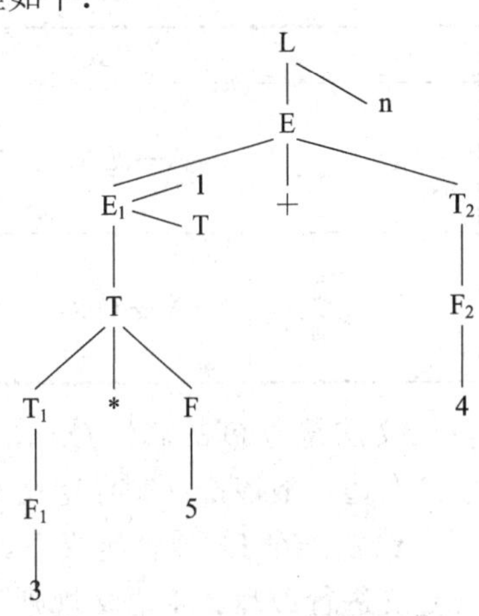

图 5-7　3*5+4n 的分析树

(5) 第 5 步归约："T 归约为 E_1"，归约产生式为"E → T"，语义规则为"E.val = T.val"，计算出 E_1.val = T.val = 15。

(6) 第 6 步归约："digit(4) 归约为 F_2"，归约产生式为"F → digit"，语义规则为"F.val = digit .lexval"，计算出 F_2.val = 4。

(7) 第 7 步归约："F_2 归约为 T_2"，归约产生式为"T → F"，语义规则为"T.val = F.val"，计算出 T_2.val = F_2.val = 4。

(8) 第 8 步归约："E_1 + T_2 归约为 E"，归约产生式为"E → E_1 + T"，语义规则为"E.val = E_1.val + T.val"，计算出 E.val=15 + 4 = 19。

(9) 第 9 步归约："En 归约为 L"，归约产生式为"L → En"，语义规则为"print (E.val)"，打印出表达式的值 19。

5.4　L- 属性定义及其深度优先的属性计算

实践中经常实现的另一类语法制导定义是 L- 属性定义 (L-attribute definition)。这类语法制导定义中，产生式右部各文法符号属性之间的依赖关系总是从左到右的，因此称为 L- 属性的。

在 L- 属性定义中，属性可以是：

(1) 综合属性，因此 L- 属性定义包含 S- 属性定义。

(2) 继承属性，但是继承属性需要满足一定的条件。假设存在一条产生式 A → X_1X_2

... X_n，产生式右部的文法符号 X_i 有一个继承属性 $X_i.a$，则 $X_i.a$ 只能依赖于：

(a) 产生式左部非终结符号 A 的继承属性。如果 $X_i.a$ 依赖 A 的综合属性，依赖图中就有可能存在回路；

(b) 位于 X_i 左边的文法符号 X_1、X_2、…、X_{i-1} 的继承属性或者综合属性；

(c) X_i 自身的继承属性或综合属性，但要求由 X_i 的全部属性组成的依赖图中不存在回路。

从分析树的角度看，计算每个继承属性的信息或者来自上边（父结点的继承属性），或者来自左边（兄弟结点的属性），或者来自自身。在实践中综合属性和继承属性都是可以依赖其自身的属性值来计算的。

【例 5-6】判断表 5-3 是否是 L- 属性定义的。

表 5-3　语法制导定义示例（非 L- 属性定义）

产生式	语义规则
A → L M	L.i := l(A.i) M.i := m(L.s) A.s := f(M.s)
A → Q R	R.i := r(A.i) Q.i := q(R.s) A.s := f(Q.s)

文法符号 Q 的属性 Q.i 由其兄弟结点 R 的属性计算，因此是继承属性，但是 R 位于 Q 的右边，故该语法制导定义不是 L- 属性定义的。

给定一个 L- 属性定义，如何安排属性计算的顺序相对比较复杂，首先需要对语法制导定义进行改写。将语义规则放到一对花括号"{、}"中，并插入到产生式右部的适当位置，以反映语义规则的执行顺序，这样一种书写形式称为翻译模式。翻译模式与语法制导定义的区别在于翻译模式中指明了语义规则的执行顺序，翻译模式是语法制导定义的一种改写。

【例 5-7】(5.1) 是一个简单的翻译模式，两个语义动作分别用花括号括起来，插入到了产生式的右部。这个翻译模式可以将表达式的中缀表示翻译成后缀表示。

E → T R

R → addop T {print (addop.lexeme)} R_1 | ε　　(5.1)

T → num {print (num.val)}

试用此翻译模式去翻译一个句子：9-5+2。

9-5+2 是一个算术表达式的中缀表示，比较常见，对我们人来说比较友好。而后缀表达式 (postfix notation) 是一种将运算符置于运算分量之后的表示方法。

一个表达式 E 的后缀表示可以按以下的方式递归定义：

(1) 如果 E 是一个变量或常量，则 E 的后缀表示是 E 本身。

(2) 如果 E 是一个形如 E_1 op E_2 的表达式，其中 op 是一个二目运算符，那么 E 的后缀表示是 $E'_1E'_2$ op，其中 E'_1 和 E'_2 分别是 E_1 和 E_2 的后缀表示。

(3) 如果 E 是一个形如 (E_1) 的被括号括起来的表达式，则 E 的后缀表示就是 E_1 的后缀表示。

后缀表示中不需要括号，运算符的位置和它的运算分量的个数使得后缀表达式只有一种解码方式。后缀表达式的计算借助一个栈很容易实现：从左到右扫描后缀表达式，并将扫描到的符号压入栈中，直到发现一个运算符为止，然后向左从栈中找出适当数目的运算分量进行计算，并将计算结果压入栈中。重复以上操作，直到扫描完成整个后缀表达式。

根据后缀表示的规则，9-5+2 的后缀表示是 95-2+，而 9-(5+2) 的后缀表达式是 952+-。翻译模式 (5.1) 可以将简单的中缀表达式翻译成后缀表达式。

首先构建 9-5+2 的分析树，构建过程中将用花括号括起来的语义动作作为终结符号插入到分析树中，花括号括起来的语义动作称为分析树中的语义结点。带语义结点的分析树如图 5-8 所示。

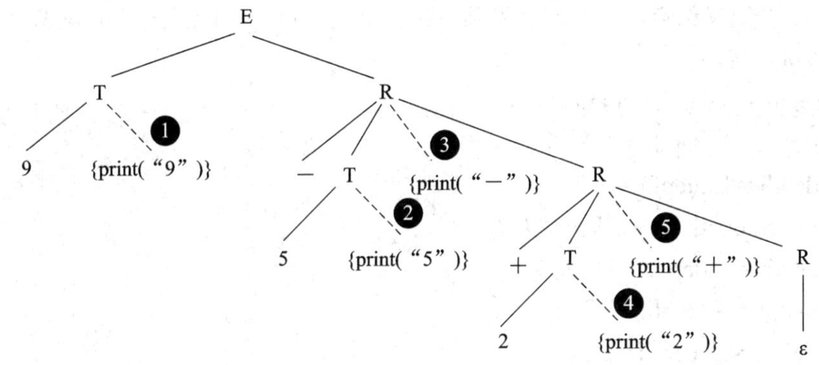

图 5-8　带语义结点的分析树

对分析树做深度优先的遍历 (我们只关注语义结点的顺序)，得到 5 个语义结点的排序 (如图 5-8 所示)，这也就是语义规则的执行顺序，按此顺序执行语义规则，可打印出表达式的后缀表示：95-2+。

通过以上例子可知翻译模式 (5.1) 是一个适合以深度优先顺序计算属性的翻译模式。图 5-9 是深度优先遍历示意图。这里的深度优先遍历又称为前序遍历。

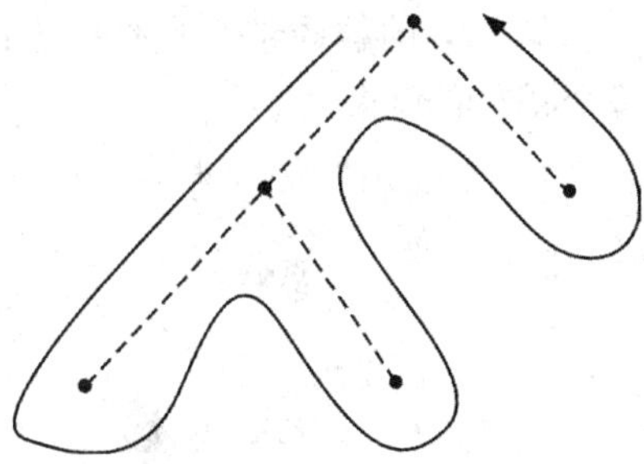

图 5-9　分析树的深度优先遍历

将一个 L- 属性定义转换为一个适合以深度优先顺序计算属性的翻译模式的方法如下：

(1) 把计算产生式右部某个非终结符号 A 的继承属性的语义规则插入到 A 的本次出现之前。如果 A 的多个继承属性以无回路的方式相互依赖，需要对这些属性的求值动作进行排序，以便先计算需要的属性。

(2) 将计算产生式左部非终结符号的综合属性的语义规则插入到产生式右部的最右端。

【例 5-8】表 5-4 是一个 L- 属性定义，试构造其适合以深度优先顺序计算属性的翻译模式，并翻译句子 (a，(a，a))。

表 5-4　L- 属性定义示例

产生式	语义规则
S' → S	S.depth = 0
S → (L)	L.depth = S.depth + 1
S → a	print (S.depth)
L → L_1，S	L_1.depth = L.depth S.depth = L.depth
L → S	S.depth = L.depth

翻译模式如下：

S’ → { S.depth = 0 } S

S → ({ L.depth = S.depth + 1 } L)

S → a { print (S.depth) }

L → { L_1.depth = L.depth } L_1，{ S.depth = L.depth } S

L → { S.depth = L.depth } S

要翻译句子 (a，(a，a))，首先构造句子的带语义结点的分析树，如图 5-10 所示。分析树中共有 12 个语义结点，按深度优先顺序执行语义结点中的语义规则可完成句子的翻译：

(1) S.depth = 0。

(2) L.depth = S.depth + 1 = 1。

(3) L_1.depth = L.depth = 1。

(4) S_2.depth = L_1.depth = 1。

(5) print (S_2.depth)，打印出“1”。

(6) S_1.depth = L.depth = 1。

(7) L_2.depth = S_1.depth + 1 = 2。

(8) L_3.depth = L_2.depth = 2。

(9) S_4.depth = L_3.depth = 2；

(10) print (S_4.depth)，打印出“2”。

(11) S_3.depth = L_2.depth = 2。

(12) print (S_3.depth)，打印出“2”。

该句子的翻译结果是打印出：122。通过分析可知，该翻译模式的功能是输出句子中每个 a 的嵌套深度。

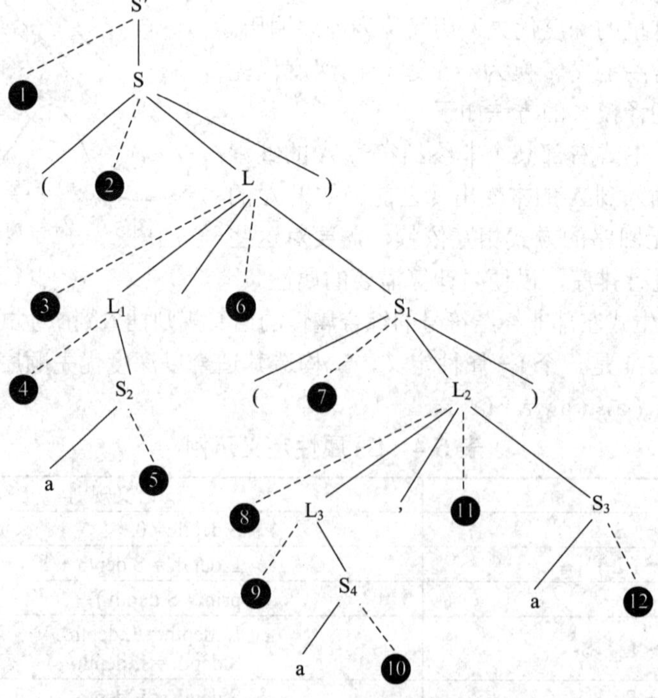

图 5-10　句子 (a，(a，a)) 的带语义结点的分析树

5.5　小　结

语法制导翻译技术是一种用途广泛的信息处理技术，其应用不仅限于语言编译领域。本章介绍语法制导翻译技术是为编译过程中的语义分析和中间代码生成提供解决方案。高级语言文法中的文法符号代表语法单位，每个语法单位都有“语义”，可以通过为每个文法符号引入一个属性的集合来描述它们的“语义”。属性按照计算方法的不同分为综合属性和继承属性，综合属性用于“自底向上”传递属性值，继承属性用于“自顶向下”传递属性值。属性可以通过执行语义规则来计算，为文法产生式引入一套计算属性的语义规则可以将文法扩展为语法制导定义。要对一个句子(程序)进行语义分析，就是要计算出该句子的分析树中每个结点的每个属性值。无论采用哪种语法分析方法来构造句子的分析树，都需要用到一个产生式的序列，执行这个产生式序列对应的语义规则来计算分析树中结点的属性值就是语法制导翻译。属性计算的顺序需要遵循属性之间的依赖关系，分析树中所有结点的属性之间的依赖关系可以用一个依赖图来描述，这个依赖图不能存在回路，否则无法完成所有翻译。基于 S- 属性定义的自底向上属性计算方法和基于 L- 属性定义的深度优先属性计算方法是语义分析中常用的两种方法。S- 属性定义只包含综合属性，而综合属性的传递方向是“自底向上”的，因此可以在自底向上语法分析的同时实现句子的翻译。L- 属性定义可以包含继承属性，但是这个继承属性只能依赖它产生式中左边文法符号的属性。基于 L- 属性定义来翻译句子，首先需要将 L- 属性定义改写为一个适合以深度优先顺序计算属性值的翻译模式。本章的重点是理解属性计算的几个相关概念，包括属性的定义、语义规则与语法制导定义、依赖图与属性计算顺序、翻译模式等；掌握 S- 属性定义和 L- 属性定义的特点及适用范围，掌握基于这两类语法制导定义对句子进行翻译的方法。

习　题

5.1　已知程序的文法 G[P] 如下：

$$P \rightarrow D$$

$$D \rightarrow D;\ D \mid id{:}\ T \mid proc\ id;\ D;\ S$$

(1) 请写一个语法制导定义，输出程序中一共声明了多少个 id。

(2) 请写一个翻译模式，输出程序中每个变量 id 的嵌套深度。

提示：使用一个综合属性 c 表示程序中声明的 id 个数，使用一个继承属性 d 表示嵌套深度。

5.2　用 S 的综合属性 val 给出下面文法 G[S] 中 S 产生的二进制数的值。(如输入 101.101 时，S.val = 5.625)

$$S \rightarrow L\,.\,L \mid L$$

$$L \rightarrow L\,B \mid B$$

$$B \rightarrow 0 \mid 1$$

提示：二进制转换为十进制分为整数部分的转换和小数部分的转换，转换规则如下例：

1101.101 = 1*2^3+1*2^2+0*2^1+1*2^0+1*2^(-1)+0*2^(-2)+1*2^(-3)

$= 8+4+0+1+0.5+0+0.125 = 13.625$

因此，可以给 B、L、S 设置综合属性 val，表示该符号代表的十进制值，给 L 另外设置一个表示其长度的综合属性 length。

5.3　设有文法 G[E]:

$E \to E + T \mid T$

$T \to$ num.num | num

该文法产生仅有 + 运算的算术表达式，运算对象可以是整数和实数，文法中 num 代表数字串。

(1) 试给出计算表达式结果类型的语法制导定义。要求当两个整型数相加时，结果仍为整型，否则结果为实型。

(2) 扩充上面的语法制导定义，使之能把表达式翻译成后缀形式，同时也能确定结果的类型。注意使用一元运算符 inttoreal 把整型数转换为实型数，int+ 和 real+ 分别表示整型数加法运算和实型数加法运算。

5.4　给定文法 G[A] 的如下翻译模式:

A → aB { print“0” }

A → c { print“1” }

B → Ab { print“2” }

假设在按某一个产生式进行归约时，将立即执行相应的语义动作，试问，当输入为 aacbb 时，打印出的字符串是什么？画出注释分析树，并给出相应的分析过程。

5.5　给定表达式文法 G[S’],其中一个表达式的“值”通过以下语法制导翻译来描述:

产生式	语义动作
(1) S’ → E	{print(E.val)}
(2) $E \to E_1 + E_2$	$\{E.val = E_1.val + E_2.val\}$
(3) $E \to E_1 * E_2$	$E.val = E_1.val * E_2.val\}$
(4) $E \to (E_1)$	$\{E.val = E_1.val\}$
(5) $E \to n$	{ E.val =n.lexval}

如果采用 LR 分析技术，给出表达式 (5*4+8)*2 的语法树，并在各结点注明属性 val 的具体值。

第 6 章　语义分析与中间代码生成

词法分析和语法分析负责判断源程序在形式上是否合法，语义分析负责判断源程序在语义上是否合法。如果一个源程序在形式上和语义上都是合法的，那么这个源程序就是源语言的一个正确的程序，接下来就可以把它转换为中间代码。本章主要讨论如何利用第 5 章介绍的语法制导翻译技术实现语义分析和中间代码生成中的各项任务。首先介绍基于 S- 属性定义的针对表达式和普通语句的类型检查的实现，然后介绍如何处理源程序中的说明语句以获取名字的属性信息，接着介绍作为源程序中间表示的中间语言的常用三地址指令，最后详细讨论高级语言常见可执行语句的翻译方法，包括赋值语句、布尔表达式、条件语句和循环语句等。

6.1 类型检查

从某种意义上来说，程序是作用在一个数据集合上的运算序列，而数据可以划分成不同的类型。每个程序设计语言都有自己的类型机制，包括数据类型的种类，以及可对数据进行的运算和运算的规则。例如 C 语言，数据类型分为基本类型、指针类型、构造类型等，其中基本类型又有整型、实型、字符型等，构造类型包括数组类型、结构体类型、共同体类型等。根据数据的类型，编译器可以确定数据在运行时刻需要占用多大的存储空间。一般来说，源程序总是通过类型说明语句来定义变量和变量的类型。编译器在分析类型说明语句时，将变量及其类型等属性信息存放到符号表 (变量表) 中，如何采用语法制导翻译技术处理源程序的说明部分见 6.2 节。

类型检查是编译过程中语义分析的重要组成部分，主要工作是判断程序中每一个运算的运算分量的类型是否和预期的一致或者相容。例如，Java 语言要求 && 运算符的两个运算分量必须是 boolean 类型，如果不满足这个条件编译器要报告类型错误，如果满足这个条件，类型检查通过，同时记录计算结果也是 boolean 类型的。

根据程序设计语言的类型机制，在编译时刻完成的类型检查称为静态类型检查，大部分程序设计语言采用静态类型检查，如 Pascal 和 C。经过静态类型检查之后，目标程序运行时将不会发生因数据类型不匹配而导致的错误。具体来说，静态类型检查主要完成以下几项工作：

(1) 运算类型检查。例如对于算术表达式“X+Y”，需根据变量 X 和 Y 的类型信息 (通过查询变量表获得)，检查 X 和 Y 在类型上是否匹配。如果 X 和 Y 同为整型，则“+”运算是整数加；如果 X 和 Y 同为实型，则“+”运算是实数加。

(2) 强制类型转换。例如在“X+Y”中，如果 X 为整型，Y 为实型，则应该首先用一个类型转换函数将 X 转换为实型，再与 Y 做实数加运算。

(3) 语句类型检查。程序中的语句如果包含运算或者数据，也需要做类型的检查。

类型检查的实现一般采用语法制导翻译技术。下面讨论如何用语法制导翻译技术来实现表达式的类型检查和语句的类型检查。

1. 表达式的类型检查

表 6-1 给出了一个实现表达式类型检查的语法制导定义，其中 E 代表算术表达式，每个表达式都有一个“type”(类型)属性，根据属性计算方法可知“type”属性是综合属性。“MOD”是运算的占位符，代表某个算术运算。“E_1 [E_2]”是数组引用结构，array(s，t) 是数组类型，其中 s 是数组中元素的个数，t 是数组元素的类型；“E_1 ↑”是指针引用结构，pointer(t) 是指针类型，t 是该指针指向的元素的类型。“num”代表整型常数，“type-error”是错误类型。函数 lookup 是一个语义动作，其参数 id.entry 是变量 id 在变量表中的入口指针，lookup(id.entry) 可查询变量表获取 id 的类型信息。

表 6-1 表达式类型检查的语法制导定义

序号	产生式	语 义 规 则
1	E → num	E.type := integer
2	E → id	E.type := lookup(id.entry)
3	E → E_1 MOD E_2	E.type := if E_1.type=integer and E_2.type=integer then integer else type-error
4	E → E_1 [E_2]	E.type := if E_2.type=integer and E_1.type=array(s，t) then t else type-error
5	E → E_1 ↑	E.type := if E_1.type=pointer(t) then t else type-error

产生式“E → num”的语义规则用于给 E 的类型属性赋值为整型；产生式“E → id”的语义动作查询变量表，取 id 的类型信息赋给 E.type；产生式“E → E_1 MOD E_2”的语义规则作类型一致性检查，这里假设 MOD 运算要求其两个运算分量必须都为整型，否则类型错误，两个整型数据做 MOD 运算，结果也为整型。若 MOD 运算允许其运算分量既可以为整型也可以为实型，则可以改写语义规则，作相容性检查，一个可能的语义规则如下：

```
{ E.type := if E1.type=integer and E2.type=integer
        then interger
        else if E1.type=integer and E2.type=real
            then real
            else if E1.type=real and E2.type=integer
                then real
                else if E1.type=real and E2.type=real
                    then real
                    else type-error }
```

产生式“$E \rightarrow E_1 [E_2]$”生成数组引用结构，其语义规则检查 E_2 和 E_1 是否为整数类型和数组类型，是的话将数组元素的类型赋给 E.type，否则类型错误。产生式“$E \rightarrow E_1 \uparrow$”生成指针引用结构，其语义规则检查 E_1 是否为指针类型，是的话将该指针指向的元素的类型赋给 E.type，否则类型错误。

表 6-1 的语法制导定义只有综合属性的计算，因此是 S- 属性定义，可采用自底向上的属性计算方法来翻译句子。

【例 6-1】 使用 6-1 中的语法制导定义翻译句子 id_1*id_2+num，令 id_1 和 id_2 均为整型。

解： 句子的分析树见图 6-1。对句子作自底向上的语法分析，输出最左归约序列。应用产生式归约的同时可执行产生式对应的语义规则，完成翻译工作。

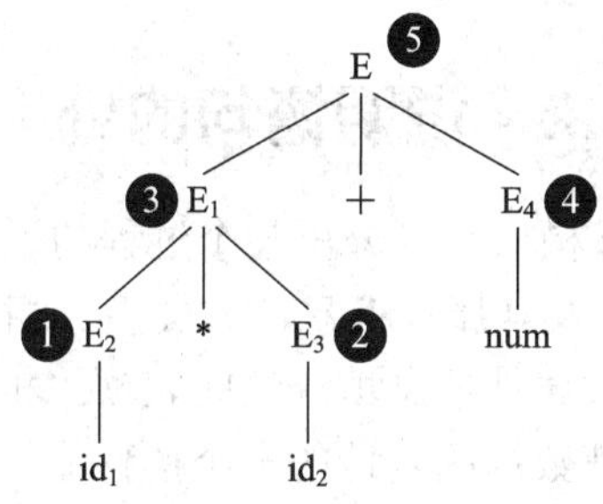

图 6-1　类型检查的例子

翻译过程如下：

(1) 用产生式“$E \rightarrow id$”归约，计算 E_2.type=integer。

(2) 用产生式“$E \rightarrow id$”归约，计算 E_3.type=integer。

(3) 用产生式“$E \rightarrow E_1$ MOD E_2”归约，计算 E_1.type=integer。

(4) 用产生式“$E \rightarrow num$”归约，计算 E_4.type=integer。

(5) 用产生式“$E \rightarrow E_1$ MOD E_2”归约，计算 E.type=integer。

计算结果 E.type 为 integer，不是“type-error”，类型检查通过。

2. 语句的类型检查

表 6-2 给出了一个实现语句类型检查的语法制导定义。

表 6-2　语句类型检查的语法制导定义

序号	产生式	语 义 规 则
1	$S \rightarrow id:=E$	S.type := if id.type=E.type then void else type-error
2	$S \rightarrow$ if E then S_1	S.type := if E.type=boolean then S_1.type else type-error
3	$S \rightarrow$ while E do S_1	S.type := if E.type=boolean then S_1.type else type-error
4	$S \rightarrow S_1$; S_2	S.type := if S_1.type=void and S_2.type=void then void else type-error

产生式“S → id:=E”生成赋值语句，其语义规则判断赋值语句左边的 id 的类型是否和右边的表达式E的类型一致，如果是则类型检查通过，并给S.type赋值void(代表无类型)，否则类型错误；产生式“S → if E then S_1”生成条件语句，其语义规则判断 E 的类型是否为 boolean 类型的，如果是则将 S_1.type 赋给 S.type，否则类型错误；产生式“S → while E do S_1”生成循环语句，其语义规则同样判断 E 的类型是否为 boolean 类型的，如果是则将 S_1.type 赋给 S.type，否则类型错误；产生式“S → S_1；S_2”生成复合语句，其语义规则判断 S_1 和 S_2 是否通过了类型检查(type 属性为 void)，如果是则将 void 赋给 S.type，否则类型错误。

表 6-2 的语法制导定义同样也只有综合属性的计算是 S- 属性定义，类似地可采用自底向上的属性计算方法来实现语句的类型检查。

6.2 说明语句的处理

源程序由过程 (或者函数) 构成，当分析某个过程的说明语句时，可以获取该过程的局部名字 (变量名、常量名等) 及其属性信息，如类型、相对地址等，然后在对应的符号表中创建表项，并将名字的相关属性信息填入这些表项。相对地址是指目标代码运行时对静态数据区基址或活动记录局部数据区基址的一个偏移值，也称为偏移地址。在这里获取名字的相对地址，将为目标代码的生成做好准备。

大部分高级语言的同一个过程中的说明语句定义的名字一般来说具有相同的作用域，如 C、Pascal 和 Fortran 等面向过程的程序设计语言。通常把同一个过程中定义的名字组织在一张符号表中，在分析过程中需要一个全局变量 offset 来记录下一个名字的偏移地址，offset 的初始值为 0，标记了第一个名字的偏移地址。

表 6-3 给出的是翻译一般说明语句的语法制导定义。

表 6-3　一般说明语句的处理

序号	产生式	语义规则
1	P → MD	
2	M → ε	offset: = 0
3	D → D；D	
4	D → id:T	enter(id.name，T.type，offset)； offset: = offset + T.width
5	T → integer	T.type: = integer； T.width: = 4
6	T → real	T.type: = real； T.width: = 8
7	T → array [num] of T_1	T.type: = array(num.val，T_1.type)； T.width: = num.val*T_1.width
8	T → ↑ T_1	T.type: = pointer(T_1.type)； T.width: = 4

P 是开始符号，通过推导生成变量说明语句，其唯一的一条产生式“P → MD”中的 M 称为“标记非终结符号”，M 的产生式“M → ε”似乎对于句子的分析没有实际意义，其实不然。引入 M 是为了在自底向上翻译句子时通过执行其对应的语义规则“offset:=0”

来对 offset 赋初值。注意，对于任何句子的自底向上分析，都是首先采用“M → ε”来进行归约。语义动作 enter(name，type，offset) 用来为名字 name 建立一个符号表表项，并填入此名字的类型 type 及其相对地址 offset。T 代表数据类型，T.type 表示名字的类型，在表 6-3 给出的语法制导定义中，类型有实型、整型、数组类型 (指定了数组的长度和数组元素的类型)、指针类型 (指定了指针指向的数据的类型); T.width 表示名字的域宽，即存储一个该类型数据所需的存储单元的个数，这里假设整型的域宽为 4，实型的域宽为 8，指针类型的域宽为 4，数组的域宽可以通过把数组的长度乘上数组元素的域宽来计算。

【例 6-2】 使用表 6-3 中的语法制导定义翻译句子 id_1: real ; id_2: ↑ integer。

解: 表 6-3 语法制导定义是 S- 属性定义，因为所有的属性都可以看作是综合属性。翻译句子可以采用自底向上的属性计算方法。

该句子的分析树见图 6-2。采用自底向上的语法分析方法分析句子构建分析树，需要 8 步最左归约操作。在归约的同时，执行产生式对应的语义规则可以完成翻译工作。

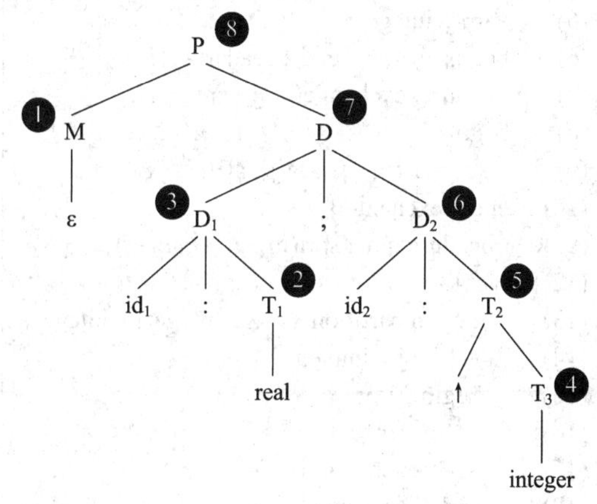

图 6-2 自底向上翻译句子 id_1: real ; id_2: ↑ integer

具体步骤如下：

(1) 用产生式“M → ε”归约，将 offset 置为初值 0。

(2) 用产生式“T → real”归约，计算 T_1 的类型属性和域宽，T_1.type: = real，T_1.width: = 8。

(3) 用产生式“D → id:T”归约，完成 id_1 的类型定义分析，用语义动作 enter(id_1，real，0) 将 id_1 及其类型信息 real 和偏移地址 0 填入符号表，同时 offset 递增为 8。

(4) 用产生式“T → integer”归约，计算 T_3 的类型属性和域宽，T_3.type:=integer，T_3.width: = 4。

(5) 用产生式“T → ↑ T_1”归约，计算 T_2 的类型属性和域宽，T_2.type: = pointer(integer)，T_2.width: = 4。

(6) 用产生式“D → id:T”归约，完成 id_2 的类型定义分析，用语义动作 enter(id_2，pointer(integer)，8) 将 id_2 及其类型信息 pointer(integer) 和偏移地址 8 填入符号表，同时 offset 递增为 12。

(7) 用产生式“D → D; D”归约，无语义动作。

(8) 用产生式“P → MD”归约，无语义动作。

翻译完成后，在符号表填入了说明语句定义的两个变量及这两个变量的类型信息和偏移地址，如表 6-4 所示。

表 6-4 例 6-2 的符号表

名 字	类 型	偏移地址
id_1	real	0
id_2	pointer(integer)	8

某些语言允许嵌套过程，即在说明部分可以嵌套说明另外的过程或者函数，见图 6-3 所示的 Pascal 语言的例子。

```
(1)  program sort(input，output);
(2)    var a：array[0..10] of integer;
(3)         x : integer;
(4)    procedure  readarray;
(5)      var i：integer;
(6)      begin  … a…   end { readarray};
(7)    procedure  exchange(i，j：integer);
(8)      begin
(9)        x：= a[i] ; a[i]:=a[j]; a[j]: = x
(10)     end { exchange};
(11)   procedure quicksort(m，n：integer);
(12)     var k，v：integer;
(13)     function partition(y，z：integer)：integer;
(14)       var i，j：integer;
(15)       begin …a…
(16)           …v…
(17)           …exchange(i，j); …
(18)       end { partition};
(19)     begin … end { quicksort};
(20)   begin … end. { sort}
```

图 6-3 一个 Pascal 语言例子

在这个例子中，第 (2) ～ (19) 行都是主过程的说明部分。主过程是 sort，下面嵌套定义了 3 个过程 readarray、exchange 和 quicksort，其中 quicksort 下面又嵌套定义了一个函数 partition。整个程序的嵌套关系如图 6-4 所示。

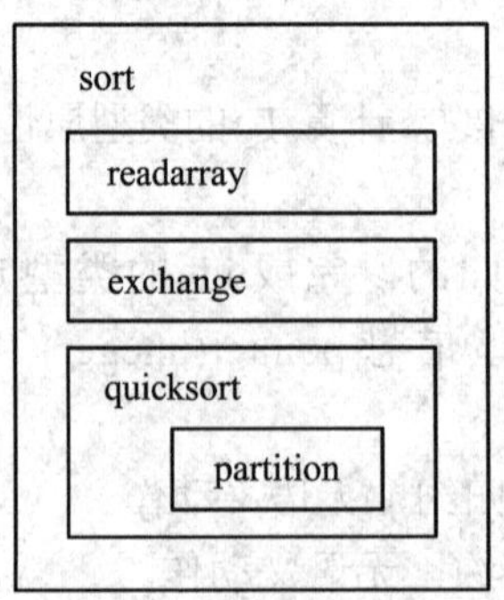

图 6-4 图 6-3 程序中过程的嵌套关系

对于允许嵌套过程的语言，每当遇到一个嵌入的过程说明时，应当暂停包围此过程的外围过程说明语句的处理，而进入嵌套过程说明语句的处理。每个过程(或者函数)都可以定义自己的名字，一个可行的处理方法是为每个过程创建一张单独的符号表，用来存放该过程定义的名字。名字有两类，一类是变量，一类是过程(包括函数)。对于变量名，表项信息同样是类型、偏移地址等；对于过程名，表项信息是一个指针，指针指向该过程对应的符号表。同时给符号表增加一个表头，表头存放一个指针，指向该符号表对应过程的外围过程的符号表，该指针反映了过程之间的嵌套关系。表头同时存放符号表的总域宽，即该符号表中记录的所有变量的域宽之和，也就是该符号表对应过程中定义的所有变量占用的总的存储空间。图 6-3 所示程序例子的符号表及符号表之间的关系如图 6-5 所示。

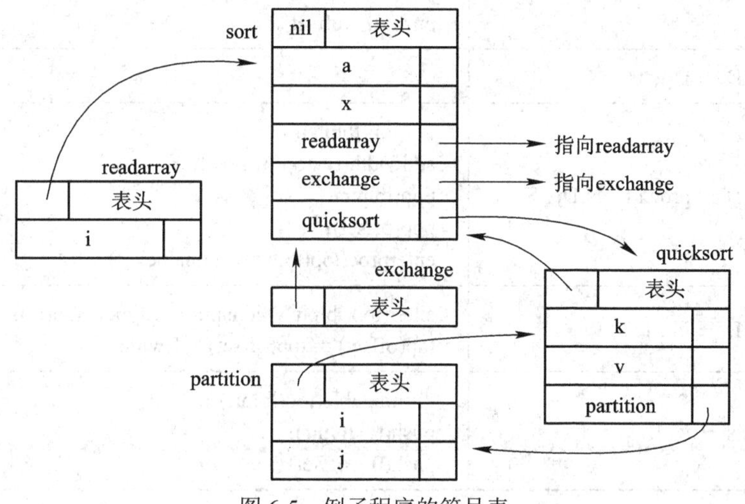

图 6-5　例子程序的符号表

表6-5给出了一个翻译允许嵌套过程的说明语句的解决方案,其中包含以下几个语义动作：

(1) mktable(previous)：创建一张新的符号表，并返回指向新表的一个指针。参数 previous 是一个指向其他符号表的指针，该符号表正好是新创建符号表对应过程的外围过程的符号表。previous 被存入新符号表的表头。

(2) enter(table，name，type，offset)：在符号表指针 table 指向的符号表中，插入一个名字为 name，类型为 type，偏移地址为 offset 的变量表项。

(3) addwidth(table，width)：在 table 指向的符号表的表头填入该符号表所有名字占用的总域宽。

(4) enterproc(table，name，newtable)：在 table 指向的符号表中插入一个名字为 name 的过程表项，newtable 为该过程的符号表的指针。

在表 6-5 给出的语法制导定义中，用到了两个数据结构：

(1) tblptr：是一个栈，用于存放符号表指针，指针指向各外围过程对应的符号表。例如，对于图 6-3 的例子，当在处理过程 partition 中的说明语句时，由于 partition 嵌套在 quicksort 中，而 quicksort 嵌套在 sort 中，栈 tblptr 从栈顶到栈底分别存放了 partition、quicksort、sort 的符号表指针。

(2) offset：是一个栈，用于存放变量的偏移地址。当当前过程的说明部分分析结束时，

offset 里记录的是该过程所有名字占用的总域宽。在分析过程中，offset 中的值和 tblptr 中的值是一一对应的。例如，当分析图 6-3 例子的 partition 时，栈 offset 从栈顶到栈底分别存放了 partition、quicksort、sort 的偏移地址。

表 6-5　允许嵌套过程的说明语句的处理

序号	产生式	语义规则
1	P → M D	addwidth (top (tblptr)，top (offset)); pop(tblptr); pop (offset)
2	M → ε	t := mktable (nil); push(t，tblprt); push (0，offset)
3	D → D_1 ; D_2	

4	D → proc id ; N D_1; S	t := top(tblptr);
		addwidth(t，top(offset));
		pop(tblptr);
		pop(offset);
		enterproc(top(tblptr)，id.name，t)

5	D → id : T	enter(top(tblptr)，id.name，T.type，top(offset)); top(offset) := top(offset) + T.width
6	N → ε	t := mktable(top(tblptr)); push(t，tblptr); push(0，offset)

利用表 6-5 的语法制导定义自底向上翻译句子，第一步归约总是用到产生式“M → ε”。M 是一个标记非终结符号，其产生式“M → ε”对应的语义规则首先为主过程创建一张符号表，符号表的表头指针为 nil(空)，因为主过程没有外围过程；然后用压栈操作 push 分别为栈 tblptr 和栈 offset 赋初值。嵌套过程的说明由产生式“D → proc id ; N D_1; S”生成，其中 N 也是一个标记非终结符号。当进入一个嵌套过程的分析时，首先用 N 的产生式“N → ε”进行归约，其对应的语义规则为嵌套过程创建符号表，该符号表的表头指针(当前 tblptr 的栈顶指针)指向其外围过程的符号表，同时将嵌套过程符号表的指针压入栈 tblptr，对应的为栈 offset 压入嵌套过程偏移地址的初值 0。S 代表嵌套过程除说明部分之外的其他语句。

当用产生式“D → id : T”归约时，完成变量 id 说明语句的分析，这时候使用语义动作 enter(top(tblptr)，id.name，T.type，top(offset)) 将 id 的属性信息填入 tblptr 的栈顶指针指向的符号表中，id 的名字为 id.name，类型为 T.type，偏移地址为 offset 栈的栈顶值。

当用产生式“D → proc id; N D_1; S”归约时，完成一个嵌套过程说明部分的处理。首先使用 addwidth 在当前过程的符号表的表头添加总域宽，然后将栈 tblptr 和栈 offset 的栈顶弹出，最后使用语义动作 enterproc(top(tblptr)，id.name，t) 在当前过程的外围过程的符号表中添加当前过程的过程表项。

用产生式“P → M D”归约是分析句子的最后一步，首先在主过程符号表的表头添加总域宽，然后对栈 tblptr 和栈 offset 执行弹栈操作，此时两个栈均为空栈。

【例 6-3】使用表 6-5 中的语法制导定义翻译如下句子 (句型)：

$id_1 : T_1$;

proc id_2;

　$id_3 : T_2$;

　S

假设 id_1 的类型为 real，域宽为 8；id_3 的类型为 integer，域宽为 4。

解：句子的分析树如图 6-6 所示。

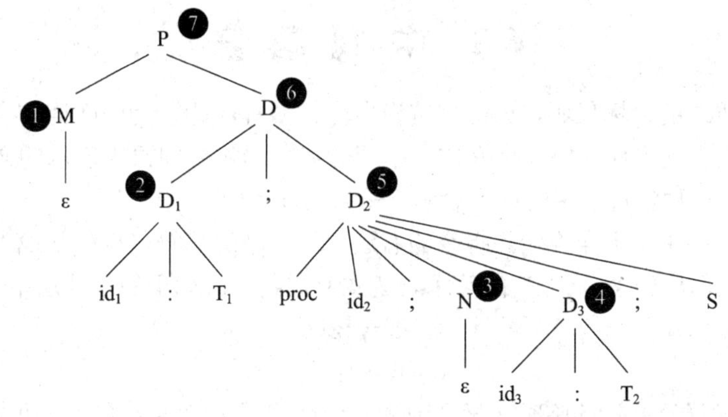

图 6-6　例 6-3 句子的自底向上翻译

翻译过程如下：

① 用产生式“M → ε”归约，执行 t_1: = mktable (nil)，为主过程创建符号表；push (t_1，tblptr)，给栈 tblptr 赋初值；push (0，offset)，给栈 offset 赋初值。

② 用产生式“D → id : T”归约，执行 enter(t_1，id_1，real，0)，在主过程符号表中添加变量 id_1 的表项；top(offset) := 0 + 8 := 8，递增主过程的偏移地址。

③ 用产生式“N → ε”归约，执行 t_2 : = mktable (t_1)，为嵌套过程创建符号表；push (t_2，tblptr)，将嵌套过程符号表指针 t_2 压入栈 tblptr；push (0，offset)，将嵌套过程偏移地址初值 0 压入栈 offset。

④ 用产生式“D → id : T”归约，执行 enter (t_2，id_3，integer，0)，在嵌套过程符号表中添加变量 id_3 的表项；top(offset) : = 0 + 4 : = 4，递增嵌套过程的偏移地址。

⑤ 用产生式“D → proc id ; N D_1; S”归约，t : = top (tblptr) : = t_2，取嵌套过程的符号表指针赋给 t；执行 addwidth (t，4)，在嵌套过程符号表表头添加总域宽；pop (tblptr) 和 pop (offset) 执行弹栈操作，退出嵌套过程的分析；执行 enterproc (t_1，id_2，t)，在主过程符号表中为过程 id_2 添加过程表项。

⑥ 用产生式“D → D_1 ; D_2”归约，无语义动作。

⑦ 用产生式“P → M D”归约，执行 addwidth (t_1，8)，在主过程符号表表头添加总域宽；pop (tblptr) 和 pop (offset) 执行弹栈操作，最后两个栈都变成空栈。

翻译完成之后，符号表情况如图 6-7 所示。

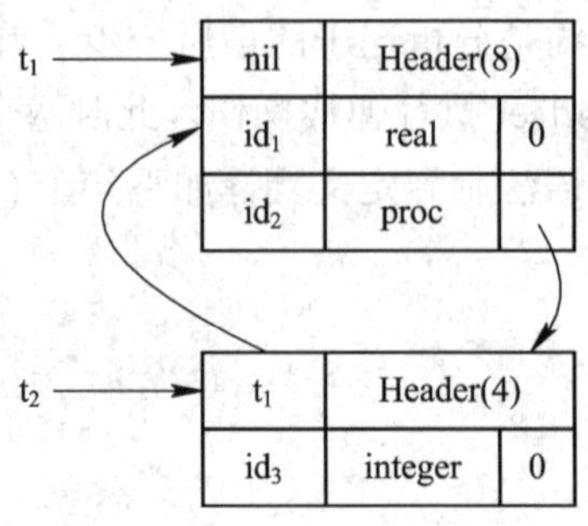

图 6-7 例 6-3 句子的符号表

6.3 中 间 语 言

为生成高质量的目标代码，大部分编译器先把源程序翻译为中间语言表示。针对中间语言表示，可以执行多种代码优化操作。不同的编译器对中间语言表示的选择和设计各有不同。本节介绍一种常见的中间语言表示——三地址代码。

在三地址代码中，不允许一条指令的右边出现多个运算符，也就是说不允许出现组合的表达式。因此，形如“x+y*z”的算术表达式要被翻译成如下的三地址指令序列：

$$t_1=y*z$$

$$t_2=x+t_1$$

其中，t_1、t_2 是编译器产生的临时变量。因为三地址代码不含多运算符表达式，控制流语句的嵌套结构也被转化为包含转移指令的线性指令序列，所以有利于目标代码的生成和优化。因为引入临时变量来记录程序计算得到的中间结果，所以三地址代码可以方便地进行重组。

最常见的三地址代码形如“x = y op z”，其中 x、y、z 是三个地址，op 是运算符。地址可以是如下形式之一：

(1) 变量：变量是程序员在源程序中使用说明语句定义的。可以直接采用源程序中的变量名字作为三地址代码中的地址。在实现中，变量名字被替换为指向符号表中该变量表项的指针，关于变量的所有信息均存放在该表项中。

(2) 常量：源程序中经常直接把常量作为运算对象加入运算。

(3) 临时变量：在每次需要临时变量时产生一个新名字是必要的，这对后续的代码优化也是有利的。

下面介绍几种常用的三地址指令：

(1) x = y op z：赋值指令，其中 op 是一个双目算术运算符或逻辑运算符。

(2) x = op y：赋值指令，其中 op 是一个单目运算符。基本的单目运算符包括单目减、逻辑非和转换运算等。将整数转化成浮点数的运算就是转换运算的一个例子。

(3) x = y：复制指令，把 y 的值赋给 x。

(4) goto L：无条件转移指令，下一步要执行的指令是带有标号 L 的三地址指令。

(5) if x goto L 或 if False x goto L：条件转移指令，分别当 x 为真或为假时，这两个指令的下一步将执行带有标号 L 的指令，否则下一步将执行指令序列中的下一条指令。

(6) if x relop y goto L：条件转移指令，当 x 和 y 之间满足 relop 关系（含 <、>、<=、>=、=、

≠等) 时，下一步将执行带有标号 L 的指令，否则将执行指令序列中的下一条指令。

(7) param 和 call：参数传递和过程调用指令，param x 进行参数传递，call p，n 和 y=call p，n 分别进行过程调用和函数调用，p 为被调用过程 (或函数) 的名字，n 为参数的个数。常见的用法如下：

$$\begin{array}{l} \text{param } x_1 \\ \text{param } x_2 \\ \quad\vdots \\ \text{param } x_n \\ \text{call } p，n \end{array}$$

(8) return：过程返回指令，执行 return y 将从被调用过程返回到调用过程，其中 y 表示返回值。

(9) x = y [i] 和 x [i] = y：索引赋值指令。x = y [i] 指令将把距离位置 y 处 i 个内存单元的位置中存放的值赋给 x 。指令 x [i] = y 将距离位置 x 处 i 个内存单元的位置中的内容设置为 y 的值。

(10) x = &y、x = *y 或 *x = y：地址及指针赋值指令。指令 x=&y 将 x 的值设置为 y 的地址。这个 y 通常是一个变量名字，也可能是一个临时变量，x 是一个指针名字或临时变量。在指令 x=*y 中，y 通常是一个指针，这个指令使得 x 的值等于存储在这个指针指向的位置中的值。*x=y 则把 y 的当前值赋给由指针 x 指向的位置。

【例 6-4】考虑如下语句：

do i = i+1；while (a[i] < v)；

两种可能的翻译见图 6-8。第一种翻译使用了符号化标号，如第一条指令上的 L。第二种翻译为每条指令附加了一个位置号，在这里选择以 100 作为开始位置。在这两种翻译中，最后一条指令都是目标为第一条指令的条件转移指令。这里假设每个数组元素占 8 个字节，故用 i*8 来计算 a 的下标。

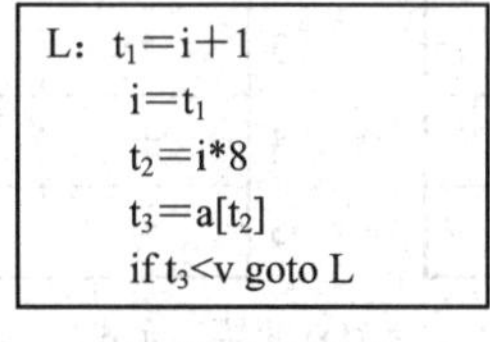

L：t_1=i+1
i=t_1
t_2=i*8
t_3=a[t_2]
if t_3<v goto L

(a) 符号化标号

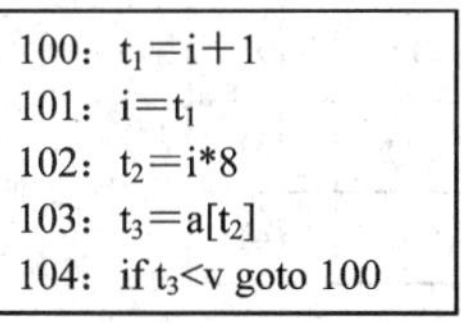

100：t_1=i+1
101：i=t_1
102：t_2=i*8
103：t_3=a[t_2]
104：if t_3<v goto 100

(b) 位置标号

图 6-8　例 6-4 语句的两种翻译结果

上面对三地址指令的描述说明了各类指令的组成部分，但是并没有描述这些指令如何实现。在编译器中这些指令可以实现为对象，或者实现为带有运算符字段和运算分量字段的记录。四元式、三元式和间接三元式是三种常见的实现方式。

四元式有四个字段，分别是 op、arg_1、arg_2、result。op 是运算符或者是该运算符的内部编码。例如，对于三地址指令“x = y op z”，其四元式的 op 字段存放“+”，arg_1 字段存放 y，arg_2 字段存放 z，result 字段存放 x。以下是一些特例：

(1) 形如“x = uminus y”的单目运算符指令和复制指令“x = y”不使用 arg_2。需要注意的是，对于复制指令“x = y”，op 是“=”，而对其他运算来说，赋值运算符是隐含表示的。

(2) 像 param 这样的运算既没有 arg_2，也没有 result。

(3) 条件指令或无条件转移指令将目标标号放入 result 字段。

【例 6-5】考虑语句 a=b*-c+b*-c，将它翻译为三地址代码，并表示为四元式。

解：图 6-9 中，(a) 是上述语句的三地址代码，(b) 是三地址代码的四元式表示形式。

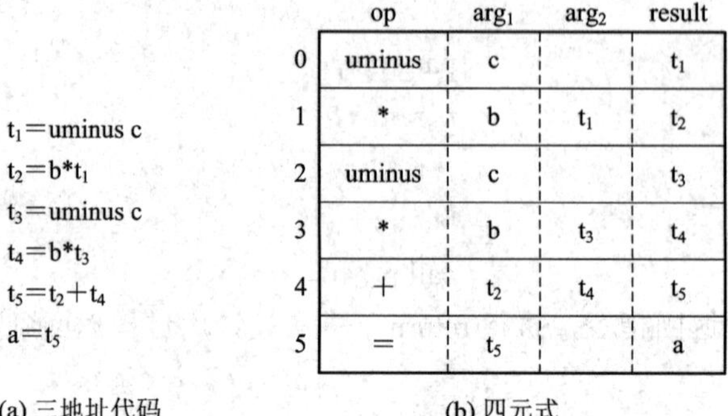

t_1＝uminus c
t_2＝b*t_1
t_3＝uminus c
t_4＝b*t_3
t_5＝t_2＋t_4
a＝t_5

(a) 三地址代码

	op	arg_1	arg_2	result
0	uminus	c		t_1
1	*	b	t_1	t_2
2	uminus	c		t_3
3	*	b	t_3	t_4
4	＋	t_2	t_4	t_5
5	＝	t_5		a

(b) 四元式

图 6-9　例 6-5 语句的三地址代码和四元式

其中，uminus 表示一目减运算。为了提高可读性，在代码中直接使用实际的标识符，比如用 a、b、c 作为 arg_1、arg_2 以及 result 字段的内容，而没有使用指向符号表相应表项的指针。临时变量，如 t_1 ～ t_5，可以像程序员定义的变量名字一样被加入到代码中。

三元式只有三个字段，分别是 op、arg_1、arg_2。在四元式中通常是通过引入临时变量来记录中间计算结果，并将临时变量置于 result 字段。而三元式使用运算的位置来表示中间计算结果，因此不需要 result 字段。

图 6-10 中的 (a) 是例 6-5 语句的三元式表示。

	op	arg_1	arg_2
0	uminus	c	
1	*	b	(0)
2	uminus	c	
3	*	b	(2)
4	＋	(1)	(3)
5	＝	a	(4)

(a) 三元式

	instruction
35	(0)
36	(1)
37	(2)
38	(3)
39	(4)
40	(5)

	op	arg_1	arg_2
0	uminus	c	
1	*	b	(0)
2	uminus	c	
3	*	b	(2)
4	＋	(1)	(3)
5	＝	a	(4)

(b) 间接三元式

图 6-10　例 6-5 语句的三元式和间接三元式

三元式相对于四元式来说，更节省存储空间，但是在优化代码时，经常需要调整指令的执行顺序，这时候四元式的优势就体现出来了。使用四元式时，如果移动了一个计算临时变量 t 的指令，那些使用 t 的指令不需要做任何改变。而使用三元式时，对于运算结果的引用是通过指令的位置来实现的，因此如果改变一条指令的位置，则引用该指令的结果的所有指令都要做相应的修改。间接三元式克服了三元式的这个缺点。

间接三元式在三元式的基础上，另外设置了一个包含指向三元式的指针的列表，称为间接码表，间接码表中指针的顺序代表三元式的执行顺序。实践中可以使用数组 instruction 来实现间接码表，图 6-10(b) 就是例 6-5 语句的间接三元式表示。如果使用间接三元式，代码优化时可以通过对 instruction 中元素的重新排序来调整指令的执行顺序，但不会影响三元式本身。

6.4　赋值语句的翻译

赋值语句是高级程序设计语言的基本语句，本节讨论赋值语句的翻译方法。

1. 简单赋值语句的翻译

赋值语句一般由左部终结符号、赋值运算符、右部表达式构成，形如“id := E”。表 6-6 是翻译简单赋值语句的语法制导定义，其中用到了如下几个语义动作：

(1) lookup：参数为 id.name，检查名为 name 的 id 是否在符号表里面已存在，如果存在返回 id 的偏移地址，如果不存在返回 nil。如果返回的是 nil，说明 id 是未定义就被使用，编译器要报错；

(2) emit：生成一条三地址代码并输出，翻译过程中把 emit 输出的三地址代码按输出的顺序排列，就构成翻译结果；

(3) newtemp：返回一个临时变量。当需要临时变量时，调用 newtemp，第一次调用返回 t_1，第二次调用返回 t_2，以此类推。

E 代表表达式，E.place 表示存放 E 的值的地址，方便起见可以用名字本身代替。为区分减运算和负运算，把负运算记为“uminus”。显然表 6-6 给出的语法制导定义是 S- 属性定义，可以按自底向上的顺序翻译句子。

表 6-6　翻译简单赋值语句的语法制导定义

序号	产生式	语义规则
1	S → id := E	p := lookup(id.name) ; if p ≠ nil then 　　emit (p ‘:=’ E.place) else error
2	$E \rightarrow E_1 + E_2$	E.place := newtemp ; emit (E.place ‘:=’ E_1.place ‘+’ E_2.place)
3	$E \rightarrow E_1 * E_2$	E.place := newtemp ; emit (E.place ‘:=’ E_1.place ‘*’ E_2.place)
4	$E \rightarrow - E_1$	E.place := newtemp ; emit (E.place ‘:=’ ‘uminus’ E_1.place)
5	$E \rightarrow (E_1)$	E.place := E_1.place
6	E → id	p := lookup(id.name) ; if p ≠ nil then E.place := p else error

表 6-6 中的文法是二义的，但是可以通过确定运算符的结合性及规定运算符的优先级，避免二义性的发生，对任何一个合法的句子确定唯一的一棵分析树。

【例 6-6】 分析句子　$id_1 := id_2 * (- id_3)$。

句子的分析树如图 6-11 所示，自底向上构建该分析树，需 6 步最左归约，归约的同时执行产生式对应的语义规则，可完成翻译工作。

翻译过程如下：

(1) 用产生式“E → id”归约，首先调用 lookup，检查符号表中有没有 id_2 的表项，这里假设 id_2 在说明部分已定义，并且已登记在符号表里。获取 id_2 的偏移地址后赋给 p，这里直接用 id_2 代表偏移地址。然后计算 $E_2.place := id_2$;

(2) 用产生式“E → id”归约，调用 lookup 检查符号表中有没有 id_3 的表项，这里假设 id_3 在说明部分也已定义，并且已登记在符号表里。获取 id_3 的偏移地址后赋给 p，然后计算 $E_5.place := id_3$;

(3) 用产生式“E → - E_1”归约，调用 newtemp，返回临时变量 t_1 并赋给 E_4.place，然后调用 emit，输出一条三地址代码“t_1 := uminus id_3”;

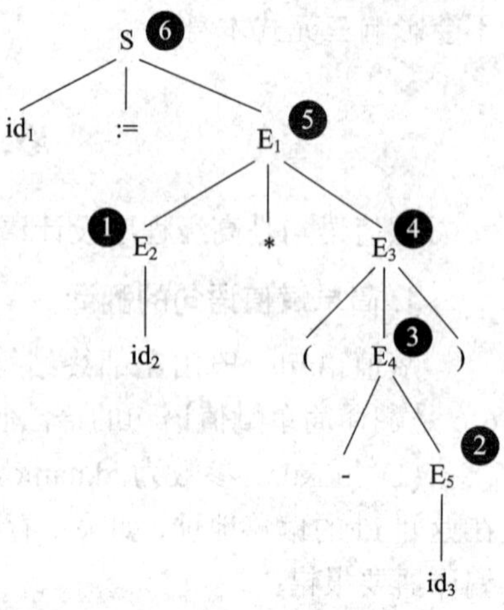

图 6-11　例 6-6 语句的自底向上翻译

(4) 用产生式“E → (E_1)”归约，计算 $E_3.place := E_4.place := t_1$;

(5) 用产生式“E → E_1 * E_2”归约，调用 newtemp，返回临时变量 t_2 并赋给 E_1.place，然后调用 emit，输出一条三地址代码“$t_2 := id_2 * t_1$”;

(6) 用产生式“S → id := E”归约，首先调用 lookup，检查符号表中有没有 id_1 的表项，获取 id_1 的偏移地址后赋给 p，然后调用 emit，输出一条三地址代码“$id_1 := t_2$”。

在翻译过程中，3 次调用 emit，输出了 3 条三地址代码：

t_1 := uminus id_3

$t_2 := id_2 * t_1$

$id_1 := t_2$

这也是最终的翻译结果。

2. 对数组的引用

在赋值语句及其他语句中经常出现对数组的引用。如何翻译包含数组引用的语句呢？

数组元素通常存储在一个连续的存储区中，在 C 和 Java 中一个具有 n 个元素的一维数组的元素是按照 0，1，…，n-1 编号的，也可以在声明时指定上下界 (low、high)。一维数组的存储方式见图 6-12。

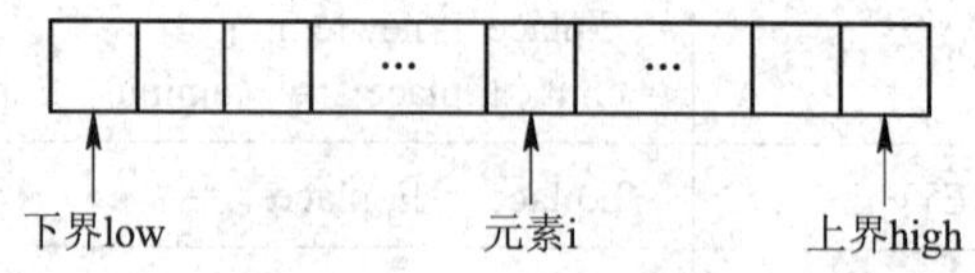

图 6-12　一维数组示例

下界的地址称为基址 (base)，元素的个数为 high − low + 1，假设数组元素的域宽为 w(存储一个数组元素需要 w 个字节)，则数组元素 A[i] 的地址可由 (6.1) 计算：

$$base + (i - low) \times w = i \times w + (base - low \times w) \quad (6.1)$$

其中，子表达式 $c = base - low \times w$ 的值可以在编译时刻计算，通常将 c 的值存放在数组名字 A 的符号表表项里，这样 A[i] 的地址也可由 $i \times w + c$ 计算。

图 6-13(a) 是一个二维数组的结构，数组名字为 A，由 n_1 行、n_2 列组成。一般地，令

二维数组第一维的上下界为：low_1、$high_1$，第二维的上下界为：low_2、$high_2$，则第一维的长度 $n_1=high_1-low_1+1$、第二维的长度 $n_2=high_2-low_2+1$。对于二维数组，不同语言采用的存储方式不同，其中 Pascal、C 语言是按行存储，Fortran 语言是按列存储。对于一个 2×3 的二维数组 A，按行存储和按列存储的示意图分别见图 6-13(b)、6-13(c)。

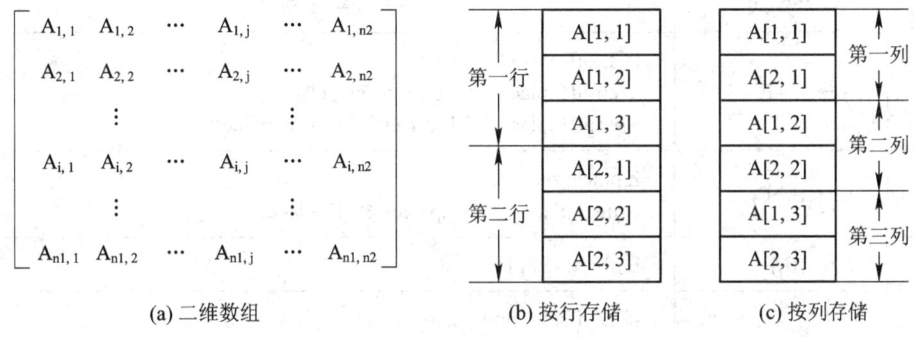

(a) 二维数组　(b) 按行存储　(c) 按列存储

图 6-13　二维数组及其存储方式

类似地，令二维数组的基址为 base，元素域宽为 w，存储方式为按行存储，则数组元素 $A[i_1，i_2]$ 的位置可由 (6.2) 计算：

$$\begin{aligned}&base + ((i_1 - low_1) \times n_2 + (i_2 - low_2)) \times w\\&\quad = (i_1 \times n_2 + i_2) \times w + (base - (low_1 \times n_2 + low_2) \times w)\end{aligned} \tag{6.2}$$

同样，子表达式 $base - (low_1\times n_2 + low_2) \times w$ 可在编译时刻计算并被存放在符号表中。

可将以上讨论推广到 k 维数组。令 k 维数组每维的下界为：low_1、low_2、…、low_k，每维的长度为：n_1、n_2、…、n_k。若采用按行存储，则数组元素 $A[i_1，i_2，…，i_k]$ 的位置可由 (6.3) 计算：

$$\begin{aligned}&((\cdots((i_1\times n_2+i_2)\times n_3+i_3)\cdots)\times n_k+i_k)\times w\\&\quad + (base - ((\cdots((low_1\times n_2+low_2)\times n_3+low_3)\cdots)\times n_k+low_k)\times w)\end{aligned} \tag{6.3}$$

同理 (6.3) 中第二行的子表达式可在编译时刻计算并被存放在符号表中。

下面讨论如何翻译包含数组引用的赋值语句。假设含数组引用的结构由如下产生式生成：

L → id | id [Elist]

Elist → Elist，E | E

非终结符号 L 的第一个候选式中的 id 是简单变量，第二个候选式中的 id 是数组名字，Elist 是数组的下标列表。非终结符号 Elist 的产生式生成下标列表，为了将下标列表 Elist 与数组名字联系起来，我们将产生式改写为：

L → id | Elist]

Elist → Elist，E | id [E

这样对于每个 Elist 可以引进一个综合属性 array，用来记录指向数组 id 在符号表中表项的指针。另外设置属性 Elist.ndim 来记录 Elist 中的下标表达式的个数，即数组的维度；函数 limit(array，j) 返回 n_j，即由 array 指向的数组的第 j 维的长度；属性 Elist.place 用来存放 Elist 中的下标表达式计算出来的值。L 有两个属性 L.place 和 L.offset。如果 L.offset 为

null，则说明 L 是一个简单变量引用，否则说明 L 是一个数组变量引用，这时候 L.offset 记录的是数组元素的偏移地址。

翻译含数组元素引用的赋值语句的语法制导定义如表 6-7 所示。

表 6-7　翻译含数组元素引用的赋值语句的语法制导定义

序号	产生式	语 义 规 则
1	S → L:=E	if L.offset=null then emit(L.place ‘:=’ E.place)； else emit(L.place ‘[’ L.offset ‘]’ ‘:=’ E.place)
2	E → E_1+E_2	E.place:=newtemp； emit(E.place ‘:=’ E_1.place ‘+’ E_2.place)
3	E → (E_1)	E.place:=E_1.place
4	E → L	if L.offset = null then E.place:=L.place else begin E.place:=newtemp； emit(E.place ‘:=’ L.place ‘[’ L.offset ‘]’) end
5	L → id	L.place:=id.place；L.offset:=null
6	L → Elist]	L.place:=newtemp； emit(L.place ‘:=’ Elist.array ‘-’ ((…((low_1 × n_2+low_2) × n_3+low_3)…) × n_k+low_k) × w)； L.offset:=newtemp； emit(L.offset ‘:=’ w ‘*’ Elist.place)
7	Elist → $Elist_1$，E	t:=newtemp； m:=$Elist_1$.ndim+1； emit(t ‘:=’ $Elist_1$.place ‘*’ limit($Elist_1$.array，m))； emit(t ‘:=’ t ‘+’ E.place)； Elist.array:=$Elist_1$.array； Elist.place:=t； Elist.ndim:=m
8	Elist → id[E	Elist.place:=E.place； Elist.ndim:=1； Elist.array:=id.place

所有语义规则中的的属性均为综合属性，因此表 6-7 为 S- 属性定义，适合自底向上的属性计算。

【例 6-7】设 A 为一个 10×20 的数组，即 n_1 = 10，n_2 = 20；并设域宽 w=4；数组的第一个元素为 A[1，1]，则有 low_1 = 1，low_2 = 1，所以 (low_1×n_2+low_2) × w = (1 × 20 + 1)×4 = 84。要求将赋值语句 x: = A[y，z] 翻译为三地址代码。

解：对句子 x:=A[y，z] 做自底向上语法分析，构造最左归约序列，同时构造语法分析树 (如图 6-14 所示)。在每步归约的同时执行产生式对应的语义规则，完成句子的翻译。

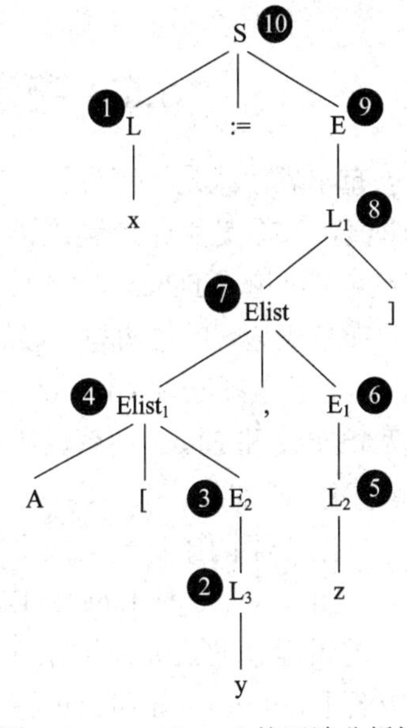

图 6-14　x:=A[y，z] 的语法分析树

翻译过程如下：

(1) 用产生式 L → id 归约。执行语义规则：

L.place := x；L.offset := null；

(2) 用产生式 L → id 归约。执行语义规则：

L_3.place := y；L_3.offset := null；

(3) 用产生式 E → L 归约。执行语义规则：

E_2.place := L_3.place := y；

(4) 用产生式 Elist → id[E 归约。执行语义规则：

$Elist_1$.place := E_2.place := y；

$Elist_1$.ndim := 1；

$Elist_1$.array := A；

(5) 用产生式 L → id 归约。执行语义规则：

L_2.place := z；L_2.offset := null；

(6) 用产生式 E → L 归约。执行语义规则：

E_1.place := L_2.place := z；

(7) 用产生式 Elist → $Elist_1$，E 归约。执行语义规则：

t := t_1；

m := $Elist_1$.ndim + 1 := 2；

emit(t_1 := y * 20)；// limit(A，2) =20，即数组 A 的第二维长度为 20。

emit(t_1 := t_1 + z)；

Elist.array := $Elist_1$.array := A；

Elist.place := t_1；

Elist.ndim := 2；

(8) 用产生式 L → Elist] 归约。执行语义规则：

L_1.place := t_2；

emit(t_2 := A - 84)；//($low_1 \times n_2 + low_2$)×w=(1×20+1)×4=84 已计算。

L_1.offset := t_3；

emit(t_3 := 4 * t_1)；

(9) 用产生式 E → L 归约。执行语义规则：E.place := t_4；emit(t_4 := t_2[t_3])；

(10) 用产生式 S → L:=E 归约。执行语义规则：emit(x := t_4)。

最后输出的三地址代码序列为：

t_1:=y*20

t_1:=t_1+z

t_2:=A-84

t_3:=4*t_1

t_4:=t_2[t_3]

x:=t_4

6.5 布尔表达式和控制流语句的翻译

布尔表达式是程序设计语言中常见的语言结构，它有两个基本作用，一个是用来计算逻辑值，一个是用作控制流语句中的条件表达式。控制流语句包括条件语句和循环语句，本节重点讨论“if-then”语句、“if-then-else”语句和“while-do”语句。

布尔表达式的结构与一般的算术表达式类似，只不过运算符和运算对象不同。布尔表达式的运算符包括 or、and、not 等，运算对象是布尔常量、布尔变量或关系表达式。布尔常量有两个：true 和 false。关系表达式形如“E_1 relop E_2”，其中 E_1 和 E_2 是算术表达式，relop 是关系运算符，包括=、<、>、<=、>=、≠ 等。关系表达式成立其值为 true，不成立其值为 false。

本节考察的布尔表达式由文法 (6.4) 生成：

E → E or E | E and E | not E | (E) | id relop id | true | false (6.4)

逻辑运算的优先级关系和结合性规则如下：or 运算优先级低于 and 运算，and 运算优先级低于 not 运算，or 和 and 是左结合的，not 是右结合的。规定了以上优先级关系和结合性，可为文法 (6.4) 的任一合法句子确定唯一的一棵分析树。

翻译布尔表达式需要考虑它在源程序中的作用。如果是为了计算逻辑值，则可以采用类似翻译算术表达式的方法来翻译布尔表达式。对于逻辑值的表示，可以直接用布尔常量 true 和 false，也可以把逻辑值数值化，如用 1 表示 true，用 0 表示 false。

例如，对于布尔表达式“a or b and not c”，根据运算优先级和结合性，可翻译为如下三地址代码序列：

t_1 := not c

t_2 := b and t_1

t_3 := a or t_2

又如，对于形如 a<b 的关系表达式，可等价地看作：

If a<b then 1 else 0

可进一步翻译为如下三地址代码序列 (假设代码序号从 100 开始)：

100：if a<b goto 103

101：t:=0

102：goto 104

103：t:=1

104：...

数值表示法翻译布尔表达式的语法制导定义如表 6-8 所示。

表 6-8 翻译布尔表达式的语法制导定义

序号	产生式	语 义 规 则
1	E → E_1or E_2	E.place := newtemp ; emit (E.place ‘:=’ E_1.place ‘or’ E_2.place)
2	E → $E_1$and E_2	E.place := newtemp ; emit (E.place ‘:=’ E_1.place ‘and’ E_2.place)

续表

序号	产生式	语 义 规 则
3	E → not E_1	E.place := newtemp ; emit (E.place ‘:=’ ‘not’ E_1.place)
4	E → (E_1)	E.place := E_1.place
5	E → id_1 relop id_2	E.place := newtemp ; emit (‘if’ id_1.place relop.op id_2.place ‘goto’, nextstat + 3); emit (E.place ‘:=’ ‘0’) ; emit (‘goto’ nextstat + 2) ; emit (E.place ‘:=’ ‘1’)
6	E → true	E.place := newtemp ; emit (E.place ‘:=’ ‘1’)
7	E → false	E.place := newtemp ; emit (E.place ‘:=’ ‘0’)

类似表 6-6 给出的翻译算术表达式的语法制导定义，这里 E.place 属性表示存放布尔表达式 E 的值的地址，可通过调用 newtemp 返回一个临时变量来代替。语义动作 emit 产生并输出三地址语句。nextstat 是一个全局变量，是输出序列中下一条三地址代码的序号，emit 每执行一次，nextstat 自动加 1。

【例 6-8】翻译如下布尔表达式：

a<b or c<d and e<f

解：基于表 6-8 中的文法，构建最左归约序列，自底向上分析该布尔表达式，同时可构建如图 6-15 所示的分析树。在构建分析树的同时，执行语义规则翻译句子。

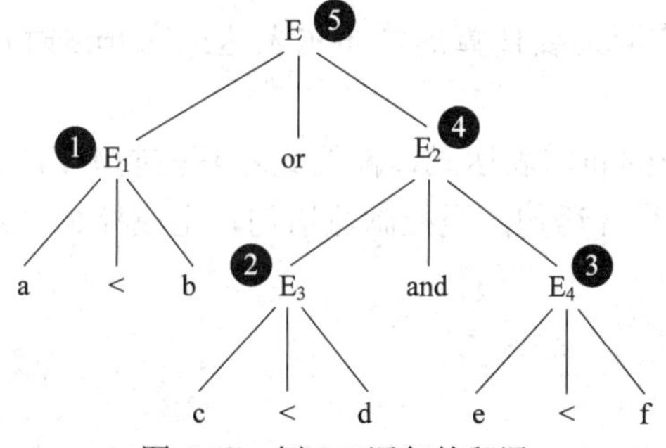

图 6-15　例 6-8 语句的翻译

假设在翻译该布尔表达式之前，已经输出了 99 条三地址代码，当前 nextstat 等于 100。翻译过程如下：

(1) 用产生式“E → id_1 relop id_2”归约，调用 newtemp，返回临时变量 t_1 并赋给 E_1.place，然后调用 emit 连续输出 4 条三地址代码：

100 if a<b goto 103

101 t_1 := 0

102 goto 104

103 t_1 := 1

(2) 用产生式“E → id_1 relop id_2”归约，调用 newtemp，返回临时变量 t_2 并赋给

E_3.place，然后调用 emit 连续输出 4 条三地址代码：

104　if c<d goto 107

105　t_2 := 0

106　goto 108

107　t_2 := 1

(3) 用产生式“E → id_1 relop id_2”归约，调用 newtemp，返回临时变量 t_3 并赋给 E_4.place，然后调用 emit 连续输出 4 条三地址代码：

108　if e<f　goto 111

109　t_3 := 0

110　goto 112

111　t_3 := 1

(4) 用产生式“E → $E_1$and E_2”归约，调用 newtemp，返回临时变量 t_4 并赋给 E_2.place，然后调用 emit 输出 1 条三地址代码：

112　t_4 := t_2 and t_3

(5) 用产生式“E → E_1or E_2”归约，调用 newtemp，返回临时变量 t_5 并赋给 E.place，然后调用 emit 输出 1 条三地址代码：

113 t_5 := t_1 or t_4

以上翻译过程输出 100 ～ 113 共 14 条三地址代码，这就是布尔表达式“a<b or c<d and e<f”的翻译结果。只要各变量的值确定，执行这个代码序列，将计算出该布尔表达式的逻辑值，最终结果存放在临时变量 t_5 中。

如果布尔表达式是作为控制流语句中的条件表达式，只计算出它的值为 true 还是为 false 是不够的，我们实际需要计算的是布尔表达式为 true 时控制流程跳转到哪里，为 false 时又跳转到哪里。

为翻译控制流语句中的布尔表达式，需要先考察控制流语句的控制流程和代码结构。本节重点讨论条件语句和循环语句两类控制流语句，生成控制流语句的文法如下：

S →　if E then S_1

　| if E then S_1 else S_2　　　　(6.5)

　| while E do S_1

其中 E 表示待翻译的布尔表达式，为 E 引入两个属性：E.true 和 E.false，分别称为 E 的真出口 (E 为 true 时要跳转到的位置) 和 E 的假出口 (E 为 false 时要跳转到的位置)。E 的另一个属性是 E.code，表示 E 翻译后得到的三地址代码的序列。S 是语句 (不仅指控制流语句)，S.code 属性表示语句 S 翻译后得到的三地址代码的序列，S.begin 属性是三地址代码的标号，标记 S 翻译后第一条三地址代码的位置，S.next 属性是三地址代码的标号，指向紧跟在 S 的三地址代码序列后面的第一条三地址代码的位置。在翻译过程中引入一个语义动作 newlabel，当需要时调用它返回一个新的符号标号，符号标号用于标记三地址代码的位置。

文法 (6.5) 生成的 3 种控制流语句的代码结构和控制流程见如图 6-16 所示。

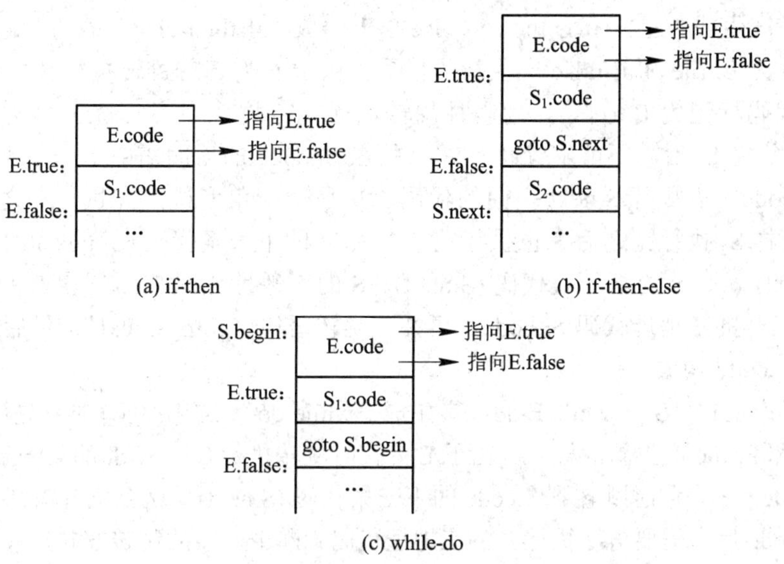

图 6-16　3 种常见控制流语句的代码结构和控制流程

分析控制流语句的语法制导定义见表 6-9。

表 6-9　翻译控制流语句的语法制导定义

序号	产生式	语 义 规 则
1	S → if E then S_1	E.true := newlabel； E.false := S.next； S_1.next := S.next； S.code := E.code ‖ gen(E.true，‘:’) ‖ S_1.code
2	S → if E then S_1 else S_2	E.true := newlabel； E.false := newlabel； S_1.next := S.next； S_2.next := S.next； S.code := E.code ‖ gen(E.true，‘:’) ‖ S_1.code ‖gen(‘goto’，S.next) ‖ gen(E.false，‘:’) ‖ S_2.code
3	S → while E do S_1	S.begin:= newlabel； E.true := newlabel； E.false := S.next； S_1.next := S.begin； S.code := gen(S.begin，‘:’) ‖ E.code ‖ gen(E.true，‘:’) ‖ S_1.code ‖ gen(‘goto’，S.begin)

第 1 条产生式“S → if E then S_1”生成“if-then”语句，翻译时首先调用 newlabel 产生一个新的符号标号作为 E.true。由于 E 为真时跳转执行 S_1，故 S_1 的第一条三地址代码标记为 E.true，E 为假时跳转到 S.code 的下一条代码 (S.next)，这个位置同时也是 S_1.next，需标记为 E.false。S 的三地址代码 S.code 由 E 的三地址代码 E.code 并上 S_1 的三地址代码 S_1.code 构成。语义动作 gen 用来输出符号串，语义规则中的符号“‖”表示符号串的并运算。

第 2 条产生式“S → if E then S_1 else S_2”生成“if-then-else”语句，翻译时首先调用 newlabel 为 E.true 和 E.false 产生新的标号。由于 E 为真时跳转执行 S_1，故 S_1 的第一条三地址代码标记为 E.true，E 为假时跳转执行 S_2，故 S_2 的第一条三地址代码标记为 E.false。执行完 S_1 后，不能继续执行 S_2，故在 S_1.code 的后面需跟上一条无条件跳转指令跳过 S_2.code，去执行 S.next 指向的代码。从另一个角度讲，S_1 执行完之后 S 也就执行完了，同样 S_2 执行完之后 S 也执行完了，故 S_1 的下一条代码 (S_1.next) 和 S_2 的下一条代码 (S_2.next) 就是 S 的下一条代码 (S.next)。S 的三地址代码 S.code 由 E 的三地址代码 E.code 并上 S_1 的三地址代码 S_1.code，再并上跳转语句“goto S.next”，最后并上 S_2 的三地址代码 S_2.code 构成。

第 3 条产生式“S → while E do S_1”生成“while-do”语句，翻译时首先调用 newlabel 为 S.begin 和 E.true 产生新的标号。由于 E 为真时跳转执行 S_1，故 S_1 的第一条三地址代码标记为 E.true，E 为假时跳转到 S.code 的下一条代码 (S.next)，这个位置需标记为 E.false。执行完 S_1.code 后，需要再次执行 E 的三地址代码判断下一步的跳转方向，故在 S_1.code 的后面需跟上一条无条件跳转指令跳转到 S.begin。换个角度来说，S_1 的下一条代码 (S_1.next) 就是 S.begin 标记的这条代码。S 的三地址代码 S.code 由 E 的三地址代码 E.code 并上 S_1 的三地址代码 S_1.code，再并上跳转语句“goto S.begin”构成。

根据属性计算方法，考察表 6-9 中语法制导定义各属性的性质，可知 E.true、E.false、S.next 和 S.begin 均为继承属性，E.code 和 S.code 为综合属性。其中继承属性的计算均满足 L- 属性定义的要求，故表 6-9 中语法制导定义是 L- 属性定义。为翻译句子，可将该语法制导定义改写为一个适合以深度优先顺序计算属性的翻译模式，如图 6-17 所示。

```
S → if {E.true := newlabel; E.false := S.next;}
      E
      then {S1.next := S.next;}
      S1 {S.code := E.code || gen(E.true, ':') || S1.code}
S → if {E.true := newlabel; E.false := newlabel;}
      E
      then {S1.next := S.next;}
      S1
      else {S2.next := S.next;}
      S2 {S.code := E.code || gen(E.true, ':')
      || S1.code || gen('goto', S.next)
      || gen(E.false, ':') || S2.code}
S → while {S.begin:= newlabel; E.true := newlabel;
             E.false := S.next;}
      E
      do {S1.next := S.begin;}
      S1 {S.code := gen(S.begin, ':') || E.code
               || gen(E.true, ':') || S1.code || gen('goto',
S.begin)}
```

图 6-17 控制流语句的翻译模式

下面讨论控制流语句中布尔表达式的翻译。控制流语句中的布尔表达式 E 可翻译为一系列的条件转移和无条件转移三地址代码语句，这些转移语句的目标要么是其真出口 (E.true)，要么是其假出口 (E.false)。首先分析一下 or、and 、not 的运算规则。

(1) 对于布尔表达式“$E = E_1$or E_2”，若 E_1 为 true，则整个 E 为 true，若 E_1 为 false，则还需考察 E_2；E_1 为 false 情况下若 E_2 为 true，则 E 还是 true，若 E_2 为 false，E 才为 false。E 的代码结构及 E 与 E_1、E_2 真假出口之间的关系如图 6-18(a) 所示。

(2) 对于布尔表达式“$E = E_1$and E_2”，若 E_1 为 true，则还需考察 E_2，若 E_1 为 false，则整个 E 为 false；E_1 为 true 情况下若 E_2 同时为 true，则整个 E 为 true，若 E_2 为 false，E 也为 false。E 的代码结构及 E 与 E_1、E_2 真假出口之间的关系如图 6-18(b) 所示。

(3) 对于布尔表达式“E = not E_1”，若 E_1 为 true，则 E 为 false；若 E_1 为 false，则 E 为 true。E 的代码与 E_1 的代码相同，只不过它们的真假出口需要互换，如图 6-18(c) 所示。

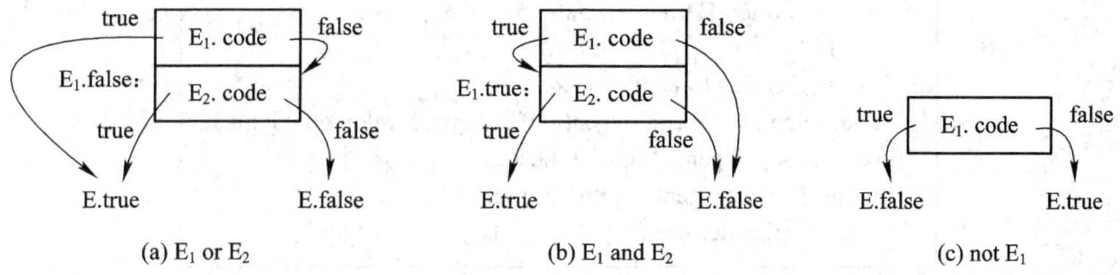

(a) E_1 or E_2　(b) E_1 and E_2　(c) not E_1

图 6-18　含 or、and 、not 运算的布尔表达式分析

翻译控制流语句中布尔表达式的语法制导定义如表 6-10 所示。

表 6-10　翻译布尔表达式的语法制导定义

序号	产生式	语 义 规 则
1	$E \rightarrow E_1$or E_2	E_1.true:=E.true ；　E_1.false:=newlable ； E_2.true:=E.true ；　E_2.false:=E.false ； E.code:=E_1.code ‖ gen(E_1.false ‘:’) ‖ E_2.code
2	$E \rightarrow E_1$and E_2	E_1.true:=newlable ；E_1.false:=E.false ； E_2.true:=E.true ；　E_2.false:=E.false ； E.code:=E_1.code ‖ gen(E_1.true ‘:’) ‖ E_2.code
3	$E \rightarrow$ not E_1	E_1.true:=E.false ；E_1.false:=E.true E.code:=E_1.code
4	$E \rightarrow (E_1)$	E_1.true:=E.true ；　E_1.false:=E.false ； E.code:=E_1.code
5	$E \rightarrow id_1$ relop id_2	E.code:=gen(‘if’ id_1.place relop.op id_2.place ‘goto’ E.true) ‖ gen(‘goto’ E.false)
6	$E \rightarrow$ true	E.code:=gen(‘goto’ E.true)
7	$E \rightarrow$ false	E.code:=gen(‘goto’ E.false)

表 6-10 中的语法制导定义也是 L- 属性定义，可转换为一个适合深度优先计算属性值的翻译模式，见图 6-19。

$E \to$ $\{E_1.true:=E.true;\quad E_1.false:=newlable;\}$
　　E_1
　　or $\{E_2.true:=E.true;\quad E_2.false:=E.false;\}$
　　E_2 $\{E.code:=E_1.code \parallel gen(E_1.false$ ':' $) \parallel E_2.code\}$
$E \to$ $\{E_1.true:=newlable;\quad E_1.false:=E.false;\}$
　　E_1
　　and $\{E_2.true:=E.true;\quad E_2.false:=E.false;\}$
　　E_2 $\{E.code:=E_1.code \parallel gen(E_1.true$ ':' $) \parallel E_2.code\}$
$E \to$ not $\{E_1.true:=E.false;\quad E_1.false:=E.true;\}$
　　E_1 $\{E.code:=E_1.code\}$
$E \to$ ($\{E_1.true:=E.true;\quad E_1.false:=E.false;\}$
　　E_1
　　) $\{E.code:=E_1.code\}$
$E \to id_1$ relop id_2 {E.code:=gen('if' id_1.place relop.op id_2.place
'goto' E.true) ‖ gen('goto' E.false)}
$E \to$ true {E.code:=gen('goto' E.true)}
$E \to$ false {E.code:=gen('goto' E.false)}

图 6-19　控制流语句中布尔表达式的翻译模式

【例 6-9】 用图 6-19 中的翻译模式翻译如下布尔表达式：

a<b or c<d and e<f

解： 首先对句子作语法分析，将 {} 括起来的语义规则作为终结符号加入到语法分析中，并构建带语义结点的分析树，见图 6-20。

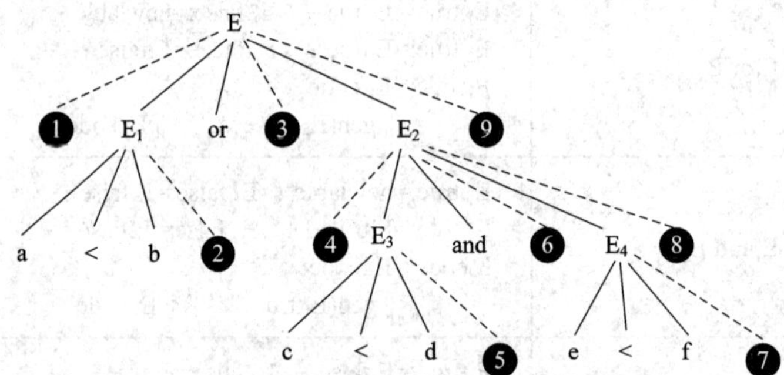

图 6-20　例 6-9 中句子带语义结点的分析树

分析树中共有 9 个语义结点，按深度优先的顺序对语义结点进行排序，并按这个顺序执行语义结点中的语义规则（假设 E 的真、假出口分别为 Ltrue 和 Lfalse）：

(1) E_1.true := E.true := Ltrue；newlable 第一次调用返回 L_1，故 E_1.false := L_1。

(2) E_1.code := { if a<b goto Ltrue
　　　　goto L_1 }

(3) E_2.true := E.true := Ltrue；E_2.false := E.false := Lfalse。

(4) newlable 第二次调用返回 L_2，故 E_3.true := L_2；E_3.false := E_2.false := Lfalse。

(5) E_3.code := { if c<d goto L_2
　　　　goto Lfalse }

(6) E_4.true := E_2.true := Ltrue；E_4.false := E_2.false := Lfalse。

(7) E_4.code := { if e<f goto Ltrue
　　　　　　goto Lfalse }

(8) E_2.code := { (E_3.code)
　　　　　　L_2:(E_4.code) }

(9) E.code := { (E_1.code)
　　　　　　L_1:(E_2.code) }

将 E.code 展开得如下翻译结果：

```
if a<b goto Ltrue
   goto L1
L1: if c<d goto L2
   goto Lfalse
L2: if e<f goto Ltrue
   goto Lfalse
```

【例 6-10】 用图 6-17 和图 6-19 中的翻译模式翻译如下控制流语句：

```
while a<b do
  if c<d then x:=y+z
  else x:=y-z
```

解：对句子作语法分析，得到带语义结点的分析树，如图 6-21 所示。

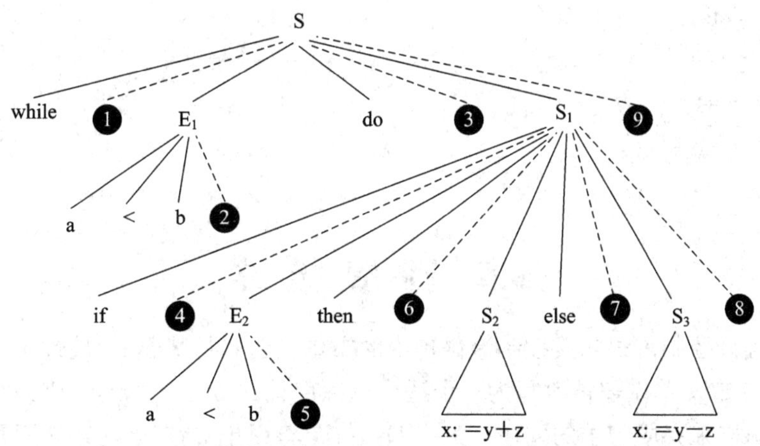

图 6-21　例 6-10 中句子带语义结点的分析树

这里只关注控制流语句及作为条件表达式的布尔表达式的翻译，对赋值语句 x:=y+z 和 x:=y-z 可采用上一节介绍的语法制导定义来翻译，假设翻译结果已记录在 S_2.code 和 S_3.code 中。按深度优先顺序计算各结点属性值，过程如下：

(1) S.begin := L_1；E_1.true := L_2；E_1.false := S.next。

(2) E_1.code := { if a<b goto L_2
　　　　　　goto S.next }

(3) S_1.next := L_1

(4) E_2.true := L_3；E_2.false := L_4

(5) E_2.code := { if c<d goto L_3
goto L_4 }

(6) S_2.next := S_1.next

(7) S_3.next := S_1.next

(8) S_1.code := { (E_2.code)
L_3 : (S_2.code)
goto L_1
L_4 : (S_3.code) }

(9) S.code := { L_1 : (E_1.code)
L_2 : (S_1.code)
goto L_1 }

将 S.code 展开得到翻译结果如下：

L_1：if a<b goto L_2
goto Lnext
L_2：if c<d goto L_3
goto L_4
L_3：t_1:=y+z
x:=t_1
goto L_1
L_4：t_2:=y-z
x:=t_2
goto L_1
Lnext:

6.6 回 填 技 术

上一节翻译控制流语句及控制流语句中的布尔表达式是基于 L- 属性定义的。要翻译句子，L- 属性定义首先需被改写为一个适合以深度优先顺序计算属性值的翻译模式，然后通过两遍扫描来完成句子的翻译。第一遍扫描是将用 {} 括起来的语义规则作为产生式中的终结符号来对句子作语法分析，获得带语义结点的分析树；第二遍扫描是对带语义结点的分析树做深度优先的遍历，遍历过程中访问到语义结点时，执行语义结点对应的语义规则来计算属性完成句子的翻译。对于只包含综合属性的 S- 属性定义，语法分析和语义分析是在同一遍实现的，翻译句子只需要一遍扫描就可以完成，显然效率更高。

能否基于 S- 属性定义通过一遍扫描来翻译控制流语句及控制流语句中的布尔表达式呢？一遍扫描完成翻译的难点在哪里呢？通过一遍扫描来获得布尔表达式和控制流语句的三地址代码的主要问题在于，当生成某些转移语句时还无法确定该语句将要转移到的位置，即布尔表达式（或子表达式）的真、假出口可能还不知道在哪里。要解决这个问题可以考虑先暂时生成不带转移标号的转移语句。对每条这样的转移语句先记录下来，一旦转移目标确定，再根据记录将转移标号“回填”到相应的转移语句中。

表 6-11 是一个翻译控制流语句中布尔表达式的 S- 属性定义，其中为每个表达式 E 引入了两个属性：

(1) E.truelist(E 的真链)：一个指针，指向一个语句标号的链表，这些语句标号指向的都是需要填上表达式 E 的真出口的转移语句。

(2) E.falselist(E 的假链)：一个指针，指向一个语句标号的链表，这些语句标号指向的都是需要填上表达式 E 的假出口的转移语句。

在翻译过程中，当 E 的真、假出口确定之后，可以根据其真链和假链进行回填。nextquad 是一个全局变量，标记的是下一条三地址代码的地址 (假设三地址代码用四元式来实现)。M 是一个标记非终结符号，引入 M 的目的是为了引进语义动作为 M.quad 赋值。M.quad 标识 E_2 的第一条三地址语句的位置。用到了几个语义动作：

(1) makelist(i)：建立新链表，然后返回新链表的指针。新建链表只包含 i 这一个语句标号。

(2) merge(p_1，p_2)：合并由指针 p_1 和 p_2 所指向的两个链表，返回结果链表的指针。

(3) backpatch(p，i)：用目标标号 i 回填 p 所指链表中记录的每一个语句标号指向的转移语句。

(4) emit(S)：产生一条三地址语句 S，变量 nextquad 递增 1。

表 6-11　一遍扫描翻译布尔表达式的语法制导定义

序号	产生式	语 义 规 则
1	$E \to E_1$ or M E_2	backpatch (E_1.falselist，M.quad) ; E.truelist := merge (E_1.truelist，E_2.truelist) ; E.falselist := E_2.falselist
2	$E \to E_1$ and M E_2	backpatch (E_1.truelist，M.quad) ; E.truelist := E_2.truelist ; E.falselist := merge (E_1.falselist，E_2.falselist)
3	$E \to$ not E_1	E.truelist := E_1.falselist ; E.falselist := E_1.truelist
4	$E \to (E_1)$	E.truelist := E_1.falselist ; E.falselist := E_1.truelist
5	$E \to id_1$ relop id_2	E.truelist := makelist (nextquad) ; E.falselist := makelist (nextquad + 1) ; emit (‘if’ id_1.place relop.op id_2.place ‘goto_’) ; emit (‘goto_’)
6	$M \to \varepsilon$	M.quad := nextquad
7	$E \to$ true	E.truelist := makelist (nextquad) ; emit (‘goto_’)
8	$E \to$ false	E.falselist := makelist (nextquad) ; emit (‘goto_’)

【例 6-11】用表 6-10 翻译以下句子：

a<b or c<d and e<f

假设变量 nextquad 的当前值是 100，已知 E 的真、假出口分别是 L_1 和 L_2。

解：采用自底向上语法分析方法对句子作语法分析，构建如图 6-22 所示的分析树。在每一步最左归约的同时，执行产生式对应的语义规则。

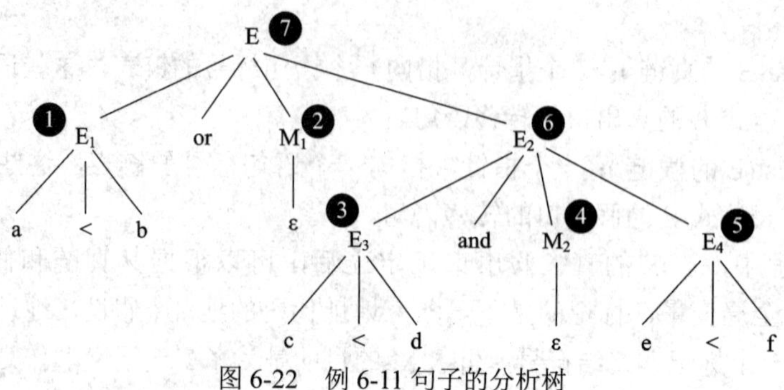

图 6-22　例 6-11 句子的分析树

(1) 用产生式“E → id_1 relop id_2”归约，计算：

E_1.truelist := makelist (nextquad) := { 100 } ;

E_1.falselist := makelist (nextquad + 1) := { 101 } ;

emit (‘if a<b goto_’) ;

emit (‘goto_’)

(2) 用产生式“M → ε”归约，计算：

M_1.quad := 102

(3) 用产生式“E → id_1 relop id_2”归约，计算：

E_3.truelist := makelist (nextquad) := { 102 } ;

E_3.falselist := makelist (nextquad + 1) := { 103 } ;

emit (‘if c<d goto_’) ;

emit (‘goto_’)

(4) 用产生式“M → ε”归约，计算：

M_2.quad := 104

(5) 用产生式“E → id_1 relop id_2”归约，计算：

E_4.truelist := makelist (nextquad) := { 104 } ;

E_4.falselist := makelist (nextquad + 1) := { 105 } ;

emit (‘if e<f goto_’) ;

emit (‘goto_’)

(6) 用产生式“E → E_1 and M E_2”归约，计算：

backpatch ({ 102 }，104) ;

E_2.truelist := E_4.truelist := { 104 } ;

E_2.falselist := merge (E_3.falselist，E_4.falselist) := { 103，105 }

(7) 用产生式“E → E_1 or M E_2”归约，计算：

backpatch ({ 101 }，102) ;

E.truelist := merge (E_1.truelist，E_2.truelist) := { 100，104 } ;

E.falselist := E_2.falselist := { 103，105 }

在翻译过程中，(6)、(7) 两步分别将 104 回填到 102 这条转移语句，将 102 回填到 101 这条转移语句。在第 (7) 步计算出 E 的真链包含 100 和 104 两个语句标号，因此一旦 E 的真出口 (当前假设为 L_1) 确定将回填到这两条语句中，计算出 E 的假链包含 103 和 105 两个语句标号，因此一旦 E 的假出口 (当前假设为 L_2) 确定将回填到这两条语句中。

翻译得到的三地址代码如下：

100：if a<b goto L_1
101：goto 102
102：if c<d goto 104
103：goto L_2
104：if e<f goto L_1
105：goto L_2

类似地可以采用“回填”技术通过一遍扫描翻译控制流语句，语法制导定义见表 6-12。其中 L 表示语句列表 (复合语句)，A 表示赋值语句。M 是一个标记非终结符号，引入 M 的目的是为了用 M.quad 标识它后面的 E 或 S 的第一条三地址代码的位置。N 也是一个引入的标记非终结符号，为了在 S_1 的最后产生一条转移语句跳过 S_2 的代码。

表 6-12　一遍扫描翻译控制流语句的语法制导定义

序号	产生式	语 义 规 则
1	S → if E then M_1 S_1 N else M_2 S_2	backpatch (E.truelist，M_1.quad) ; backpatch (E.falselist，M_2.quad) ; S.nextlist := merge (S_1.nextlist，merge (N.nextlist，S_2.nextlist))
2	N → ε	N.nextlist := makelist (nextquad) ; emit (‘goto_’)
3	M → ε	M.quad := nextquad
4	S → if E then M S_1	backpatch (E.truelist，M.quad) ; S.nextlist := merge (E.falselist，S_1.nextlist)
5	S → while M_1 E do M_2 S_1	backpatch (S_1.nextlist，M_1.quad) ; backpatch (E.truelist，M_2.quad) ; S.nextlist := E.falselist ; emit (‘goto’ M_1.quad)
6	S → begin L end	S.nextlist := L.nextlist
7	S → A	S.nextlist := makelist ( )
8	L → L_1 ; M S	backpatch (L_1.nextlist，M.quad) ; L.nextlist := S.nextlist

为 S、L、N 分别引入 nextlist 属性，S.nextlist 指向一个语句标号的链表，相应的语句将控制流程转移到紧接着语句 S 之后要执行的代码处，L.nextlist 的意义也类似。N.nextlist 指向一个语句标号链表，链表中只包含一个 N 的语义规则所生成的转移语句的标号。

【例 6-12】用表 6-12 翻译以下句子：

if (a<b or c<d and e<f) then A_1 else A_2

假设全局变量 nextquad 的当前值是 100。

解：分析树的框架如图 6-23 所示。翻译过程如下：

(1) 如例 6-11 翻译 a<b or c<d and e<f，得到如下代码：

100：if a<b goto _

101：goto 102

102：if c<d goto 104

103：goto _

104：if e<f goto _

105：goto _

同时有：

E.truelist := { 100，104 }

E.falselist := { 103，105 }

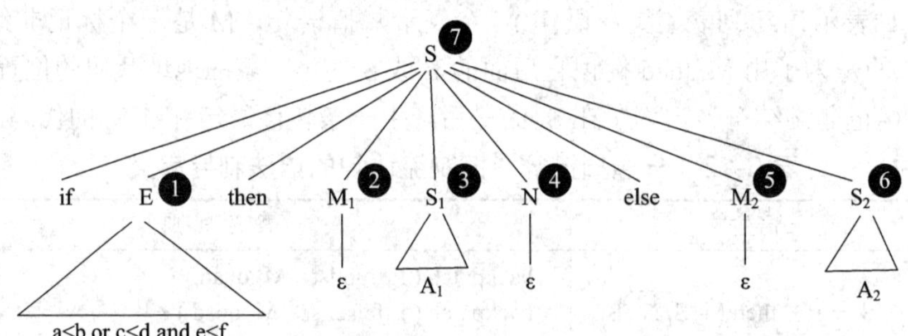

图 6-23　例 6-12 句子的分析树

(2) 用产生式"M → ε"归约，计算：

M_1.quad := 106

M_1.quad 标记了 S_1 即赋值语句 A_1 的第一条三地址代码的位置。

(3) 分析 A_1。赋值语句的翻译在 6.4 节作了介绍，假设分析 A_1 得到 10 条三地址代码：

106：…

… (A_1 的三地址代码)

115：…

同时计算：S_1.nextlist := makelist ( ) := { }

(4) 用产生式"N → ε"归约，计算：

N.nextlist := makelist (nextquad) := { 116 }；

同时输出一条三地址代码：

116：goto _

(5) 用产生式"M → ε"归约，计算：

M_2.quad := 117

M_2.quad 标记了 S_2 即赋值语句 A_2 的第一条三地址代码的位置。

(6) 分析 A_2，假设得到 10 条三地址代码：

117：…

⋮ (A_2 的三地址代码)

126：…

同时计算：S_2.nextlist := makelist ( ) := { }

(7) 用产生式“S → if E then M_1 S_1 N else M_2 S_2”归约，执行 backpatch ({ 100，104 }，106)，将布尔表达式的真出口回填到代码 100、104 中；backpatch ({ 103，105 }，117)，将布尔表达式的假出口回填到代码 103、105 中。同时计算：

S.nextlist := merge (S_1.nextlist，merge (N.nextlist，S_2.nextlist))

:= { 116 }

全部的翻译结果如下：

100：if a<b goto 106

101：goto 102

102：if c<d goto 104

103：goto 117

104：if e<f goto 106

105：goto 117

106：…

⋮ (A_1 的三地址代码)

115：…

116：goto _

117：…

⋮ (A_2 的三地址代码)

126：…

在翻译 S 后面的语句时，若确定了下一条三地址代码的标号，则需将该标号回填到 S.nextlist 中语句标号指向的代码，即在第 116 条代码中回填上语句标号 127。

6.7 小　　结

语义分析和中间代码生成在逻辑上是两个相互独立的编译步骤，但是由于它们在实现时基本上都是采用同一种技术——语法制导翻译技术，于是在构造编译器过程中往往将语义分析和中间代码生成作为一“遍”来实现。静态语义检查是语义分析的重要内容，包括类型检查、控制流检查、唯一性检查等。只要源程序语句中存在包含运算对象的结构，就需要进行类型检查，以判断数据对象在当前位置上是不是类型合法的。类型检查及其他的静态语义检查均可以基于语法制导翻译技术来实现。源程序中的语句分为可执行语句和非可执行语句，赋值语句、条件语句、循环语句等是可执行语句，而说明语句是不可执行语句，因为说明语句不是用来完成各类运算和数据处理的，在生成的中间代码和目标代码中也没有与说明语句对应的代码段。说明语句的作用是声明在程序中要用到的变量名、常量名和过程名等。处理说明语句时需要获取这些名字的属性值并把它们存入符号表中。对于各种可执行语句，都可以通过精心设计语法制导定义来实现到中间代码的等价变换，而且每种语句都可以有多个翻译方案。基于 S- 属性定义翻译句子时可以结合句子的自底向上语法分析，通过一遍扫描完成句子的语法分析和语义分析。而基于 L- 属性定义翻译句子时需要将语法分析和语义分析分开进行，第一遍做语法分析获得带语义结点的分析树，第二遍对分析树做深度优先的遍历按顺序执行语义结点中的语义规则完成句子的翻译。本章的重点是理解掌握语义分析和中间代码生成中的各项任务及其基于语法制导翻译技术的实现方法，包括类型检查、说明语句处理、赋值语句翻译和控制流语句翻译等。尤其是理解控制流语句及作为控制流语句的控制条件的布尔表达式的两种不同翻译方法：一种是基于 L- 属性定义的两遍扫描方法；另一种是基于回填技术的一遍扫描方法。本章只是给出了几种典型语句的有限的几个翻译方案，要求读者通过学习本章示例，融会贯通、举一反三，能自行设计处理高级语言其他常见语句的翻译模式。

习　题

6.1　翻译算术表达式 −(a + b) * (c + d)+(a + b + c) 为：

(1) 四元式；(2) 三元式；(3) 间接三元式

6.2　假设 G[D] 是某个语言用于生成变量类型说明的文法：

D → id L

L → ,id L | ; T

T → integer | real

构造一个翻译方案，仅使用综合属性，把每个标识符的类型填入符号表中。

6.3　基于图 6-19 中的翻译模式翻译如下布尔表达式：

a > b or not (c > d and e < f)

6.4　基于图 6-17 和图 6-19 中的翻译模式翻译如下控制流语句：

```
if  a>b  then
        while  c>d  do
           d := d+1
        else
           x := y-z
```

6.5　采用回填技术翻译如下布尔表达式（参见表 6-11 中的语法制导定义）：

not (a < b) and c < d

6.6　采用回填技术翻译如下控制流语句（参见表 6-11 和表 6-12 中的语法制导定义）：

while not (a < b) and c < d do A_1

假设：全局变量 nextquad 的当前值是 100，A_1 生成 10 条三地址代码。

6.7　参考教材中 while 语句的翻译方法，给出 repeat S until E 的翻译模式。

第7章 代码优化

代码优化的目的是获取高质量的目标代码，一个实际的编译器在翻译源程序过程中通常包含多遍优化。本章主要讨论与机器无关的面向中间代码的优化技术，首先介绍代码优化的定义及分类，然后通过一个实例来说明可以从哪些方面对中间代码进行优化。介绍了基本块的概念及基本块划分算法，以及基于基本块DAG表示的局部优化方法。中间代码优化的重点是循环优化，介绍了在控制流程图构建和回边检测基础上的循环体查找算法。确定循环体之后可以寻找循环不变计算、执行代码外提对循环进行优化。最后简单介绍了数据流信息相关的几个概念及全局优化问题。

7.1 代码优化概述

代码优化指在编译时为了改进目标程序的质量而进行的各项工作，包含代码优化模块的编译器又称为优化编译器。改进目标程序的质量包括提高目标程序的时间效率和空间效率，时间效率体现为生成的目标代码的运行时间的长短，空间效率体现为目标代码在运行时占用的内存空间的大小，代码优化的目的就是希望最终生成的目标代码运行时间尽可能短，占用的存储空间尽可能小。代码优化可以在中间代码生成之后针对中间代码进行，也可以在目标代码生成之后针对目标代码进行，如图7-1所示。

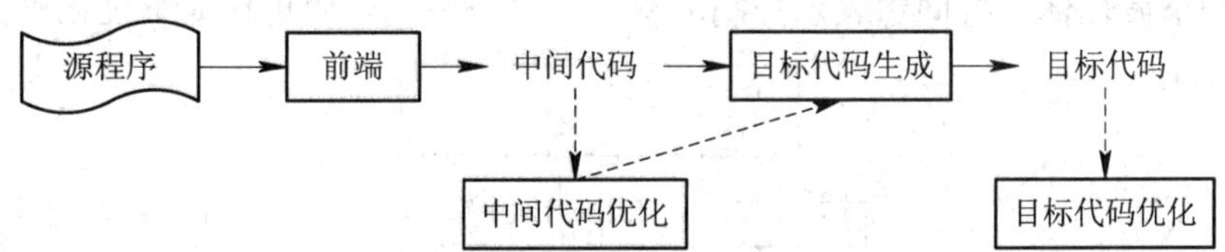

图7-1 代码优化的阶段

代码优化是对代码的等价变换，即代码优化前和优化后的语义是一样的，描述的算法是一样的，不能改变程序对给定输入的输出，也不能引起源程序出现新的错误。另外代码优化需要花费额外的成本，这个成本包括构造优化编译器增加的成本和编译源程序过程中增加的时间与空间成本。代码优化所花的额外成本应该能够从目标程序的运行中得到补偿，否则代码优化就是得不偿失的，没有意义的。

代码优化涉及的范围非常广泛，编译过程各阶段、各环节可采用的优化技术非常多。根据优化是否和目标代码最终的运行机器相关，可以将代码优化分为两类：

(1) 和目标机器相关的优化：即针对目标代码的优化。这类优化需要考虑目标机器的体系结构、CPU及其指令系统等，优化内容包括寄存器优化、多处理器优化、特殊指令优化、无用指令消除等。

(2) 与目标机器无关的优化：即针对中间代码的优化。由于中间语言的通用性，不同编译器可采用同一个中间语言作为源程序的中间表示，针对中间代码与机器无关的优化更具有普遍意义，可以应用于各种物理平台上优化编译器的构造。本章重点讨论与机器无关的优化。

根据优化的代码范围中间代码优化又可以分为：局部优化、循环优化和全局优化，如图 7-2 所示。

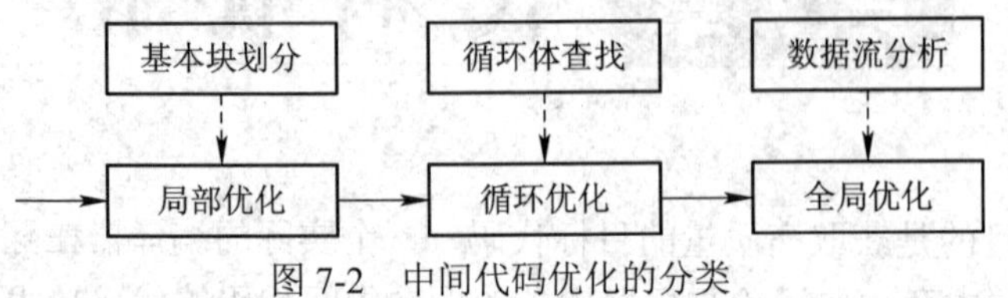

图 7-2　中间代码优化的分类

(1) 局部优化：面向程序基本块。基本块是程序运行时一个不可分割的代码序列。要做局部优化先要将中间代码划分为一个一个的基本块。

(2) 循环优化：面向循环体。循环体是程序的一次运行过程中可能被反复执行到的基本块集合。要做循环优化首先需要在程序流图的基础上，分析程序的控制流程，识别循环体。

(3) 全局优化：面向整个程序。需要进行数据流信息的收集，包括到达–定值、活跃变量与可用表达式等反映程序中变量值的获得和使用情况的数据流信息。

下面通过一个例子来说明中间代码优化的常见内容。

【例 7-1】 考察如下源程序的片段：

```
P := 0
for I := 1 to 20 do
    P := P + A[I] * B[I] ;
```

假设每个数组元素占 4 个字节，将以上源代码翻译为三地址代码，代码序列如图 7-3 所示。代码共有 12 条，其中 (1) ～ (2) 构成独立的一部分 B_1，(3) ～ (12) 构成另一部分 B_2，B_2 是一个循环体，有向边表示控制流程。对这段中间代码可作如下优化操作。

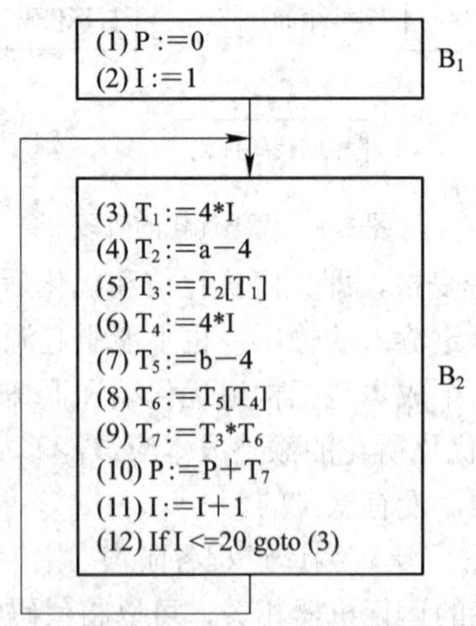

图 7-3　例 7-1 程序的中间代码

(1) 删除多余运算。在表达式或者相关语句中可能出现完全相同的子表达式，称为公共子表达式。公共子表达式的每次出现其计算结果都是相同的，每次都去做计算是没有必要的。图 7-3 代码段中，“4 * I”在 (3)、(6) 中都出现了，它就是一个公共子表达式。为优

化代码可以将 (6) 等价变换为“$T_4 := T_1$”。

(2) 代码外提。代码外提主要针对循环体。由于循环体在程序运行过程中可能被反复执行，因此减少循环体的代码数量可以提升整个程序的执行效率。有一类所谓的循环不变运算 (即计算结果独立于循环次数的运算) 没有必要放在循环体里面每次都去执行，可以提到循环外面，做一次运算就可以了。例中代码 (4) 和 (7) 都是循环不变运算，可以从循环体 B_2 中提到 B_1 中去执行。

(3) 强度削弱。对于 CPU 来说，各种运算的强度是不一样的。例如一般的通用 CPU 做乘法运算需要先将其转化为加法，因此乘法的运算强度比加法的运算强度要高。在代码中如果有选择应该尽量采用强度低的运算。例中 T_1 与 I 是线性关系，每做一次循环，T_1 递增 4 。可以将 (3) 外提，用一次乘法运算计算 T_1 的初值，然后在 (12) 前增加一条代码“$T_1 := T_1 + 4$”，用加法运算替换乘法运算。

(4) 变换循环控制条件。代码 (12) 中的“I <= 20”是循环控制条件，I 与 T_1 之间是一种线性关系 ($T_1 := 4 * I$)，可以将循环控制条件变换为“$T_1 <= 80$”。虽然这步变换本身没有对代码进行优化，但是可以为后续的其他代码优化作准备。

(5) 合并已知量与复写传播。T_1 的初值在编译时就可以计算出来，故可将 (3) 直接写为“$T_1 := 4$”，这类操作称为合并已知量。T_4 等于 T_1，于是 (8) 可以改写为“$T_6 := T_5[T_1]$”，这类变换称为复写传播。

(6) 删除无用代码。经过前面几步的优化后，发现 T_4 在代码段中没有被引用，I 作为控制条件的作用已被 T_1 替代，若同时已知 T_4 和 I 在程序的后面未被引用，那么 T_4 和 I 的相关赋值语句 (2)、(6) 和 (11) 可以删除。另外有一些在执行过程中永远无法被执行到的代码，称为死代码。删除死代码不会对程序的运行结果造成影响。

图 7-3 代码段经过优化之后变换为如图 7-4 所示的代码段。优化之后的代码从 12 条减少为 10 条，更有意义的是循环体的代码由 10 条减少为 6 条，这将大大提升代码的执行效率。

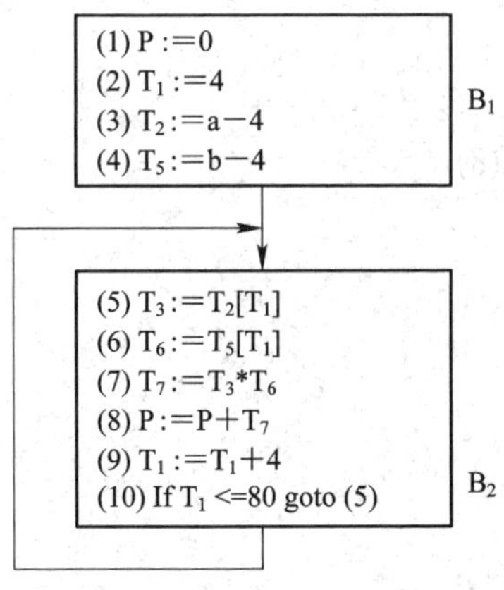

图 7-4　优化后的中间代码

7.2　基本块与局部优化

基本块是三地址代码形式的程序中的一个连续的代码序列，执行的时候从一个称为入口语句的代码进入，从一个称为出口语句的代码退出。每一个基本块的入口语句和出口语句都是唯一的。基本块在程序执行的时候是一个不可分割的整体，基本块中的语句要么同时被执行，要么都不执行。对于一个给定的三地址代码形式的程序，可以把它划分为一个个的基本块，针对基本块的优化称为局部优化。

基本块划分包括两个步骤：第一个步骤是查找程序中所有的入口语句；第二个步骤是确定每个入口语句中对应基本块的代码。

程序中满足以下条件之一的都是入口语句：

(1) 程序的第一条代码。

(2) 转移语句的目标语句。

(3) 紧跟在条件转移语句后面的语句。

查找出程序中所有的入口语句之后，可以按如下步骤为每一个入口语句构造基本块：

(1) 入口语句是基本块的第一条语句。

(2) 从该入口语句出发，顺次往下查找，到达下一个入口语句 (不包括这一入口语句)，或到达一个转移语句 (包括该转移语句)，或到达一个停语句 (包括该停语句) 之间的代码序列构成基本块。

凡是未被纳入某一基本块的语句，都是程序中控制流程无法到达的语句，可以删除。删除无用代码本身就是对代码进行优化。

考察图 7-3 的例子，(1) 是程序第一条代码，是入口语句，(3) 是 (12) 这条转移语句的目标语句，也是入口语句。从 (1) 出发，顺次往下查找，到达 (3) 这条入口语句，不含 (3)，(1) ～ (2) 构成第一个基本块 B_1，从 (3) 出发往下查找，到达转移语句 (12)，(3) ～ (12) 构成第二个基本块 B_2。

再看一个例子。

【例 7-2】考察如下程序，把它划分为基本块。

```
(1) read x
(2) read y
(3) r := x mod y
(4) if r = 0 goto (8)
(5) x := y
(6) y := r
(7) goto (3)
(8) write y
(9) halt
```

解：入口语句有 4 条：

(1) 程序第一条语句 (1)；

(2) 转移语句的目标语句 (3)；

(3) 条件转移语句的下一条语句 (5)；

(4) 转移语句的目标语句 (8)。

根据基本块划分方法，(1) ～ (2) 构成第一个基本块 B_1，(3) ～ (4) 构成第二个基本块 B_2，(5) ～ (7) 构成第三个基本块 B_3，(8) ～ (9) 构成第四个基本块 B_4。

下面讨论基于基本块的 DAG 表示来实现基本块优化的方法。DAG(Directed Acyclic Graph) 是有向图的一种，DAG 不允许存在回路，因此被称为有向无环图。可以通过将基本块转换为一个 DAG 表示，并在此基础上重写代码来实现基本块的优化。

基本块的 DAG 表示中涉及两种结点：

(1) 叶结点：只有出边没有入边的结点。叶结点标记为变量名字或常数，作为叶结点的变量名字代表变量的当前值，通常加上脚标 0。

(2) 内部结点：既有出边又有入边的结点 (或只有入边的结点)。内部结点标记为运算符号，代表此运算符号作用于其子结点计算出来的值。所谓子结点是指它的入边关联的结点，也就是它的前驱结点。

每个结点都有一个附加标识符表，可附加一个或多个标识符，表示这些标识符具有该结点所代表的值。

简单起见，只考虑如下 3 种形式的三地址代码：

(1) x : = y op z

(2) x : = op y

(3) x : = y

在构造 DAG 过程中，需用到一个函数 node (id)，其中 id 是一个名字。node (id) 返回最新建立的与 id 联系的结点。

构造 DAG 的方法是依次考察每一条三地址代码，并根据代码的形式和内容执行一定的操作。考察每条三地址代码之前，如果 node (y) 和 / 或 node (z) 没有定义，则首先建立标记为 y 和 z 的结点。对于 3 种不同的三地址代码分别执行如下操作：

(1) 对于 x := y op z，寻找是否有一个标记为 op 的结点，它的左子结点为 node (y)，右子结点为 node (z)。如果有，在此结点的附加标识符表中增加 x，否则，建立一个这样的标记为 op 的结点，并在此结点的附加标识符表中增加 x。

(2) 对于 x := op y，寻找是否有一个标记为 op 的结点，它的唯一子结点为 node (y)，如果有，在此结点的附加标识符表中增加 x，否则，建立一个这样的标记为 op 的结点，并在此结点的附加标识符表中增加 x。

(3) 对于 x := y，在 node (y) 的附加标识符表中增加 x。

要注意的是，在以上步骤中在增加标识符 x 之前要删除其它结点上附加标识符中的 x(如果存在的话)。特殊地对于三种三地址代码，如果 x 当前可计算得到一个常数，在一个该常数的结点中标记 x，或建立一个标记为 x 的常数结点。

【例 7-3】 考察如下三地址代码并构建 DAG。

(1) T_0 := 3.14

(2) T_1 := 2 * T_0

(3) T_2 := R + r

(4) A := T_1 * T_2

(5) B := A

(6) T_3 := 2 * T_0

(7) T_4 := R + r

(8) T_5 := T_3 * T_4

(9) $T_6 := R - r$

(10) $B := T_5 * T_6$

依次考察每一条代码：

(1) 对于 $T_0 := 3.14$，构建一个常数结点 3.14，并在此结点的附加标识符表中添加 T_0，见图 7-5(a)。

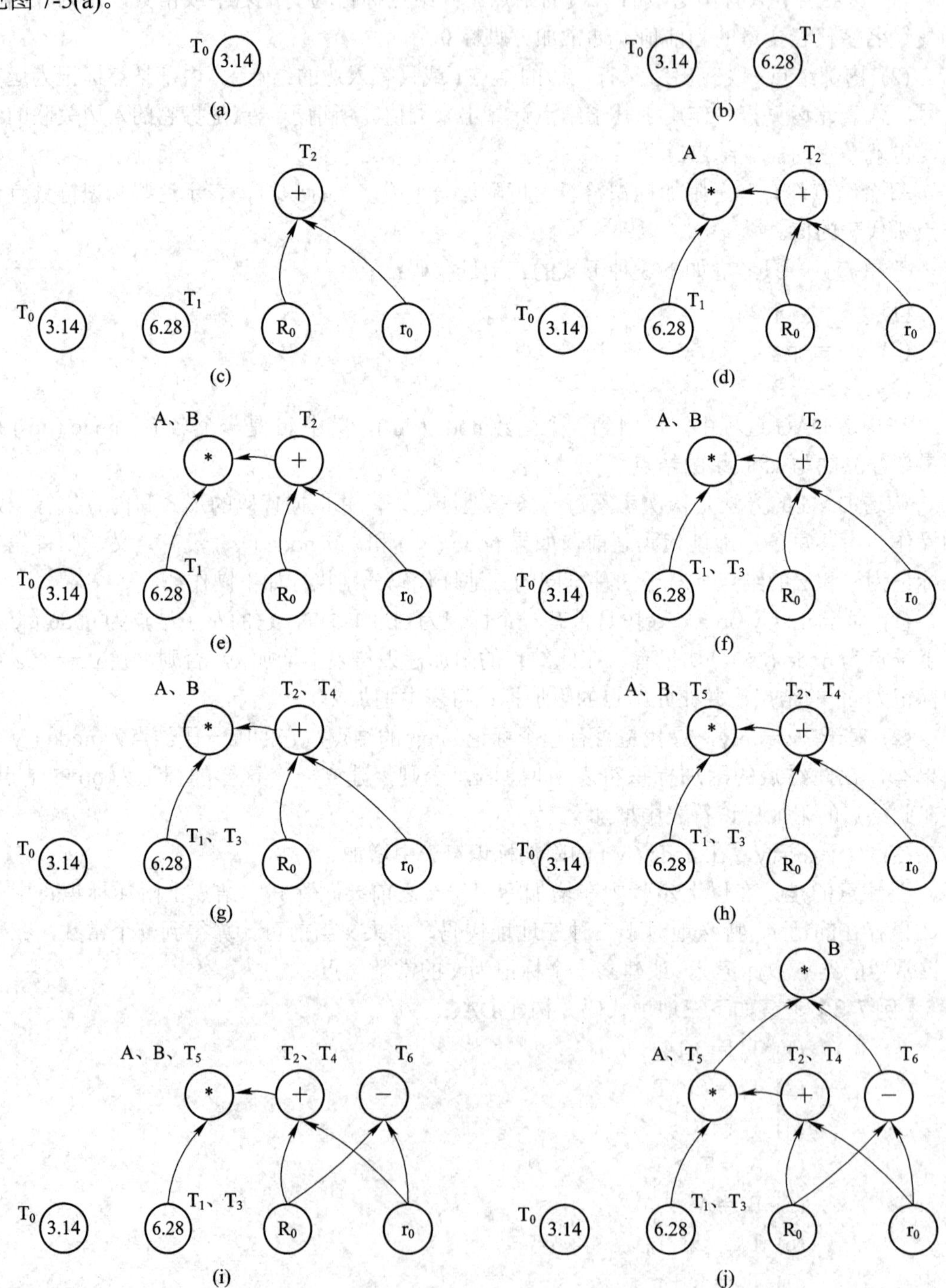

图 7-5　为例 7-3 构造 DAG

(2) 对于 $T_1 := 2 * T_0$，由于可直接计算出 T_1 为 6.28，于是构建一个常数结点 6.28，并在此结点的附加标识符表中添加 T_1，见图 7-5(b)。

(3) 对于 $T_2 := R + r$，由于 R 和 r 对应的结点还没有且它们都是变量，于是分别构建标记为 R_0 和 r_0 的结点，并构建一个标记为 + 的结点，其左子结点是 R_0，右子结点是 r_0，并在此结点的附加标识符表中添加 T_2，见图 7-5(c)。

(4) 对于 $A := T_1 * T_2$，调用 node (T_1) 和 node (T_2) 返回结点 6.28 和 +，构建一个标记为 * 的结点，其左子结点是 6.28，右子结点是 +，并在此结点的附加标识符表中添加 A，见图 7-5(d)。

(5) 对于 $B := A$，调用 node (A) 返回结点 *，在这个结点的附加标识符表中添加 B，见图 7-5(e)。

(6) 对于 $T_3 := 2 * T_0$，由于可直接计算出 T_3 为 6.28，于是在常数结点 6.28 的附加标识符表中添加 T_3，见图 7-5(f)。

(7) 对于 $T_4 := R + r$，由于存在一个标记为 + 的结点，并且它的左子结点是 R_0，右子结点是 r_0，于是在这个结点的附加标识符表中添加 T_4，见图 7-5(g)。

(8) 对于 $T_5 := T_3 * T_4$，由于存在一个标记为 * 的结点，并且它的左子结点是 node (T_3)，右子结点是 node (T_4)，于是在这个结点的附加标识符表中添加 T_5，见图 7-5(h)。

(9) 对于 $T_6 := R - r$，由于不存在一个标记为 - 的并且其左子结点是 R_0，右子结点是 r_0 的结点，于是构建一个这样的结点，同时在这个结点的附加标识符表中添加 T_6，见图 7-5(i)。

(10) 对于 $B := T_5 * T_6$，由于不存在一个标记为 * 的并且它的左子结点是 node(T_5)，右子结点是 node(T_6) 的结点，于是构建一个这样的结点，同时在这个结点的附加标识符表中添加 B。在添加 B 之前还要删除第一个 * 结点附加标识符表中的 B，如图 7-5(j) 所示。

在构造 DAG 的过程中已经对代码作了优化。对于三种三地址代码，如果 x 计算出一个常数，并不生成一个计算该常数的内部结点，而是生成一个叶结点，或者在一个已有常数结点的附加标识符表中添加 x，这个步骤起到了合并了已知量的作用。在考察一条代码过程中，如果有了一个代表计算结果的结点，并不另外构建结点，只是把这个被赋值的变量标识符附加到这个结点上，这样可以删除多余运算。在一个结点的附加标识符表中增加标识符 x 之前，要删除其他结点上附加标识符中的 x，这个步骤相当于是删除了无用赋值。因为该变量在被引用前又被重新赋值了，之前的赋值就是无意义的。

最后，按照构造 DAG 的顺序重写代码可得优化之后的代码。

例 7-3 的三地址代码重写之后得到如下代码：

(1) $T_0 := 3.14$

(2) $T_1 := 6.28$

(3) $T_3 := 6.28$

(4) $T_2 := R + r$

(5) $T_4 := T_2$ (7-1)

(6) $A := 6.28 * T_2$

(7) $T_5 := A$

(8) T_6 := R - r

(9) B := A * T_6

对于原代码中的 (2) 和 (6) 合并了已知量，删除了 (5) 这个无用赋值，(3) 和 (7) 中存在的公共子表达式只计算了一次。

代码中的 T_0、T_1、…、T_6 是临时变量，临时变量一般具有局部性，如果已知 T_0、T_1、…、T_6 在基本块后面不被引用，则代码可进一步优化为：

(1) S_1 := R + r

(2) A := 6.28 * S_1　　(7-2)

(3) S_2 := R - r

(4) B := A * S_2

将基本块转化为 DAG 表示，代价还是比较大的，但这个代价是值得的。除了可以基于 DAG 对基本块作局部优化，还可以从 DAG 中获得其他一些优化所需信息。这些信息包括：

(1) 在基本块外被赋值，并在基本块内被引用的所有标识符，就是标记为变量名字的叶结点上标记的那些标识符。

(2) 在基本块内被赋值，可以在基本块外被引用的所有标识符，就是 DAG 中各结点附加标识符表中的标识符。

以上信息对于全局数据流分析具有重要作用。

7.3　控制流分析与循环优化

循环是程序中常见的控制结构。所谓循环就是在程序的一次执行过程中可能被反复执行的代码序列。因为可能被反复执行，因此针对循环体进行优化对于提升整个目标代码的运行效率意义重大。要作循环优化，首先要分析整个程序的控制流程并识别循环体。可以使用程序的控制流程图来描述程序的控制流程，并在此基础上讨论循环的定义和循环的查找。

一个三地址代码形式的程序的控制流程图 (简称流图) 是一个有向图，可以用一个三元组 G =(N，E，n_0) 来表示。其中，N 是流图的结点集合，流图中的结点是程序基本块；n_0 是 N 中的元素，称为首结点，该结点包含程序的第一条语句，n_0 到流图中任何结点都有通路；E 是有向边集合，有向边代表程序的流程，有向边按如下规则构造：

当以下条件之一成立时，从结点 i 到结点 j 画一条有向边：

(1) 基本块 j 在程序中的位置紧跟在基本块 i 之后，并且基本块 i 的出口语句不是无条件转移语句或停语句；

(2) 基本块 i 的出口语句是转移语句，并且转移目标是 j 的入口语句。

考察例 7-2 中的程序，程序被划分为 B_1、B_2、B_3、B_4 共 4 个基本块，其中 B_2 紧接在 B_1 之后，于是从 B_1 到 B_2 画一条有向边；B_3 紧接在 B_2 之后，从 B_2 到 B_3 画一条有向边；B_2 的出口语句是转移语句，转移目标是 B_4 的入口语句，故从 B_2 到 B_4 画一条有向边；B_3 的出口语句是转移语句，转移目标是 B_2 的入口语句，故从 B_3 到 B_2 画一条有向边。例 7-2 程序的控制流程图如图 7-6 所示。

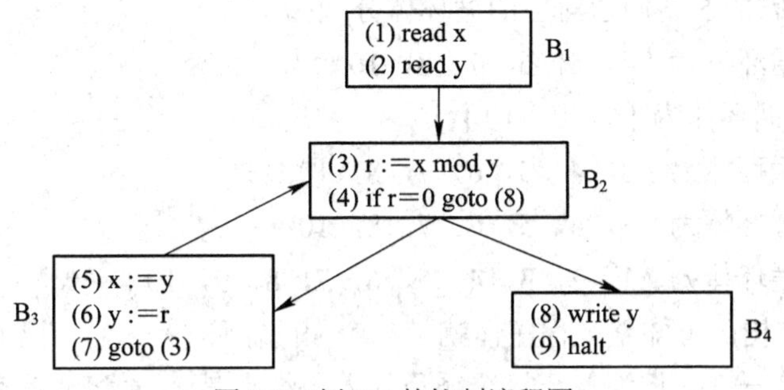

图 7-6　例 7-2 的控制流程图

循环由流图中的结点序列构成，这些结点是强连通的，有且仅有一个称之为入口结点的结点。要在流图基础上查找循环体，需要先定义几个概念。

有流图中的结点 d 和结点 n，如果从流图的首结点 n_0 出发，每条到达 n 的路径都要经过 d，则称 d 是 n 的必经结点，记为 d DOM n。特殊地，每个结点是它自身的必经结点，首结点 n_0 是所有结点的必经结点。

【例 7-4】考虑如图 7-7 所示的流图，其中 1 是首结点。令 n 是流图中的任一结点，求 n 的必经结点集 DOM(n)，即求 n 是哪些结点的必经结点。

解：

DOM(1) = { 1，2，3，4，5，6，7，8，9，10 }
DOM(2) = { 2 }
DOM(3) = { 3，4，5，6，7，8，9，10 }
DOM(4) = { 4，5，6，7，8，9，10 }
DOM(5) = { 5 }
DOM(6) = { 6 }
DOM(7) = { 7，8，9，10 }
DOM(8) = { 8，9，10 }
DOM(9) = { 9 }
DOM(10) = { 10 }

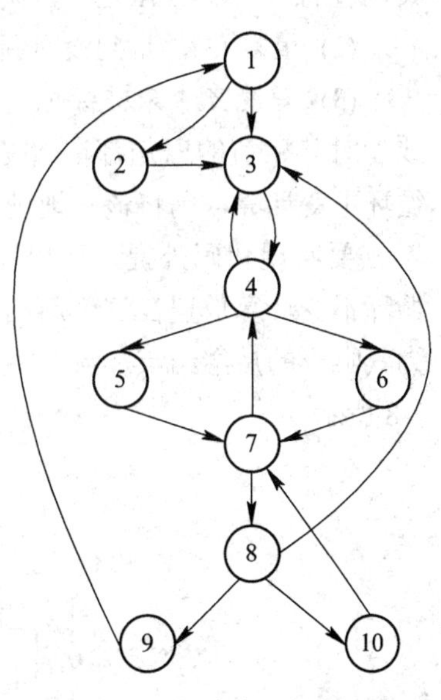

图 7-7　一个流图的例子

下面介绍另一个概念回边。假设 a → b 是流图中的一条有向边，如果同时有 b DOM a，则称 a → b 是流图的一条回边。对于一个流图，求出了每个结点的必经结点集，就可以求出所有的回边。

考察图 7-7 中的流图，由于 4 DOM 7，故 7 → 4 是回边；7 DOM 10，故 10 → 7 是回边；3 DOM 4，故 4 → 3 是回边；3 DOM 8，故 8 → 3 是回边；1 DOM 9，故 9 → 1 是回边。该流图共有 5 条回边。

根据回边的定义，可知一条回边对应一个循环。假设 a → b 是流图中的一条回边，则 b 是循环的入口，a 是循环的出口之一，如果 a 等于 b，该循环只有一个结点。如果 a 不等于 b，可按如下规则确定循环中的其他结点：求 a 的前驱结点，以及前驱结点的前驱结点，直到回到 b，在这个过程中求得的结点都是该循环中的结点。

对于例 7-4，它的 5 条回边对应的循环体分别为：

(1) 7 → 4，循环体为 { 4，5，6，7，8，10 }；

(2) 10 → 7，循环体为 { 7，8，10 }；

(3) 4 → 3，循环体为 { 3，4，5，6，7，8，10 }；

(4) 8 → 3，循环体为 { 3，4，5，6，7，8，10 }；

(5) 9 → 1，循环体为 { 1，2，3，4，5，6，7，8，9，10 }。

分析程序的结构，可知整个程序体就是一个大的循环 (9 → 1)，记为 X_1。X_1 包含一个小循环 (4 → 3 和 8 → 3)，记为 X_2，这个循环的入口结点是 3，4 和 8 是它的两个出口结点。X_2 又包含一个小循环 (7 → 4)，记为 X_3。X_3 包含一个更小的循环 (10 → 7)，记为 X_4。程序是一个 4 层循环的嵌套结构。

代码外提和删除归纳变量是常见的循环优化操作，下面介绍具体的实现方法。

代码外提，即将计算结果独立于循环次数的所谓循环不变计算放到循环的前面执行。这样可以减少循环体中代码的数量，提高整个代码的运行效率。代码外提的第一步是要寻找循环不变计算。令 X 是一个循环体，寻找 X 中循环不变计算的算法如下：

(1) 考察 X 中所有基本块的每条三地址代码，如果它的运算对象或者是常数，或者对其赋值的语句都在 X 之外，则将它标记为循环不变计算。

(2) 重复 (3)，直到没有新的三地址代码标记为循环不变计算。

(3) 考察 X 中未被标记为循环不变计算的三地址代码，如果它的运算对象或者是常数，或者对其赋值的语句都在 X 之外，或者只有一个对其赋值的语句且该赋值语句被标记为循环不变计算，则将该三地址代码标记为循环不变计算。

要实现代码外提，可以在循环的入口结点前面建立一个新结点，并将所有可外提的循环不变计算放置在这个新结点中，这个结点称为前置结点。前置结点以循环的入口结点为其唯一的后继结点，流图中原来进入入口结点的有向边，全部改为进入前置结点，如图 7-8 所示。

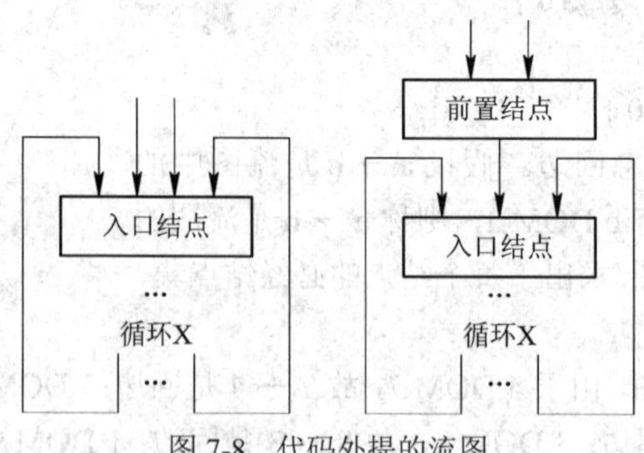

图 7-8　代码外提的流图

并不是所有的循环不变计算都能外提。可外提的循环不变计算 s：x := y + z 需要满足三个条件：

(1) 含 s 的基本块是循环中所有出口结点的必经结点，出口结点是指存在不在循环体中的后继结点的结点。见图 7-9，B_2、B_3、B_4 构成一个循环，B_4 是出口结点，B_3 中的代码 i：= 2

是循环不变计算，但是 B_3 不是 B_4 的必经结点，将 i：= 2 外提的话，对于原先不经过 B_3 的执行过程将产生不同的计算结果。

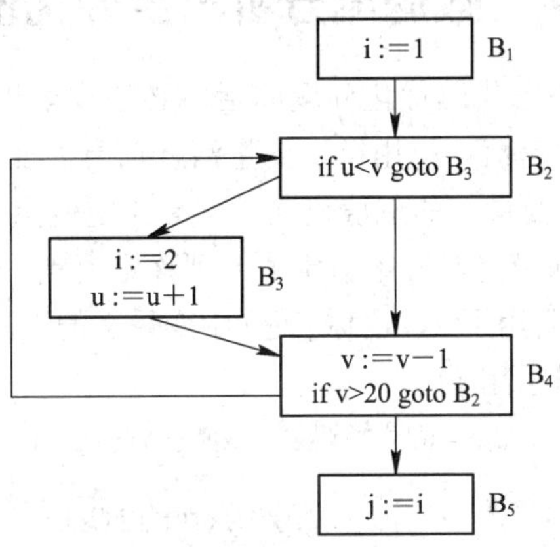

图 7-9 代码外提条件 (1)

(2) 循环中没有其他语句对 x 赋值。如图 7-10 所示，这个流图与图 7-9 类似，但在结点 B_2 中又增加了一个对 i 赋值的代码 i：= 3，这也是循环不变计算，如果把 i：= 3 外提，对于原先经过 B_3 的执行过程将产生不同的计算结果。

(3) 循环中对 x 的引用，只能是引用 s 对 x 的赋值。见图 7-11，B_4 中的代码 k：= i 对 i 的引用可以来自 B_3(i 的值为 2)，也可能来自 B_1(i 的值为 1)。若将 i：= 2 外提，则 k：= i 中 i 的值将一直是 2。

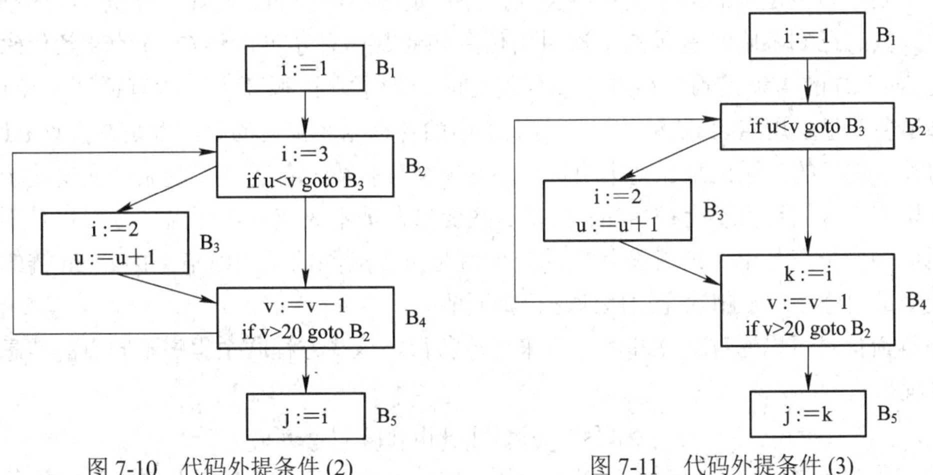

图 7-10 代码外提条件 (2)

图 7-11 代码外提条件 (3)

下面简单介绍删除归纳变量。如果循环中对变量 i 只有唯一的形如 i：= i ± c 的赋值，且 c 是循环不变量，则称 i 为循环的基本归纳变量。如果变量 j 和基本归纳变量 i 是线性关系，即 j：= c_1*i ± c_2，其中 c_1 和 c_2 都是循环不变量，则称 j 为归纳变量，并且称它与 i 是同族的。一个基本归纳变量可以用来控制循环，也可以用来计算与它同族的归纳变量。循环控制条件中的基本归纳变量可以用一个与它同族的归纳变量来替换。如果基本归纳变量在循环内没有除作为循环控制条件的其他引用，在循环外的后续的基本块中也没有被引用，则它被替换之后就可以将对它的递归赋值作为无用赋值删除，参见例 7-1 中的强度削弱与变换控制条件。

7.4　数据流分析与全局优化

要从整个程序的视角考虑代码优化问题的话，必须收集相关的数据流信息，包括到达－定值、引用－定值链、定值－引用链、变量活跃信息、变量下次引用信息等。

若标号为 i 的语句是对变量 x 的赋值语句，称 x 在定值点 i 被定值。若标号为 j 的语句引用了 x，且在 i 和 j 之间没有对 x 重新定值，则称定值点 i 可以到达 j。到达－定值的示例见图 7-12。由于在 j 中引用了 x，也称 j 是 i 中变量 x 的下次引用信息，同时称 x 在点 i 是活跃的 (因为在后面会被引用)。

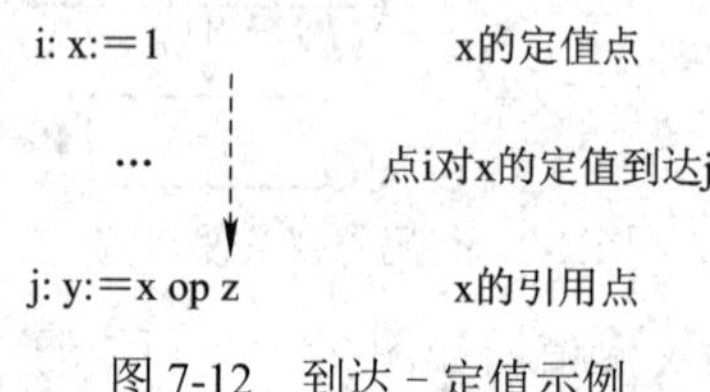

图 7-12　到达－定值示例

若在程序的某点 j 引用了变量 x，则把能到达 j 的 x 的所有定值点的集合称为 x 在引用点 j 的引用－定值链，简称 ud 链。与之对应的是定值－引用链。对一个变量 x 在某点 i 的定值，可以计算该定值能到达的对 x 的所有引用点。这些引用点的集合称为该定值点的定值－引用链，简称 du 链。

以上这些数据流信息对于实现各类优化操作是必不可少的。例如，在例 7-3 的基本块优化中，只有已知各临时变量的下次引用信息和活跃信息才可以将 (7-1) 的 9 条代码进一步优化为 (7-2) 的 4 条代码。在进行循环优化时，为了求出循环中的所有循环不变计算，需要知道各变量引用点的 ud 链信息，前面给出的各种循环优化的算法都是在假设 ud 链已知的前提下进行的。无论是在基本块优化还是循环优化中，都可能引起某些变量的定值在该基本块或者该循环内不会被引用；只要这些变量在基本块或者循环出口之后也是不活跃的，则这些变量在基本块或者循环内的定值就是可以删除的无用赋值。因此 du 链的获取和活跃变量的分析对于删除无用赋值是很重要的。

数据流信息可以通过建立和解方程来计算获得，这些方程联系程序不同点的信息，典型的方程形式为：

$$out[s] = (in[s] - kill[s]) \cup gen[s]$$

该方程的意思是，当控制流通过一个语句时，在语句末尾的信息是进入这个语句中的信息减去本语句注销的信息并加上产生的新信息。这样的方程称之为数据流方程。

如何建立与求解各类数据流方程以获取各类数据流信息在这里不详述。

7.5　小　　结

实用的编译器都是优化编译器，未做优化的目标代码将带来极大的运行时刻开销。代码优化与编译各阶段均相关，生成高质量的目标代码是编译器设计的主要目标。代码优化主要分为两类：一类是针对中间代码的，在中间代码生成之后进行；另一类是针对目标代码的，在目标代码生成之后进行。针对目标代码的优化与目标代码运行的物理平台密切相关，每个物理平台都有自己的体系结构、CPU 型号及配套的指令系统。针对目标代码的优化技术通用性较弱。针对中间代码的优化又分为面向基本块的局部优化、面向循环体的循环优化、面向整个程序的全局优化。基本块是一个具有唯一入口语句和唯一出口语句的连续的三地址代码序列，是程序执行的基本单位。三地址代码形式的程序可以划分为一个个的基本块，每个基本块可以表示为一个 DAG，按照构造 DAG 的顺序重写代码可以对基本块进行优化，这就是局部优化。中间代码优化中最重要的是循环优化，循环优化的基础是对循环体的查找，而查找循环体需要分析整个程序的控制流程。通常采用控制流程图 (流图) 来描述程序的控制流程，流图是一个有向图，结点是基本块，有向边代表程序的执行流程。通过定义必经结点和回边，可以基于流图自动检测程序中的所有循环体，然后执行代码外提等循环优化操作。全局优化需要利用多种数据流信息，包括引用 - 定值链、定值 - 引用链、变量的活跃信息与下次引用信息等，要获取这些数据流信息需要建立和求解数据流方程。本章的重点是理解代码优化的意义、分类与内容；掌握基本块的划分算法，以及基本块 DAG 的构造与基本块优化方法；掌握控制流程图构造方法及循环体查找和循环优化方法。

习　　题

7.1　设有如下中间代码：

$$
\begin{aligned}
& \quad i = 1 \\
& \quad j = 1 \\
L_1:\ & t_1 = 10 * i \\
L_2:\ & t_2 = t_1 + j \\
& \quad t_3 = 8 * t_2 \\
& \quad t_4 = t_3 - 88 \\
& \quad j = j + 1 \\
& \quad \text{if } j <= 10 \text{ goto } L_2 \\
& \quad i = i + 1 \\
& \quad \text{if } i <= 10 \text{ goto } L_1 \\
& \quad \text{goto } L_1 \\
& \quad i = 1 \\
L_3:\ & t_5 = i - 1 \\
& \quad t_6 = 88 * t_5 \\
& \quad a[t_6] = 1.0 \\
& \quad i = i + 1 \\
& \quad \text{if } i <= 10 \text{ goto } L_3
\end{aligned}
$$

(1) 将上述中间代码划分成基本块；

(2) 试画出该中间代码的控制流程图，并指出所有的循环；

(3) 试对每个循环做代码外提和强度削弱优化。

7.2　对于基本块 B:

$t_0 = 2$

$t_1 = 8 / t_0$

$t_2 = T - C$

$t_3 = T + C$

$R = t_0 / t_3$

$H = R$

$t_4 = 8 / t_1$

$t_5 = T + C$

$t_6 = t_4 / t_5$

$H = t_6 / t_2$

(1) 应用 DAG 进行优化；

(2) 假设只有 R 和 H 在基本块出口是活跃的，写出优化后的三地址代码序列。

7.3　考察以下基本块 B_1 和 B_2：

B_1：	B_2：
A = B*C	B = 3
D = B/C	D = A+C
E = A+D	E = A*C
F = 2*E	F = D+E
G = B*C	G = B*F
H = G*G	H = A+C
F = H*G	I = A*C
L = F	J = H+I
M = L	K = B*5
	L = K+J
	M = L

分别应用 DAG 对其进行优化，并就以下两种情况分别写出优化后的三地址代码序列：

(1) 假设只有 G、L、M 在基本块后面还要被引用；

(2) 假设只有 L 在基本块后面还要被引用。

第 8 章　目标代码运行时刻环境的组织

在生成目标代码之前需要讨论目标代码运行时所处的环境，目标代码和运行环境之间的关系就像“鱼”和“水”一样。本章首先概述目标代码运行时的软硬件环境，接着讨论源语言程序的构成特点、执行过程及对程序执行过程的描述；对目标代码运行时刻内存空间的管理与分配策略进行了详细介绍，包括运行时刻内存空间的典型划分和三种常见的内存空间分配策略：静态存储分配、栈式存储分配和堆式存储分配，讨论了几种代表性高级语言的特点，分别介绍了这几种高级语言非局部名字的访问方法。

8.1　目标代码运行时刻环境

编译器处理源程序的最终目的是要将其转换成目标代码。目标代码生成总是面向特定的计算机系统平台的，生成的目标代码必须能在具体的系统平台上运行，需要与这个系统平台进行交互，能直接使用这个系统平台提供的计算资源。

现代计算机系统采用冯·诺依曼体系结构，存储程序原理和程序控制原理是现代计算机系统的基本工作原理，编制好的二进制代码(或者编译器生成的目标程序)必须事先存放到计算机系统的内存中才能被执行。计算机系统分为硬件系统和软件系统，硬件系统的核心是CPU，软件系统的核心是操作系统。每个CPU都有自己的指令系统，这个指令系统是设计CPU时的依据，也是编制或者生成目标程序的依据。目标程序只能由指令系统中的指令构成,CPU也只能识别与执行其指令系统中的指令。指令由操作码和操作数构成，操作码的选择和操作数地址码的选择是目标代码生成时要解决的首要问题。现代计算机的CPU通常都集成了一个寄存器组，寄存器相对于内存来说，其访问速度一般要高出一个数量级。寄存器是计算机系统的宝贵资源，充分利用寄存器以提高目标程序的运行效率是代码生成算法的重要目标。目标代码运行时，操作系统会分配一块连续的内存空间作为它的运行空间。这块内存空间必须能容纳目标代码和目标代码运行时的数据空间(目标代码中指令能访问的空间)，组织与利用这块内存空间也是由目标代码来实现的。生成目标代码时需考虑：

(1) 目标代码运行时的硬件环境，即CPU(及其指令系统)和寄存器。

(2) 目标代码运行时的软件环境，即操作系统及目标代码运行的内存空间。

目标代码运行时刻环境如图8-1所示。面向特定CPU及其指令集，如何充分利用计算机系统提供的寄存器资源，生成高质量的目标代码将在下一章讨论。本章主要介绍目标代码如何组织和利用其运行时刻的空间环境。寄存器的分配和指派及内存空间组织最后都体现在生成的目标代码中。

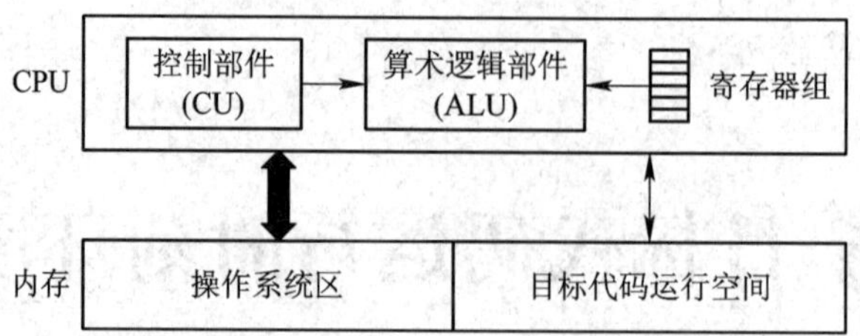

图 8-1　目标代码运行时刻环境

8.2　源语言相关问题讨论

源程序一般由一组过程 (或函数) 构成，不同的高级程序设计语言，由过程 (或函数) 构成源程序的方法会有所不同。构成源程序的两个过程 (或函数) 之间，要么是嵌套的，要么是不相交的。如 C 语言的程序由一个或多个函数构成，函数的定义是相互独立的，每个 C 语言程序中都有一个名为 main 的主函数，执行从 main 开始，main 可以调用其他函数。Pascal 语言是结构化程序设计语言的典型代表，它的程序主体是一个主过程，主过程可以定义其他过程或者函数，主过程中定义的过程又可以嵌套定义其他的过程或者函数。一个 Pascal 语言的例子如图 8-2 所示。

```
(1)  program sort(input, output) ;
(2)            var a : array [0..10]  of  integer ;
(3)      procedure readarray ;
(4)            var i : integer ;
(5)            begin
(6)                  for i := 1 to 9 do read(a[i])
(7)            end ;
(8)      function partition(y, z : integer ): integer ;
(9)            var  i,  j,  x,  v : integer ;
(10)         begin
             …
(11)           end ;
(12)     procedure quicksort(m, n : integer) ;
(13)         var i : integer ;
(14)         begin
(15)               if  ( n > m)  then  begin
(16)                     i := partition(m, n) ;
(17)                     quicksort(m, i-1) ;
(18)                     quicksort(i+1, n)
(19)                 end
(20)           end ;
(21) begin
(22)       a[0] := -9999 ; a[10] := 9999 ;
(23)       readarray ;
(24)       quicksort(1, 9) ;
(25) end.
```

图 8-2　一个 Pascal 语言例子

在这个程序中，主过程是 sort，第 (2) 行是主过程的变量说明语句。第 (3) ～ (7)

行定义了一个嵌套过程 readarray，第 (8) ～ (11) 行定义了一个嵌套函数 partition，第 (12) ～ (20) 行定义了一个嵌套过程 quicksort。第 (21) ～ (25) 行是主过程 sort 的程序体，每个嵌套定义的过程和函数也都有各自的说明语句和程序体。执行从主过程 sort 的程序体开始，sort 首先调用 readarray，接着调用 quicksort。quicksort 执行时首先调用函数 partition，接着连续两次调用自身，即做递归调用。出现在过程 (或函数) 定义语句中过程 (或函数) 名后的标识符是形式参数，如第 (12) 行中的标识符 m 和 n 就是过程 quicksort 的形式参数。过程被调用时，形式参数会被替换为实在参数。函数和过程的区别在于函数有返回值，返回值也有类型，由函数说明语句确定，如第 (8) 行最后的 integer 说明函数 partition 的返回值是整型。以下如无特别说明，将过程和函数统称为过程。

过程的一次完整执行，称为过程的一次活动。所谓一次完整执行是指执行从第一条语句开始到执行完最后一条语句结束。过程如果还在执行中称它是活着的，如果执行完了称它已死亡。过程 P 的一次活动的生存周期是指它活着的这段时间。早期的一些程序设计语言不允许过程的递归调用，即不允许同一个过程直接或间接地调用自己。这样程序在执行过程中，不会出现某一时刻有一个过程的多个活动是活着的情况。反之，如果允许递归调用，程序的一次执行可能在某个时刻会有同一个过程的多个活动是活着的。见图 8-3 的示例，考察 P 的活动情况。首先第一个 P 开始执行，P 的一个活动开始，然后它递归调用自己，P 的第二个活动开始，接着 P 又调用了 P，P 的第三个活动开始，此时 P 的前面两个活动仍然没有结束，因此 P 共有 3 个活着的活动。当 P 的第三个活动结束返回到 P 的第二个活动时，有 P 的 2 个活动是活着的。当 P 的第二个活动结束返回到 P 的第一个活动时，只有 P 的第一个活动是活着的。

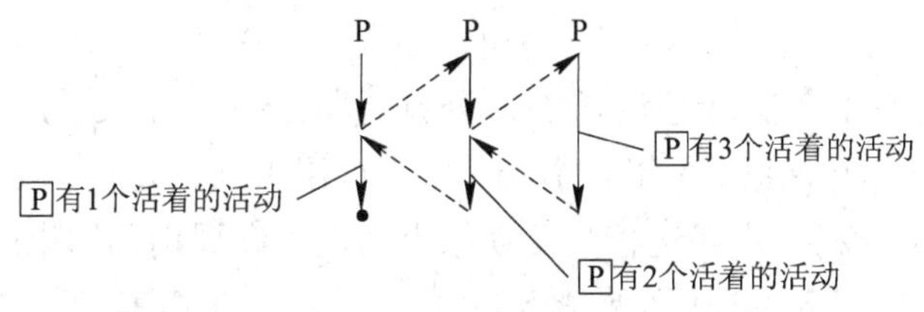

图 8-3　递归调用时过程 P 的活动情况

程序的运行表现为从主过程开始的一系列过程调用，可以用一个称为活动树的树状结构来描述程序的运行过程。活动树中的每个结点代表一个过程的一个活动，根结点代表主过程的活动；假设 a 和 b 是活动树中的两个结点，a 是 b 的父结点当且仅当活动 a 调用了活动 b，即程序的控制流程是从 a 进入 b；a 在 b 的左边当且仅当 a 的生存周期在 b 的生存周期之前。图 8-2 程序的一次执行可用图 8-4 中的活动树来描述。为方便起见，用过程的第一个字母表示过程的一个活动，括号内的内容是调用过程时的实在参数，如 q(1，9) 代表调用过程 quicksort，传递给它的参数是 1 和 9。图中的虚线是程序运行时过程的执行顺序，首先执行 s，s 调用 r，r 执行完返回到 s，s 又调用了 q(1，9)，q(1，9) 调用了 p(1，9)，p(1，9) 执行完返回 q(1，9)，q(1，9) 又调用了 q(1，3)，…，最后返回到 s，结束整个程序的运行。

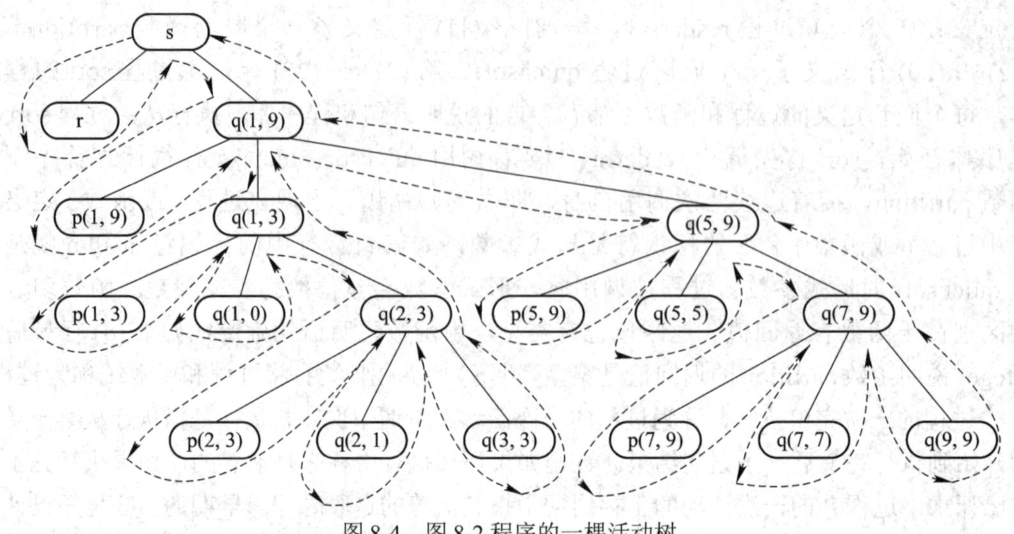

图 8-4　图 8-2 程序的一棵活动树

程序运行的任一时刻可能都会有多个活着的活动，可以用一个称为控制栈的数据结构保存过程活动的生存踪迹，即时监控当前活动的变化情况。控制栈使用的基本思想是：当一个活动开始时，把代表这个活动的结点压栈；当这个活动结束时，把代表这个活动的结点从栈中弹出。

图 8-5(a) 展示的是图 8-2 中程序一次执行的前几步过程调用时控制栈的变化情况。栈中的每一行，代表的是每次过程调用后的情形，栈中的活动就是当前活着的活动，栈顶活动是当前正在执行的。从栈底到栈顶活动的排列，反映的是活动的调用关系。如图 8-5(a) 的最后一行：

s q(1，9) q(1，3) q(2，3)

反映的是当前有 4 个活动是活着的，分别是 s、q(1，9)、q(1，3)、q(2，3)，其中 s 调用了 q(1，9)，q(1，9) 调用了 q(1，3)，q(1，3) 调用了 q(2，3)，当前 q(2，3) 正在执行。图 8-5(b) 是对应的活动树，虚线连接的活动结点代表生存周期已结束的活动，实线连接的结点代表当前还活着的活动。从当前结点 q(2，3) 依次向上搜索父结点及父结点的父结点直到根结点，遍历到的结点正好是当前控制栈中的活动结点。控制栈的使用与 8.4 节介绍的栈式存储分配的思想是一致的。

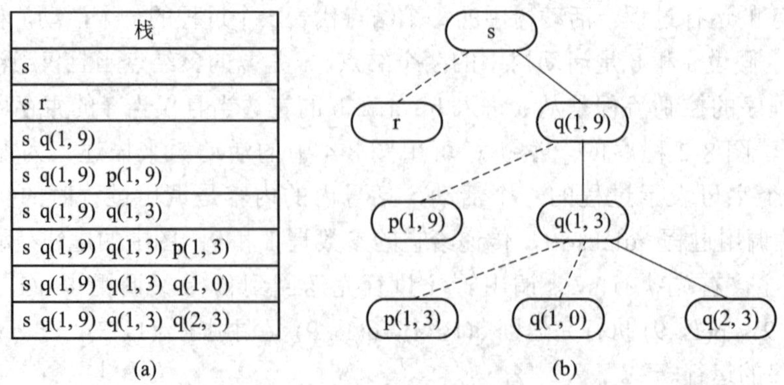

栈
s
s r
s q(1, 9)
s q(1, 9) p(1, 9)
s q(1, 9) q(1, 3)
s q(1, 9) q(1, 3) p(1, 3)
s q(1, 9) q(1, 3) q(1, 0)
s q(1, 9) q(1, 3) q(2, 3)

图 8-5　图 8-2 程序的控制栈

8.3　运行时刻内存空间的组织

操作系统在接到一个运行目标代码的命令时，通常会从当前空闲的内存空间中申请一块连续的存储区，并将目标代码加载到这块存储区中来运行。这块内存空间的一个典型划分如图 8-6 所示。

其中目标代码区存放待运行的目标代码。目标代码在编译阶段生成，编译结束后目标代码所需存储空间的大小就确定下来，因此目标代码区的大小是已知的。静态数据区通常用来存放全局变量，或者用来存放在编译阶段就可以确定存储地址的数据对象。栈是一个遵循“先进后出”访问规则的数据结构，只能对栈顶数据进行存取。在运行空间中划分一个栈区，可以支持 Pascal、C 这类允许过程递归调用的语言。这类语言的程序每次运行的过程调用轨迹取决于输入参数，数据对象存储空间的分配和管理是在运行过程中动态进行的，在编译阶段无法确定数据对象的存储地址和需要的总的数据空间的大小。递归调用过程可以用活动树和控制栈来描述，类似地可以在运行空间中专门设置一个栈区来支持递归调用时数据空间的动态分配和管理。很多程序设计语言允许动态的内存申请，程序员可以根据自己的需要按任意顺序申请和释放内存空间，如 C 语言的 malloc 函数 (内存申请) 和 free 函数 (内存释放)。由于内存申请和释放不一定按照栈的“先进后出”顺序，不能用栈结构来实现。这时候通常在运行空间中单独划分一个堆区来支持语言的这一特性。具体的存储分配方案将在 8.4 节中介绍。需要指出的是，图 8-6 所示的只是目标代码运行时空间的一个典型划分，不同的程序设计语言有各自不同的语言特性，它们运行空间的划分也不尽相同。运行空间的分配还取决于编译器的设计方法。

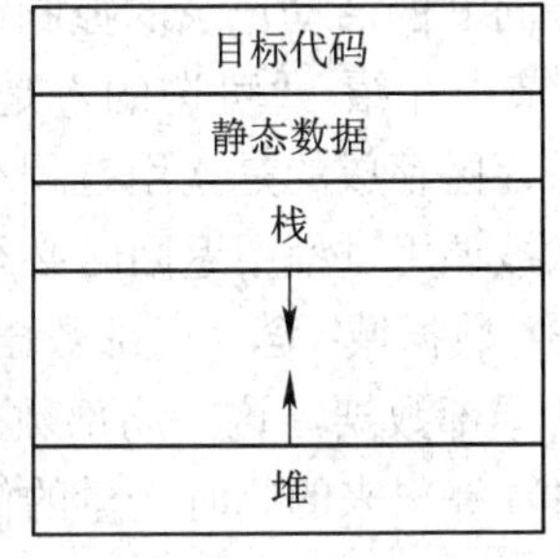

图 8-6　目标代码运行空间的典型划分

如前所述，程序的运行过程是由一个过程调用序列组成的。每个过程在执行时都需要用到相关信息，如局部数据。通常用称为活动记录的一段连续的存储区来存放过程的一次执行所需要的信息。活动记录的一般结构如图 8-7 所示。

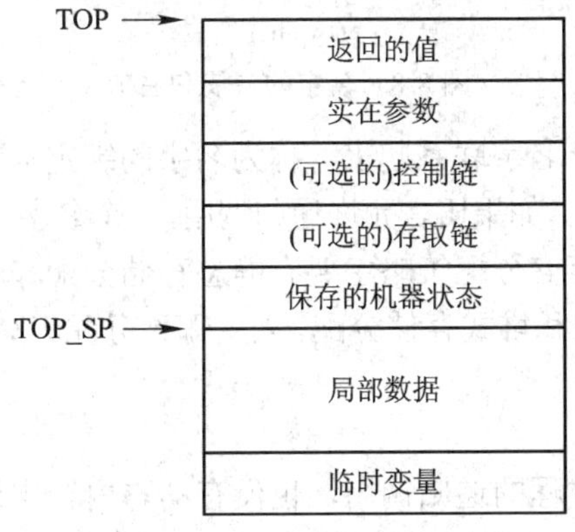

图 8-7　活动记录的结构

活动记录一般分为 3 个域，又可以进一步分为 7 个区：

(1) 参数域：含“返回的值”区和“实在参数”区。令过程 P 调用了过程 Q，Q 的活动记录的“实在参数”区用来存放 P 传递给 Q 的实在参数。Q 执行完之后计算出的中间结果，存放在 Q 的活动记录的“返回的值”区，P 可以将这个中间结果复制回自己的活动记录。

(2) 状态域：含“(可选的) 控制链”，“(可选的) 存取链”和“保存的机器状态”。控制链是一个指针，用来反映过程之间的调用关系，如 P 调用了 Q，则 Q 的活动记录的控制链指向 P 的活动记录的控制链。存取链也是一个指针，用来访问非局部名字，具体用法在 8.5 节中介绍。“可选的”是指不是必须的，在某些存储分配方案中是不需要的。机器状态保存区存放的是调用过程在调用被调用过程之前的有关的机器状态信息。这些信息包括当从被调用过程中返回时必须恢复的程序计数器和一些寄存器的值。

(3) 数据域：含“局部数据”区和“临时变量”区。“局部数据”区用来存放过程执行需要的局部数据，这些局部数据是在当前过程中被说明的。“临时变量”区用来存放过程执行时计算出来的临时变量的值。

TOP_SP 是一个指向“局部数据”区起始地址的指针，TOP_SP 的值加上变量的偏移地址 (offset 值) 就可以对局部变量进行访问。在栈式存储分配中，通常有一个指针 TOP 指向栈顶活动记录的起始地址。图 8-7 所示的活动记录的结构只是一个一般的结构，具体语言不同，它的活动记录的结构和内容也会有差异。

8.4 运行时刻内存空间分配策略

确定程序中每个名字的存储地址是目标代码运行时内存空间分配的重要内容。在目标程序运行过程中，要访问名字的值需要经过两个步骤：第一步是确定名字的存储地址；第二步是取出该存储地址中的值。下面引入两个函数：environment 和 state。environment 是一个将名字映射为存储位置的函数，state 函数用于将存储位置映射为在那里存放的值。名字的存储地址又称为左值 (l-value)，名字的当前值又称为右值 (r-value)，因此也可以说 environment 函数把名字映射为一个左值，state 函数把一个左值映射为一个右值，见图 8-8。

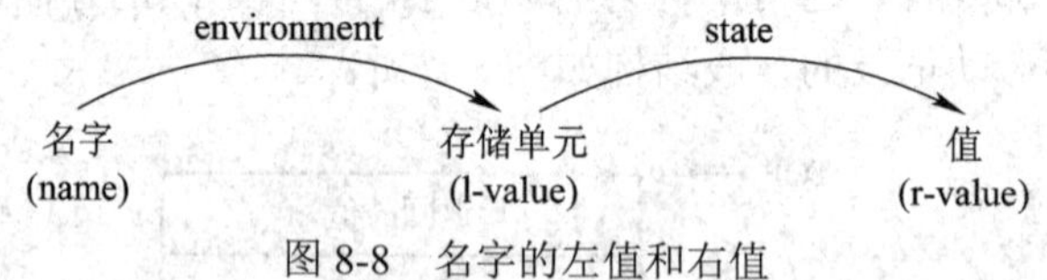

图 8-8 名字的左值和右值

将一个内存地址与一个名字联系起来，称为名字的绑定。在程序的一次运行中，一个名字的右值可能会经常改变。如果语言允许递归调用，一个名字也有可能被绑定到多个地址。

目标代码运行时刻的存储分配策略主要有静态存储分配和动态存储分配，其中动态存储分配又分为栈式存储分配和堆式存储分配。采用哪种分配策略主要由源语言的特点决定。

8.4.1 静态存储分配

如果一个语言不允许过程的递归调用，也没有动态内存申请机制，并且不支持可变数组等可变数据结构，那么在编译时刻就可以将每个名字绑定到运行空间中，安排好每个数据对象在运行时的存储位置，而且可以确定运行时刻所需的全部数据空间的大小。这就是所谓的静态存储分配。由于不允许递归调用，因此不需要栈区，没有动态的内存申请和可变数据结构，也不需要堆区，静态存储分配的运行空间中只有目标代码区和静态数据区。支持过程执行的活动记录，被分配到静态数据区中。程序有几个过程，就有几个活动记录，一个过程对应一个活动记录。活动记录中每个区的大小在编译时刻可以计算得到，每个名字绑定到固定的内存地址，在运行过程中不会发生变化。

采用静态存储分配的典型语言是 Fortran 77。一个 Fortran 77 程序由一个主程序段和若干个子程序段构成 (每个程序段就是一个过程或函数)。图 8-9 是一个 Fortran 77 的程序例子，该程序包括两个程序段，CNSUME 是主程序段，PRDUCE 是子程序段。编译时分别将 CNSUME 和 PRDUCE 翻译为目标代码，同时计算这两个过程的活动记录的大小，安排好活动记录中每个字节存储的数据对象。运行时刻，将 CNSUME 和 PRDUCE 的目标代码装载到目标代码区，在静态数据区为 CNSUME 和 PRDUCE 的活动记录分配空间。图 8-10 是例子程序运行时刻的空间分配示意图。CNSUME 中定义了局部名字 BUF(长度为 50 的字符串变量)、NEXT(整型变量)、C(字符型变量)，需要将它们绑定到 CNSUME 活动记录的局部数据区。同样，PRDUCE 中也定义了几个局部名字，分别是 BUFFER(长度为 80 的字符串变量) 和 NEXT(整型变量)，需要将它们绑定到 PRDUCE 活动记录的局部数据区。

```
PROGRAM  CNSUME
      CHARACTER *50  BUF
   INTEGER  NEXT
   CHARACTER  C，PRDUCE
   DATA  NEXT  /  1  / ，BUF/ '  '/
6      C = PRDUCE()
       BUF(NEXT : NEXT) = C
       NEXT = NEXT + 1
       IF(C  .NE.  ' ' )  GOTO  6
       WRITE(*，'(A)')BUF
       END
CHARACTER  FUNCTION  PRDUCE(  )
     CHARACTER  * 80  BUFFER
   INTEGER NEXT
   SAVE  BUFFER，NEXT
     DATA  NEXT  /  81  /
       IF ( NEXT .GT. 80 )THEN
            READ(*，'(A)') BUFFER
            NEXT = 1
       END IF
       PRDUCE = BUFFER(NEXT : NEXT)
       NEXT = NEXT + 1
       END
```

图 8-9　一个 Fortran 77 程序

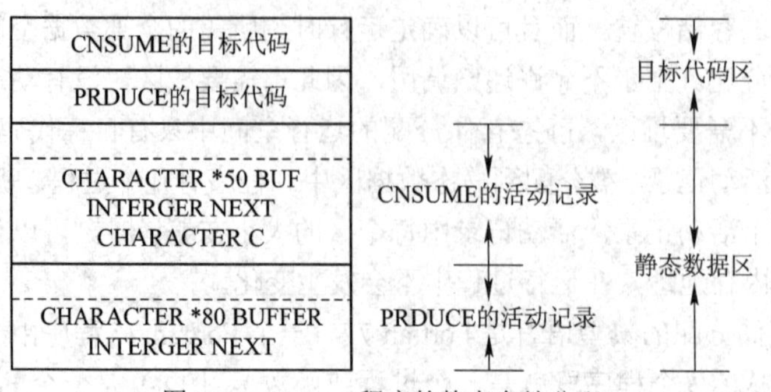

图 8-10 Fortran 程序的静态存储分配

8.4.2 栈式存储分配

大部分结构化程序设计语言都支持过程的递归调用，如 C、Pascal、Algol 等。过程递归调用使得程序运行的某些时刻会有同一个过程的多个活动在执行，而且活动的数量是动态变化的，见图 8-3。每个活动的执行都需要独立的数据空间，这个数据空间需要容纳两部分内容：

(1) 过程在本生存周期内的数据对象，如局部变量、实在参数、临时变量等。

(2) 管理过程活动的记录信息，如反映过程调用关系的控制链信息、过程调用前调用过程的机器状态信息等。

以上内容组织在过程的活动记录中，每当一个过程被调用，开始该过程的一次活动，需要为该活动分配数据空间以存放它的活动记录。当活动结束后，它的数据空间没有必要保留，可以收回供其他活动使用。可以基于控制栈的思想，采用栈式存储分配策略来实现上面讨论的动态分配和释放程序运行过程中活动的数据空间。

栈式存储分配的思想：在运行空间中划分一块存储空间作为栈区，程序运行时每当调用一个过程，就将该过程的活动记录压入栈中，过程执行完毕将它的活动记录从栈中弹出。

以图 8-2 中的 Pascal 语言程序为例，它的一次运行活动树和栈区内容的变化情况如图 8-11 所示。

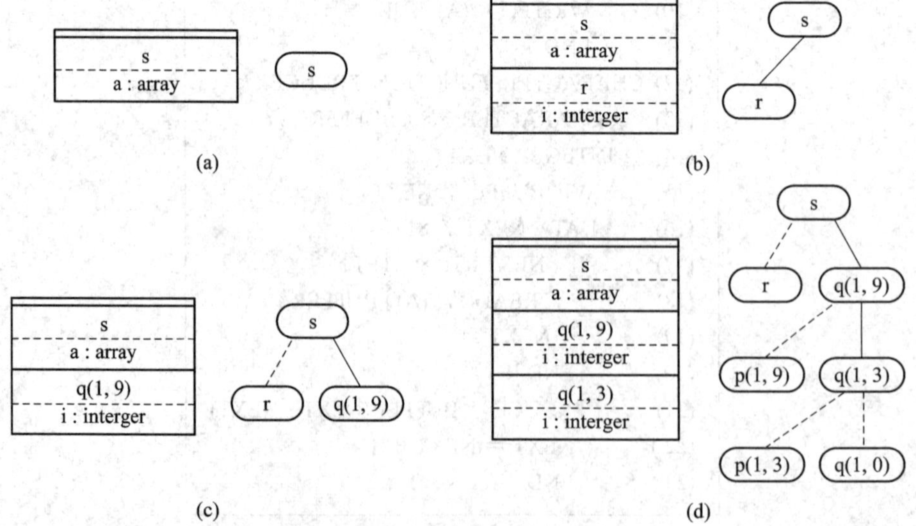

图 8-11 Pascal 程序的栈式存储分配

程序执行前，栈区为空，栈底在图的上方。以过程名的首字母表示过程，首先主过程 s 执行，将它的活动记录压到栈顶 (即在栈顶分配一块存储空间存放活动记录)，s 的局部名字 a 绑定到活动记录的局部数据区中，见图 8-11(a)；接着 s 调用了 r，将 r 的活动记录压栈，r 的局部名字 i 绑定到它的活动记录中，此时栈中有两个活动记录 (分别对应 s 和 r 的活动)，见图 8-11(b)；r 执行完之后，从栈顶收回 r 的活动记录，控制回到 s，接下来 s 调用 q(1，9)，将 q(1，9) 的活动记录压到栈顶，q 的局部名字 i 绑定到它的活动记录中，此时栈中的两个活动记录分别对应 s 和 q(1，9)，见图 8-11(c)；图 8-11(d) 是经过 6 步过程调用之后的情形，此时 q(1，3) 正在执行，它的活动记录在栈顶，栈中有 3 个活动记录，分别对应 s、q(1，9) 和 q(1，3)。注意这时栈中有两个 q 的活动，q 的局部变量 i 被绑定到两个存储地址。活动树中虚线连接的活动结点是生存周期已结束的活动，它们的活动记录曾经被压入栈中但已被收回，实线连接的结点代表当前还在执行的活动，它们的活动记录还在栈中。

采用栈式存储分配，栈区的内容在目标代码运行过程中是动态变化的，表现为一系列的活动记录在栈顶的分配与释放，运行开始前栈区为空，当主过程运行结束，从栈顶释放主过程的活动记录，栈区重新变为空。

以上介绍的是栈式存储分配的策略，下面讨论栈式存储分配的具体实现。栈式存储分配的实现反映在目标代码生成器的构造策略中，最终体现为生成的目标代码，由目标代码中的调用序列和返回序列来完成。

1. 调用序列

调用序列是目标代码中的一个指令序列，完成一个过程调用另一个过程的一系列操作，包括为被调用过程分配一个活动记录，并在相应的区中填入信息。假设过程 P 调用过程 Q，调用序列需完成如下工作：

(1) 参数传递：P 计算实在参数的值，并将它写入 Q 的活动记录的实在参数区。

(2) 控制信息设置：P 将返回地址写入 Q 的活动记录的机器状态域中；P 将当前的控制链地址写入 Q 的活动记录的控制链区；P 为 Q 建立存取链；P 设置新的 TOP 和 TOP_SP 的值 (分别指向 TOP’ 和 TOP_SP’ 的位置，见图 8-12)。

(3) 通过 goto 语句跳转到 Q 的代码。

(4) P 保存寄存器的值、以及其他机器状态信息。

(5) Q 初始化局部变量，开始执行 Q 的代码。

2. 返回序列

返回序列也是目标代码中的一个指令序列，完成从一个被调用过程返回到它的调用过程的一系列操作，包括释放被调用过程的活动记录，并复制出返回值。具体完成如下工作：

(1) Q 把返回值写入自己活动记录的返回值区。

(2) Q 恢复断点状态，包括寄存器的值、TOP 的值、机器状态等。

(3) 根据返回地址返回到 P 的代码中 (通过 goto 语句)。

(4) P 把返回值复制到自己的活动记录中。

(5) P 恢复 TOP_SP 的值。

(6) 继续执行 P 的代码。

图 8-12 是调用序列和返回序列责任划分示意图。在 P 调用 Q 之前，栈顶是 P 的活动记录，P 调用 Q 后在栈顶压入 Q 的活动记录并通过调用序列作初始化。Q 执行完毕，收回栈顶 Q 的活动记录并通过返回序列返回到 P 中继续执行。图 8-12 中“调用者 P 的责任”覆盖的区域由调用序列负责赋值，“被调用者 Q 的责任”覆盖的区域由返回序列负责赋值。

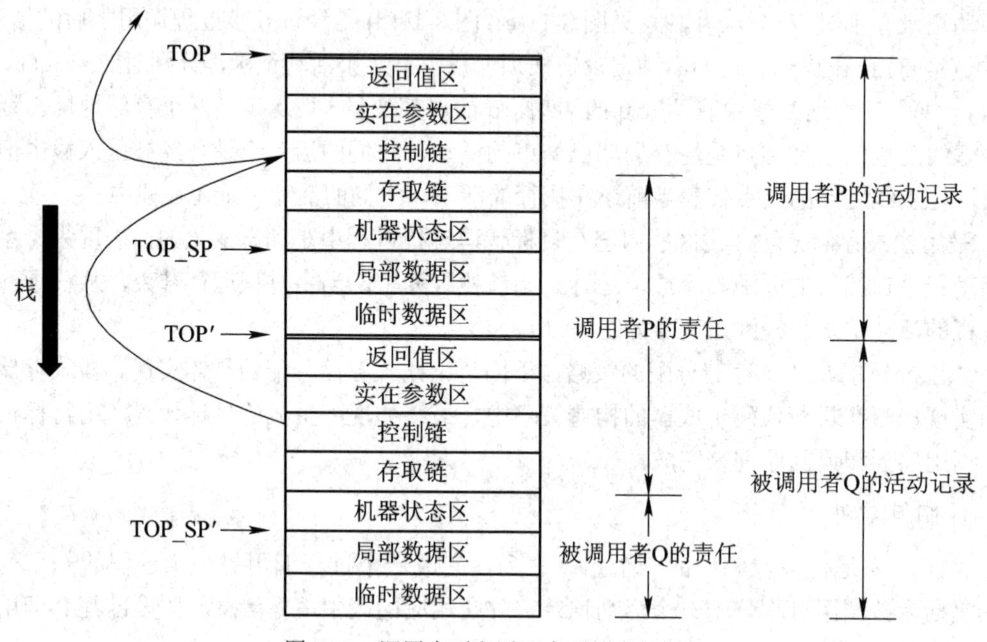

图 8-12　调用序列和返回序列的责任划分

8.4.3　堆式存储分配

有些程序设计语言允许程序员自由申请和释放内存空间，如 C++ 中的 new 和 delete，C 的 malloc 和 free，Pascal 的 new 和 dispose，有些程序设计语言不仅有过程还有进程。这类语言的目标代码的运行空间使用未必服从“先申请后释放，后申请先释放”的原则，栈式存储分配策略就不适用了。这时通常采用一种称为堆式存储分配的完全动态的存储分配方案。堆式存储分配的基本思想是：在运行空间中划分出一块连续的存储空间作为堆区，每当程序申请空间时，就从堆区中寻找一块符合要求的存储块返回给程序，当程序释放存储块时则将它回收。由于申请和释放存储块的顺序完全取决于程序，每次申请或释放的存储块的大小也不同，经过一段时间运行之后，堆区空间将被划分成很多块，有些被占用，有些空闲。这时候如果程序申请一块大小为 N 个字节的空间时，需要决定应该从哪个空闲块得到这个空间，这取决于空间管理程序。

空间管理程序可以采用三种策略：

(1) 首次匹配法：顺次扫描堆区中的存储块，一旦发现一个空闲的并且大于等于 N 个字节的存储块就从中切分出一个 N 字节的存储块返回。这种方法时间效率最高。

(2) 最优匹配法：扫描堆区中的每个存储块，寻找一个大小最接近 N 的略大于 N 的空闲块作为目标存储块。这种方法看起来最合理，但是时间效率不高，同时会造成许多无法再利用的“碎片”。

(3) 最差匹配法：扫描堆区中的每个存储块，寻找一个最大的空闲块作为目标存储块，当然这个最大的存储块应大于 N 字节。这种方法将使堆区中的块的大小趋于一致。由于要扫描所有的存储块，这种方法时间效率也不高。

无论哪种分配方法，堆区的“碎片化”都是不可避免的，最后将出现“虽然总的空闲空间够大，但是内存申请却失败”的情况。在堆式存储分配和管理中，应该配合存储块合并、垃圾空间回收等技术避免上述情况的发生。

8.5　对非局部名字的访问

8.5.1　程序设计语言的作用域规则

作用域是指一个说明起作用的范围。作用域的概念最早是在 ALGOL 60 中提出来的，它和分程序概念相关。ALGOL 60 中的分程序是用语句 begin、end 括起来的说明序列和语句序列，它的一般形式是：

```
begin
    <说明序列>
    <语句序列>
end
```

ALGOL 60 是单模块结构语言，它的程序由单个分程序组成，分程序中还可以嵌套一个或多个别的分程序。在一个分程序中不仅可以使用其中定义的局部名字，还可以使用其外围分程序(或外围分程序的外围分程序)中说明的名字，这就是所谓的非局部名字。非局部名字是相对于引用点所在的过程或分程序来说的。程序执行时引用的在当前过程(或分程序)之外定义的变量称为非局部名字。

一个语言的作用域规则决定了如何处理对非局部名字的访问。主要有两种作用域规则：静态作用域规则和动态作用域规则。在静态作用域的情况下，当程序内某个语句中使用了一个变量名字，就根据程序的静态文本由里向外查找该变量名字的定义性出现。采用静态作用域规则的语言包括 Pascal、C、Ada 等。在动态作用域的情况下，当程序的某个语句中使用了一个变量名字，根据过程调用的顺序反过来查找该变量名字的定义性出现，即先在最新调用的过程中查找，如果没有，就在直接调用它的过程中查找。如此反复下去，直到找到该变量名字的定义性出现。采用动态作用域规则的语言有 LISP、APL 等。

本节重点讨论采用静态作用域规则的非局部名字的访问。静态作用域由最近嵌套规则定义：

(1) 过程(或分程序)B 中的一个说明的作用域包括 B；

(2) 如果名字 x 在过程(或分程序)B 中没有说明，那么，x 在 B 中的出现是在一个外围过程(或分程序)B’中的 x 的说明的作用域之内，并且使得：

(a) B’中有 x 的说明；

(b) B’是包围 B 的，相对于其他任何具有名字 x 的说明且包围 B 的过程 (或分程序) 而言，B’是离 B 最近的。

以上作用域规则又称为最近嵌套的作用域规则，大部分结构化程序设计语言都采用这种作用域规则。

图 8-13 是第 6 章中讨论过的 Pascal 语言程序。(2) ~ (3) 行是主过程的变量说明语句，定义了 a 和 x 两个变量，它们的作用域覆盖整个程序，包括嵌套定义在主过程中的嵌套过程。第 (5) 行是嵌套过程 readarray 的说明语句，定义了局部变量 i，它的作用域限于过程 readarray 内。第 (12) 行是过程 quicksort 的变量说明语句，定义了 k 和 v 两个局部变量，它们的作用域覆盖过程 quicksort 的程序体，还包括嵌套函数 partition。函数 partition 在第 (14) 行定义了两个局部变量 i 和 j，其作用域限于 partition 内。第 (6) 行是 readarray 的程序体，引用了变量 a，而 a 在 readarray 中没有定义，因此这里引用的是非局部名字。根据最近嵌套的作用域规则，这个非局部名字 a 处在第 (2) 行说明的变量 a 的作用域内，因此是对这个名字说明的引用。同理，第 (9)、(15)、(16) 行也引用了非局部名字，可以根据最近嵌套的作用域规则确定它们是在哪里被说明的。

```
(1)  program sort(input，output);
(2)    var a：array[0..10] of integer；
(3)        x : integer；
(4)    procedure  readarray；
(5)      var i：integer；
(6)      begin  … a…  end { readarray};
(7)    procedure  exchange(i，j：integer)；
(8)      begin
(9)        x：= a[i]；a[i]:=a[j]; a[j]: ＝ x
(10)     end { exchange};
(11)   procedure quicksort(m，n：integer)；
(12)     var k，v：integer；
(13)     function partition(y，z：integer)：integer；
(14)       var i，j：integer；
(15)       begin …a…
(16)           …v…
(17)           …exchange(i，j)；…
(18)       end { partition};
(19)     begin … end { quicksort};
(20) begin … end. { sort }
```

图 8-13 Pascal 语言的作用域

8.5.2 分程序结构的处理

分程序是含有自身局部数据说明的复合语句。分程序之间可以嵌套，但是不能交叉。除了 ALGOL 语言，C 语言也有分程序结构。C 语言的分程序由一对大括号“{、}”括起，每个分程序都可以定义局部于自身的局部变量。

图 8-14 是一个 C 语言程序，该程序共有 4 个分程序，分别是 B_0、B_1、B_2、B_3。其中 B_0 嵌套 B_1，B_1 嵌套 B_2 和 B_3，B_2 和 B_3 是并列的。4 个分程序都定义了自己的局部变量，并被分别初始化为分程序的序号。

```
(1)              main()
(2)   ┬          {
(3)   ┆            int a = 0 ;
(4)   ┆            int b = 0 ;
(5)   ┆    ┬       {
(6)   ┆    ┆           int b = 1 ;
(7)   ┆    ┆    ┬      {
(8)   ┆    ┆    B2           int a = 2 ;
(9)   ┆    ┆    ┆            printf ( "%d %d\n", a, b) ;
(10)  B0   ┆    ┴      }
(11)  ┆    B1   ┬      {
(12)  ┆    ┆    ┆            int b = 3 ;
(13)  ┆    ┆    B3           printf ( "%d %d\n", a, b) ;
(14)  ┆    ┆    ┴      }
(15)  ┆    ┆           printf ( "%d %d\n", a, b) ;
(16)  ┆    ┴       }
(17)  ┆            printf ( "%d %d\n", a, b) ;
(18)  ┴          }
```

图 8-14　只包含 1 个函数的 C 语言例子

各变量说明的作用域见表 8-1。其中 int a=0 在 B_0 中被定义，作用域应该覆盖整个函数，但是在 B_2 中也定义了 a，B_2 中对 a 的引用是在 B_2 中说明的，因此 int a=0 的作用域为 B_0-B_2，B_2 称为作用域中的一个“洞”。类似地，int b=0 和 int b=1 的作用域中也存在“洞”。

表 8-1　图 8-14 例子中各说明的作用域

说明	作用域
int a=0	B_0-B_2
int b=0	B_0-B_1
int b=1	B_1-B_3
int a=2	B_2
int b=3	B_3

图 8-14 中的 C 语言程序，只有一个函数，运行时用一个活动记录来组织它的局部数据。程序中说明的每个变量都绑定到活动记录的局部数据区。对于这种分程序结构可以采用栈式存储分配来实现，即将活动记录的局部数据区看作是一个栈来组织局部变量。由于说明的作用域不会超出它所在的分程序，在进入分程序时可以为被说明的名字分配空间，当控制离开分程序时释放空间。由于 B_2 和 B_3 是并列的，运行时刻永远不会同时执行，在 B_2 和 B_3 中定义的局部变量不会同时被引用，因此可以共用同一个存储空间。运行时刻活动记录局部数据区的空间分配如图 8-15 所示。局部变量 a、b 的角标表示它在哪个分程序中被说明。

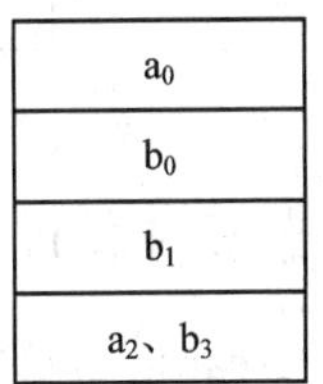

图 8-15　局部数据区的栈式存储分配

图 8-14 中程序的各分程序都有打印语句，运行时打印当前 a、b 的值。第 (9) 行打印出 2 和 1；第 (13) 行打印

出 0 和 3；第 (15) 行打印出 0 和 1；第 (17) 行打印出 0 和 0。

8.5.3　无嵌套过程语言的处理

有些语言不允许过程的嵌套定义，即在过程的说明部分不能定义其他的过程或者函数。典型的不允许过程 (函数) 嵌套的语言是 C 语言。C 语言程序由多个函数构成，函数之间相互独立。每个函数可引用自己的说明语句定义的局部变量，如果函数中引用了一个非局部名字 a，那么 a 必须在所有函数之外被说明。在函数外面的一个说明的作用域包括此说明之后的所有函数，如果名字在某个函数中被再次说明，那么它的作用域带有“洞”。

图 8-16 是一个包含 2 个函数的 C 语言例子。第 (1) 行定义了一个全局变量 s，第 (4) 行引用了变量 s，这个变量对于函数 round 来说是非局部名字。

```
(1)     double s;
(2)     void round ( double r )
(3)     {
(4)             s=3.1415926*r*r;
(5)     }
(6)     int main( )
(7)     {
(8)             double x=3;
(9)             round ( x );
(10)            printf( "%.21f", s );
(11)            return 0;
(12)    }
```

图 8-16　包含 2 个函数的 C 语言例子

程序运行时刻，全局变量被绑定到静态数据区，每个过程 (或函数) 定义的局部变量绑定到各自活动记录的局部数据区中。引用非局部名字时，根据静态数据区的首地址加上名字的偏移地址 (offset 值)，直接到静态数据区中去访问。图 8-16 中程序的运行时刻空间分配如图 8-17 所示。

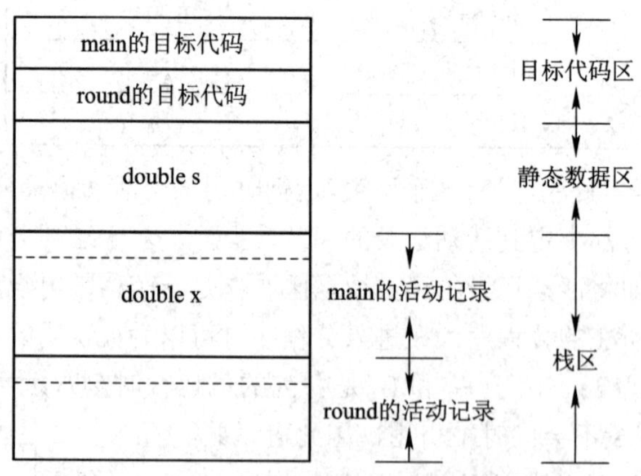

图 8-17　图 8-16 中程序的运行时刻空间分配

8.5.4　有嵌套过程语言的处理

对于 Pascal 语言这类允许过程嵌套定义的语言，访问非局部名字的机制相对比较复杂。当程序中引用非局部名字时，该名字的值被绑定在其他过程的活动记录中，该活动记录有可能位于栈的深处。再次考察图 8-13 给出的 Pascal 语言程序，程序的第 (6)(9)(15)(16) 行都对非局部名字进行了引用，根据最近嵌套的作用域规则可以确定它们引用的是哪个说明。在运行时刻，同一个过程可能有多个活动是活着的，若程序的某点引用了非局部名字 c，而 c 处在过程 m 中 c 的说明的作用域内，则应该到 m 的最近开始的活着的活动记录中去访问 c 的值。对于图 8-13 中的程序，它运行过程中的几种典型情况如图 8-18 所示。非局部名字访问描述如下：

(1) 图 8-13(a)：s 调用 q(1，9)，由于 quicksort 直接嵌套在 sort 中，若 quicksort 第 (19) 行的程序体中引用了非局部名字，应该到位于栈中的 q(1，9) 的活动记录上方的 s 的活动记录中去访问。

(2) 图 8-13(b)：q(1，9) 调用 q(1，3)，q(1，3) 是 quicksort 的一个新的活动，同样 quicksort 程序体中如果引用了非局部名字，应该到栈中 s 的活动记录中去访问。

(3) 图 8-13(c)：q(1，3) 调用 p(1，3)，由于 partition 直接嵌套在 quicksort 中，partition 中引用的非局部名字，应该到 quicksort 的活动记录中去访问。当前 quicksort 有两个活着的活动，分别为 q(1，9) 和 q(1，3)，但最近的活动是 q(1，3)，p(1，3) 引用的非局部名字首先要到 q(1，3) 活动记录中去找，如果没有再到 s 的活动记录中去访问。

(4) 图 8-13(d)：p(1，3) 调用 e(1，3)，由于 exchange 直接嵌套在 sort 中，exchange 程序体中引用的非局部名字，应该到 s 的活动记录中去访问。

非局部名字访问的具体实现有两种不同的方法：一种方法是通过存取链；另一种方式是通过 DISPLAY 表。

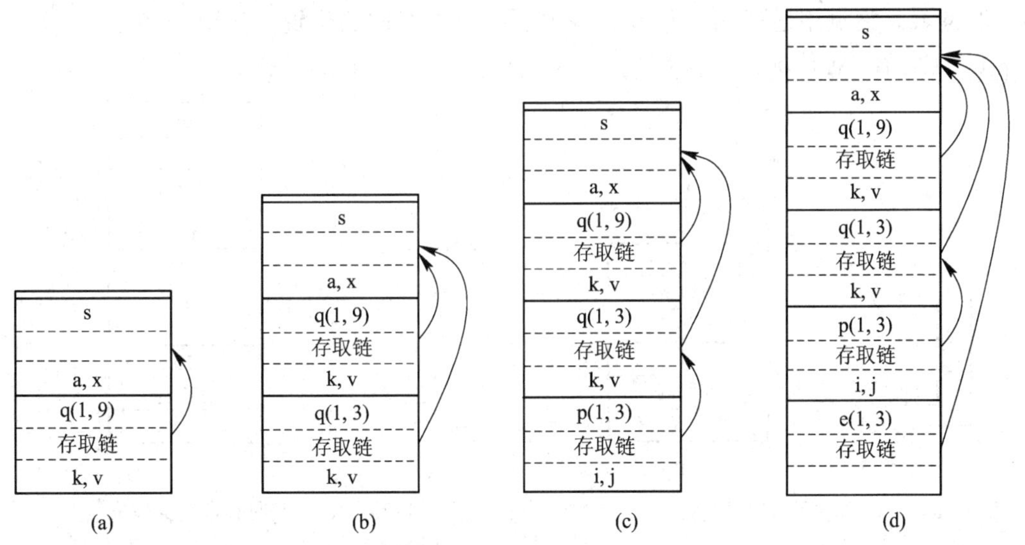

图 8-18　利用存取链访问非局部名字

存取链是一个存放在活动记录中的指针。若过程 P 直接嵌入在过程 Q 中，则 P 的活动记录中的存取链指向 Q 的最近活着的活动记录的存取链。图 8-18 中各活动记录的存取链已经建立好了，主过程没有外围过程，它的存取链为空。接下来为每个过程引入一个嵌套深度，令主过程的嵌套深度为 1，当从一个包围过程进入一个被包围过程时嵌套深度加 1。以图 8-13 程序为例，sort、readarray、exchange、quicksort、partition 的嵌套深度分别为：1、2、2、2、3。类似地，为过程中说明的名字也引入嵌套深度。过程中说明的名字的嵌套深度和过程的嵌套深度的值相同。

有了存取链和各过程(及其说明的名字)的嵌套深度，可以按如下方法访问非局部名字：令嵌套深度为N_p的过程P，引用了一个嵌套深度为N_a的非局部名字a，则顺着P的这次活动的活动记录的存取链前进N_p−N_a步到达的活动记录就是非局部名字所在的活动记录，到这个活动记录的局部数据区中就可以对非局部名字a进行访问。

例如，在图8-13(c)中，q(1，3)调用p(1，3)，partition引用了非局部名字a，partition的嵌套深度为3，a的嵌套深度为1，顺着partition的活动记录前进2(3−1=2)步可以到达s的活动记录，在这个活动记录的局部数据区中可以对a进行访问。

下面讨论如何建立存取链。假设嵌套深度为N_p的过程P调用嵌套深度为N_x的过程X，为被调用过程X的活动记录建立存取链存在三种情况：

(1) $N_p< N_x$。由于被调用过程X的嵌套深度比调用过程P的嵌套深度大，因此X必须在P中被定义，否则P不能调用X。此时被调用过程X的活动记录的存取链指向栈中刚好在其上方的调用过程活动记录的存取链。图8-19(a)是P和X之间的关系，图8-19(b)是存取链指向。图8-18(a)和图8-18(c)就是这种情况。

(2) $N_p= N_x$。由于调用过程P的嵌套深度和被调用过程X的嵌套深度相同，因此它们肯定有共同的直接外围过程，令这个外围过程为Q，见图8-20(a)。在P调用X之前，应该有Q对P的调用，顺着P的活动记录的存取链前进1步可以到达Q的活动记录。而X也直接嵌入在Q中，它的活动记录的存取链也应该指向Q的活动记录的存取链。因此在这种情况下，顺着调用过程P的活动记录的存取链前进1步到达的活动记录的存取链就是被调用过程X的活动记录的存取链要指向的位置，如图8-20(b)所示。图8-18(b)就是第2种情况。

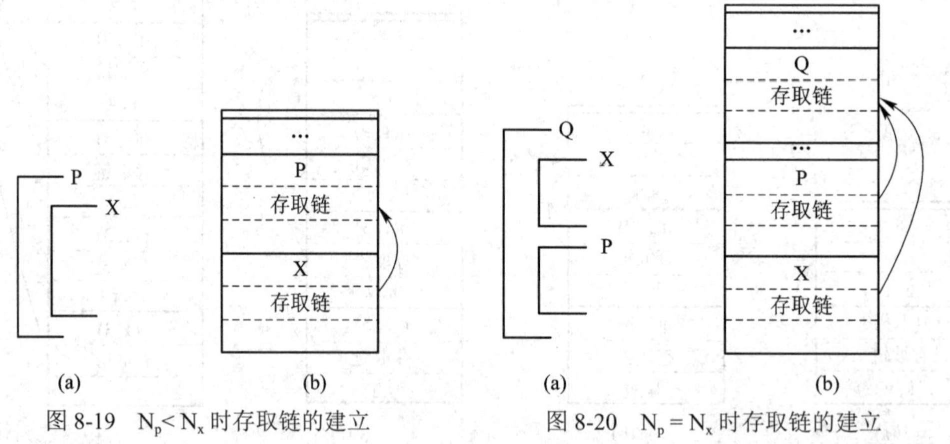

图8-19 $N_p< N_x$时存取链的建立　　图8-20 $N_p = N_x$时存取链的建立

(3) $N_p>N_x$。由于调用过程P的嵌套深度大于被调用过程X的嵌套深度，X的直接外围过程肯定也是P的外围过程，令这个外围过程为R，如图8-21(a)所示。令P和R之间的过程为X_1、X_2、…、X_{Np-Nx}。在P调用X之前，应该有R对P的调用，顺着P的活动记录的存取链前进N_p-N_x+1步可以到达R的活动记录。而X直接嵌入在R中，它的活动记录的存取链也应该指向R的活动记录的存取链。因此顺着调用过程P的活动记录的存取链前进N_p−N_x+1步到达的活动记录的存取链就是被调用过程X的活动记录的存取链要指向的位置，如图8-21(b)所示。图8-18(d)就是第3种情况。

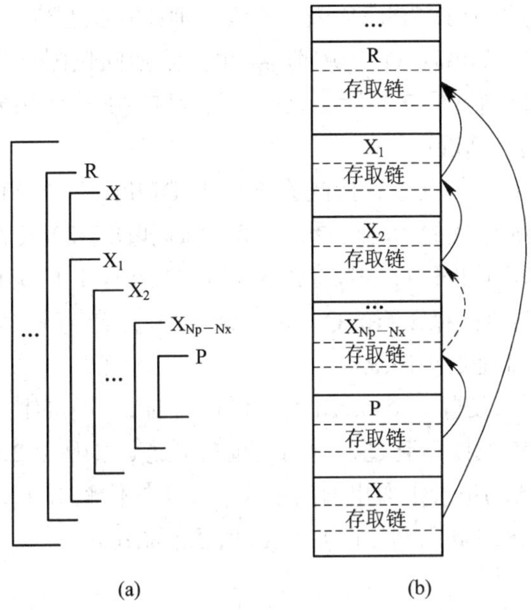

图 8-21　$N_p > N_x$ 时存取链的建立

下面讨论如何利用 DISPLAY 表来访问非局部名字。DISPLAY 表是一个指向活动记录的指针数组，记为 d。DISPLAY 表的大小由程序中嵌套深度最大的过程决定。运行时刻要访问的嵌套深度为 i 的非局部名字就在 d [i] 所指的活动记录中。这种方法只要 1 步就可到达要访问的非局部名字的活动记录，比存取链方法高效。对于图 8-13 中的程序，如果采用 DISPLAY 表来访问非局部名字，它运行时的情况如图 8-22 所示。

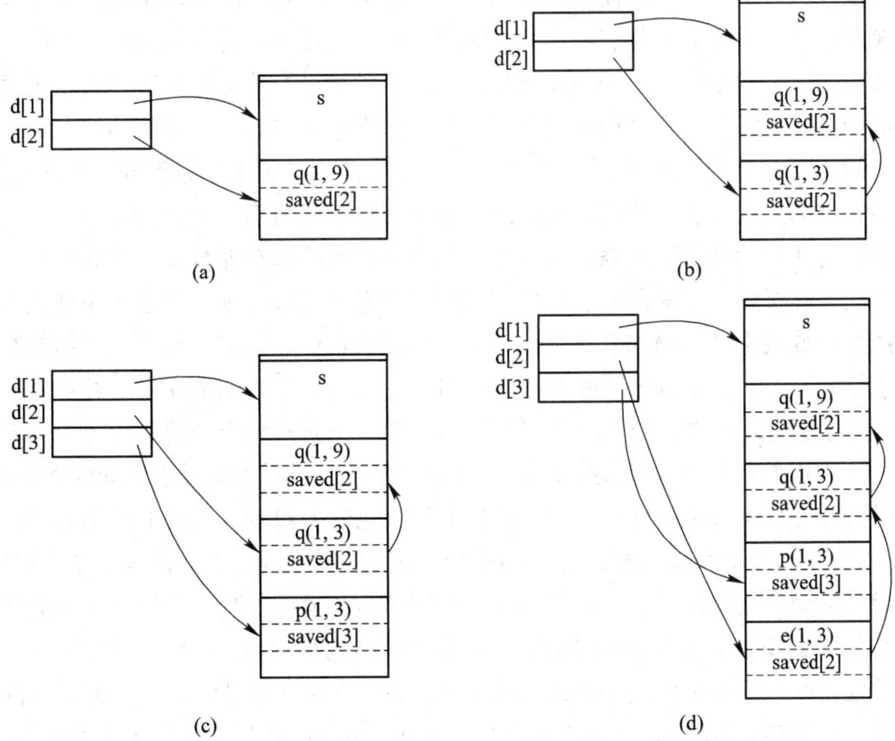

图 8-22　利用 DISPLAY 表访问非局部名字

关键是如何建立与维护 DISPLAY 表。假设当前正在执行嵌套深度为 j 的过程 P，那么 P 的活动记录在栈顶，DISPLAY 表中前 j-1 个元素指向包围过程 P 的那些过程的最新的活动记录，而 d [j] 指向过程 P 的活动记录。假设这时 P 去调用嵌套深度为 i 的过程 Q，DISPLAY 表的变化分两种情况：

(1) j < i。这时候 i=j+1，并且 Q 直接嵌套在 P 中。DISPLAY 表中的前 j 个元素不用变化，只需把 d [i] 置为指向新的 Q 的活动记录。图 8-22(a) 和图 8-22(c) 就是这种情况。

(2) j ⩾ i。这种情况下 P 和 Q 的嵌套深度为 1，2，…，i-1 的外围过程必然是相同的。这时需要把旧的 d [i] 的值保存在新的 Q 的活动记录中，并置 d [i] 指向新的 Q 的活动记录。图 8-22(b) 和图 8-22(d) 都是这种情况。

在活动记录中之所以设置一个 saved 区来保存旧的 d [i] 的值，是为了在从被调用过程中返回时将 DISPLAY 表恢复到过程调用之前的状态。如图 8-22(d) 中，当 exchange 执行完毕，从 e(1，3) 的活动记录中取出旧的 saved [2] 的值赋给 d [2]，并且将 e(1，3) 的活动记录从栈中弹出，这时候回到如图 8-22(c) 所示的状态。

8.6 小　　结

编译器生成的目标代码总要在一定的物理环境下运行，目标代码运行时刻环境包括硬件环境和软件环境。高级语言源程序通常都是由一组过程 (或函数) 构成的，程序的运行体现为过程之间的一系列调用，执行从主过程开始，也以主过程结束。如果当前过程正在执行，则称它是活着的。程序的一次运行可以用一棵活动树来描述，也可以用一个控制栈来跟踪。过程的每次执行，都需要一个活动记录来提供支持。活动记录是一段连续的内存空间，典型地分为参数域、状态域和数据域等 3 个组成部分。运行时刻内存空间可划分为代码区和数据区，数据区又分为静态数据区、栈区和堆区。静态数据区通常用来存放全局变量或编译阶段可以确定存储地址的数据对象。如果一个语言支持过程的递归调用，则它的运行空间需要有一个栈区，如果一个语言允许动态的内存申请或者支持动态的数据结构，则它的运行空间需要设置一个堆区。高级语言都有自己的特点，语言特点决定了目标代码运行时刻的内存空间的分配策略，典型的分配策略包括静态存储分配、栈式存储分配和堆式存储分配。高级语言可采用静态作用域规则或动态作用域规则，静态作用域大多遵循最近嵌套的作用域规则。非局部名字是相对于引用点来说的，在某个引用点引用的在当前过程 (或分程序) 之外定义的变量称为非局部名字。非局部名字有两类：一类是分程序之间的；另一类是过程之间的。分程序之间非局部名字的访问相对比较简单，因为局部名字和非局部名字都组织在同一个活动记录里。对于无嵌套过程语言的过程之间的非局部名字，通常可以到静态数据区中去访问。对于有嵌套过程语言的过程之间的非局部名字，可以结合栈式存储分配，采用存取链方式或者 DISPALY 表方式来访问。本章涉及几个重要的概念，包括过程的活动、活动记录、名字的绑定、调用序列和返回序列等。学习本章需理解运行时存储空间的典型划分及各区域作用；活动记录的结构和功能；理解三种存储分配策略的特点，特别是栈式存储分配的基本思想及实现方法；掌握代表性语言非局部名字的访问方法，尤其是基于存取链和 DISPALY 表的有嵌套过程语言的非局部名字访问方法。

习　题

8.1　常见的存储分配策略有哪些？它们分别适用于什么情况？

8.2　什么是活动记录？简述活动记录的作用。

8.3　现代高级语言采用的作用域规则主要分为哪几类？通过查询文献，指出 Java 语言、C++ 语言作用域规则的特点。

8.4　设有一个 Pascal 程序段：

```
program pp( in， out):
        var k : integer;
        function f(n: integer): integer;
                begin
                        If n<=0 then f:=1
                        Else f:= n*f(n-1)
                end;
        begin
                k:=f(10);
        end.
```

如果采用 DISPLAY 表来解决非局部数据的访问，则当第二次递归进入 f 函数后，DISPLAY 表的内容是什么？此刻整个程序运行的栈区内容是怎么样的？

8.5　对于 8.4 题中的 Pascal 程序段，画出其运行过程中栈区内容和存取链的变化情况。

第 9 章 目标代码生成

目标代码生成是一个“烦琐”的过程，除了需要保证目标代码与源程序语义上的严格等价外，还需要充分利用运行平台的特性和提供的计算资源，确保目标代码具有很高的质量。详细讨论各种主流计算机系统平台上的目标代码生成和优化算法超出了本书的范围，本书不做介绍。本章首先概要介绍目标代码的主要形式、目标代码生成的子任务；然后结合实例介绍了静态存储分配和栈式存储分配的代码实现方法；最后介绍了一个针对程序基本块的启发式的目标代码生成方法，包括下次引用信息和活跃信息获取算法、寄存器分配算法、简单代码生成算法等。

9.1 代码生成器概述

目标代码的生成是编译的最后一个步骤，由代码生成器完成。代码生成器在编译器中的位置如图 9-1 所示。

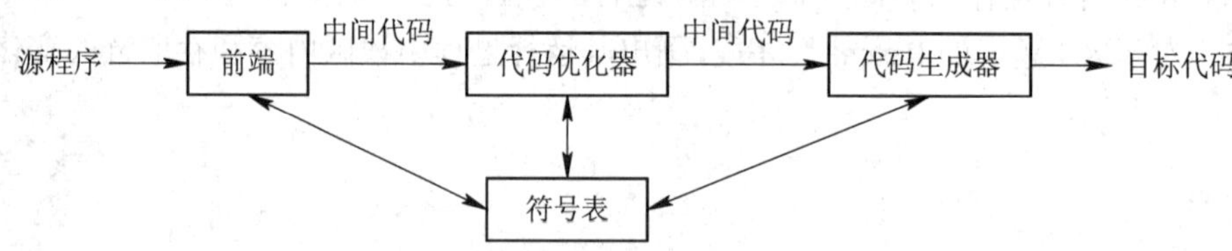

图 9-1 代码生成器在编译器中的位置

代码生成器的任务是将前端产生的中间代码转换为等价的目标代码，它的输入是(经过优化的)三地址代码(或其他中间表示形式)和符号表信息(内容包括名字、名字的存储类别、存储分配信息、内情向量等)。符号表信息用来确定中间代码中的名字所指的数据对象的运行时刻地址。我们假设所有的语法和静态语义错误都已经在前端被检测出来了，类型检查和必要的类型转换都已经完成了，因此代码生成器可以在工作过程中假设它的输入已经排除了这些错误。代码生成器的输出是面向特定计算机系统平台的低级语言形式的目标代码。目标代码必须保持与源程序在语义上的严格一致，执行的时候还必须具有很高的时间效率和空间效率，同时代码生成器本身也应该是一个高效的程序，否则会影响整个编译器的运行效率。

输出的目标代码主要有三种形式：绝对机器语言代码、可重定位的机器语言代码、汇编语言代码。绝对机器语言代码中的地址码都是绝对地址，代码必须放在内存中的固定位置，它的优点是代码载入内存后可以立刻执行。可重定位的机器语言代码通常由若干个目标模块组成，每个目标模块中的代码使用相对地址。它的优点是可以对源程序中的各个子程序分别进行编译，这种灵活性对于大型程序的编译来说非常重要。它的缺点是目标代码在运行时，必须由一个链接加载器将多个可重定位的目标模块进行链接装配，将相对地址转换为绝对地址，然后才能执行。输出一个汇编语言程序使代码生成过程变得相对容易，但是在执行之前必须将生成的汇编语言代码用一个汇编器进行汇编，将汇编语言代码转换为机器语言代码。为了可读性，本章采用汇编语言作为目标语言。

从可计算理论上来讲，为源程序生成一个最优的目标程序是不可判定的，代码生成中的很多子问题(如寄存器分配)都是计算复杂度很高的任务，在实践中追求获得最优目标代码是不可行的。在实际的编译器构造过程中，一般采用那些能够产生优良但不一定是最优代码的启发性技术，本章介绍的寄存器分配算法和简单代码生成算法就是启发性的。

具体来说代码生成器有三个主要任务：指令选择、寄存器分配和指派以及指令排序。指令选择考虑的问题是选择适当的目标机器指令来实现中间代码中的语句。寄存器分配和指派考虑的问题是把哪个名字的值存放在寄存器中及放在哪个寄存器中。指令排序考虑的问题是按照什么顺序输出指令，这个顺序也是指令的执行顺序。无论采用哪种中间表示形式，面向哪个计算机系统平台，目标代码生成都要面对这三个任务。

1. 指令选择

构造代码生成器是和目标机器的体系结构密切相关的。从指令集结构上可把计算机分为“复杂指令集计算机”(Complex Instruction Set Computer，CISC)和“精简指令集计算机”(Reduced Instruction Set Computer，RISC)。RISC 通常具有一个简单的指令集、较多的寄存器、三地址指令和简单的寻址方式。反之，CISC 通常具有一个较复杂的指令集、较多类型的寄存器、较少的寄存器、两地址指令和多种寻址方式。

代码生成器必须把中间代码转换为可以在目标机器上运行的目标代码序列，完成这个转换主要取决于中间代码的层次和指令集体系结构的特性。如果中间语言抽象度较高，代码生成器可以使用代码模板依次把每一条中间代码翻译为机器指令序列。这种逐条翻译语句的方法通常会产生质量不佳的代码，需要对生成的目标代码进一步优化。如果中间语言反映了目标计算机的某些底层细节，那么代码生成器就可以使用这些信息来生成更加高效的代码序列。目标机器指令集本身的特性对指令选择也有很大的影响，其中指令集的统一性和完整性是两个很重要的因素。如果指令集支持源语言中的每一种数据类型，代码生成过程将简单得多。

如果不考虑目标代码的执行效率，那么指令选择是比较简单的。可以为每一种三地址语句设计一个代码模板，规定如何将一种三地址语句翻译为目标代码。例如，可以将形如“x=y+z”的三地址语句翻译为如下代码序列：

MOV y，R_0　　　　// 将 y 的值移入寄存器 R_0

ADD z，R_0　　　　// 将 z 与 R_0 中的值相加，结果放在 R_0 中

MOV R_0，x　　　　// 将 R_0 中的值移入 x 中

这种策略常常会产生冗余的加载和运算。比如，下面的三地址语句序列：

a=b+c

d=a+e

按照代码模板会被翻译为：

MOV b，R_0

ADD c，R_0

```
MOV R0，a
MOV a，R0
ADD e，R0
MOV R0，d
```

其中第 4 条语句是冗余的，因为它加载了一个刚刚保存到内存的值，第 3 条代码也不需要，因为接下来要引用 a 的值，不用把 a 的值保存到内存中。

一般来说，对于同一段三地址代码，可以通过多个目标代码序列来实现，但这些不同实现在代价上可能存在巨大的差异。例如，如果目标机器指令集中有一个"加一"指令(INC),那么三地址语句"a=a+1"可以用一个指令"INC a"来实现。而按照前面的代码模板，这个指令应该被翻译为：

```
MOV a，R0
ADD #1，R0
MOV R0，a
```

显然，第 1 种翻译的结果"INC a"相对于第 2 种翻译的结果运行效率要高得多。

2. 寄存器分配和指派

寄存器是目标机器上存取速度最快的计算单元，是计算机系统的宝贵资源。但是由于制造工艺上的原因，CPU 中的寄存器数量往往是有限的，在目标代码执行过程中不可能把当前所有名字的值都存放在寄存器中。对于没有存放在寄存器中的值,只能到内存中去访问，这样将大大影响目标代码的执行效率。充分利用寄存器以尽量提高目标代码的执行效率是目标代码生成的关键问题之一。对寄存器的有效利用需遵循如下原则：尽量不要让寄存器空闲；当前执行的代码的操作数要尽量存放在寄存器中；后续(或短期)不再被访问的值尽快复制回内存单元以释放寄存器。可以把有效利用寄存器这个问题分解为两个问题：寄存器分配和寄存器指派。寄存器分配就是在目标代码的每个点，确定将哪些名字的值存放到寄存器中；寄存器指派就是为每个寄存器确定存放哪个名字的值。即使对于单寄存器机器，找到一个从寄存器到名字的最优指派也是很困难的。另外，指令系统中的一些指令指定了寻址方式，或对寄存器的使用给出了特殊的规定，这些都给寄存器分配和指派带来了难度。

3. 指令排序

计算的顺序会影响目标代码的执行效率，相比一些计算顺序而言，某些计算顺序可能对寄存器的需求更少，也更容易实现指令的并行执行。但是寻找一个最优指令顺序是一个很复杂的问题，这里不作进一步的讨论。

本章后续内容的讨论建立在一个简单的目标机器上。假设该目标机器按字节编址，以四个字节为一个字，有 N 个通用寄存器，分别记为 R_0，R_1，…，R_{n-1}。将该目标机器的汇编语言作为目标语言，指令是两地址的，一般格式如下：

op source，destination

其中 op 是操作码，source 和 destination 分别是源操作数和目的操作数。常见的几个操作码如下：

```
MOV        // 将源操作数移到目的操作数中
ADD        // 将源操作数加到目的操作数中
```

SUB　　　　　　　　　　　　　　　　// 将目的操作数减去源操作数

对于其他操作码及各类寻址方式后面出现时再做介绍。

9.2　运行时刻内存空间管理的实现

如第 8 章所述，目标代码总是在操作系统分配的一块连续内存空间中运行，内存空间的分配和管理策略与源语言的特点密切相关。运行时刻内存空间的分配策略主要有静态存储分配、栈式存储分配和堆式存储分配 3 种。目标代码运行体现为过程 (或函数) 之间的一系列调用，每个过程执行所需要的信息都存放在一个称为活动记录的存储块中，过程的局部名字的存储空间也在活动记录中。

本节讨论目标代码运行时刻存储分配策略的具体实现，主要是活动记录分配和管理的实现。典型的活动记录分为 3 个域：参数域、状态域、数据域，又可以进一步划分为 7 个区，见图 8-7。为方便讨论，本节对活动记录的结构进行了简化。运行时刻活动记录的分配和释放是与过程调用和过程返回对应的，下面重点讨论静态存储分配和栈式存储分配中过程调用语句和过程返回语句的翻译，涉及的三地址语句包括：

(1) call　　　　　　　　　　// 过程调用语句

(2) return　　　　　　　　　// 过程返回语句

(3) halt　　　　　　　　　　// 停机语句

(4) action　　　　　　　　　// 其他语句的占位符

1. 静态存储分配的实现

静态存储分配在编译时刻安排好每个名字在运行时的存储位置，计算每个活动记录的大小，确定运行时刻所需的全部数据空间。

图 9-2 是一个代码生成器的输入，源语言采用静态存储分配，该程序由过程 s 和 p 构成，图 9-2(a) 是过程 s 和 p 对应的三地址代码，其中 s 是主过程，它调用了过程 p。过程 s 中定义了变量 arr、i、j，过程 p 中定义了变量 buf 和 j。过程 s 和 p 的活动记录的大小和空间安排可以通过符号表中的相关信息计算得到。图 9-2(b) 和图 9-2(c) 分别是过程 s 和 p 的活动记录，其中 s 的活动记录共占 64 个字节，p 的活动记录共占 88 个字节。活动记录初始位置开始的 4 个字节存放返回地址，其他区域作为局部数据区，用来存放过程的局部变量。需要注意的是，这里的活动记录结构相对于活动记录的一般结构作了简化，但这不影响我们的讨论。

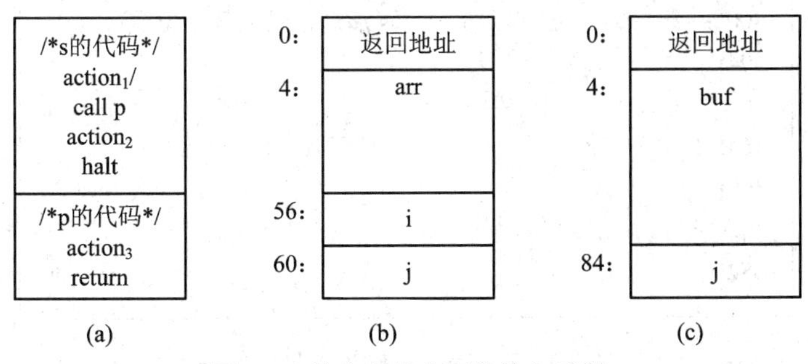

图 9-2　静态存储分配的输入示例

下面讨论 call 语句和 return 语句的翻译，简单起见，假设 halt 语句翻译为 HALT，action 语句翻译为 ACTION。

过程调用语句 call 可以翻译为：

```
MOV    #here+20，callee.static_area
GOTO   callee.code_area                  // call 语句的实现
```

其中“here”表示当前这条 MOV 指令的地址；20 是 call 语句的机器指令的代价 (这两条机器代码占用的总的存储空间)，“#here+20”是返回地址，它指向这两条代码后面的这条代码。callee.static_area 是被调用过程活动记录的开始地址，callee.code_area 是被调用过程代码的第一条指令的地址。第一条指令将返回地址存放到被调用过程活动记录的初始位置，第二条指令跳转到被调用过程的代码区，从被调用过程的第一条代码开始执行。

过程返回语句 return 可以翻译为：

```
GOTO   *callee. static _area             // return 语句的实现
```

“*”是按地址取值操作，“*callee. static _area”就是从被调用过程活动记录的开始地址取出返回地址。当被调用过程执行完，用 GOTO 语句跳转回到调用过程继续执行。

对于如图 9-2 所示的输入，翻译之后的结果见图 9-3。假设 s 的代码从地址 100 开始，p 的代码从地址 200 开始，地址 300 ～ 363 保存 s 的活动记录，地址 364 ～ 451 保存 p 的活动记录。140 是返回地址，地址 120 的 MOV 语句将返回地址保存到 p 的活动记录的开始位置 364，地址 132 的 GOTO 语句跳转到 p 的第一条代码执行，执行完 p 的代码，取地址 364 保存的返回地址，执行地址为 220 的 GOTO 语句跳转到地址 140 对应的指令继续执行 s。

```
                                // s 的代码
100: ACTION1                    // action1 的翻译
120: MOV #140，364              // call 语句的翻译
132: GOTO 200
140: ACTION2                    // action2 的翻译
160: HALT                       // halt 语句的翻译
     ...
                                // p 的代码
200: ACTION3                    // action3 的翻译
220: GOTO *364                  // return 语句的翻译
     ...
300:                            // s 活动记录的开始位置
304:
     ...
364: 140                        // p 活动记录的开始位置
368:
     ...
452:
```

图 9-3　对应图 9-2 输入的目标代码

2. 栈式存储分配的实现

采用栈式存储分配的程序，在运行时刻每当一个过程调用另外一个过程时，就将被调用过程的活动记录压入栈中，过程执行完毕将它的活动记录从栈中弹出。程序运行过程中栈区的内容是动态变化的，具体表现是活动记录在栈顶的分配与释放。过程调用时，在栈顶为被调用过程分配一个活动记录，并在相应的区中填入信息，这些操作是由调用序列完成的。从被调用过程中返回时，从栈顶释放活动记录并复制出返回值，这些操作是由返回序列完成的。调用序列和返回序列都是目标代码中的代码段，下面讨论它们的代码实现。

栈式存储分配中，一个活动记录的位置直到运行时刻才知道。一般在一个寄存器 SP 中保存一个指针，指向栈顶活动记录的开始位置，它的初值指向栈区的首地址，也就是栈中第一个活动记录开始的位置，这个活动记录是主过程的活动记录。当发生过程调用时，调用序列给 SP 中的值一个增量，这个增量的值是调用过程活动记录的大小，此时 SP 中的值指向被调用过程活动记录的开始位置。当从被调用过程返回时，再从 SP 中减去这个增量，相当于从栈顶释放被调用过程的活动记录。

以下是主过程的代码结构：

```
MOV #stackstart，SP
        code for the first procedure
HALT
                                        // 主过程代码结构
```

“#stackstart”是栈区的首地址，也是主过程活动记录的开始位置。第一条代码的功能是对 SP 赋初值。

call 语句翻译为调用序列，见如下代码：

```
ADD #caller.recordsize，SP
MOV #here+16，*SP
GOTO  callee.code_area
                                        // 调用序列
```

其中，“#caller.recordsize”是调用过程活动记录的大小，可以在编译时刻计算出来。第一条代码的功能是对 SP 进行递增，使 SP 中的值指向被调用过程活动记录的首地址。第二条和第三条代码的代价是 16(存储这两条代码所需的字节数)，“#here+16”是第二条、第三条代码之后这条代码的地址，也就是返回地址。第二条代码将这个返回地址存放到被调用过程活动记录的开始位置，即 SP 中保存的地址指向的位置。“callee.code_area”是被调用过程代码区的首地址，即被调用过程第一条代码的地址。执行第三条代码可跳转到被调用过程的代码区将程序的控制流程转到被调用过程。

return 语句翻译为返回序列，见如下代码：

```
GOTO  *0(SP)
SUB #caller.recordsize，SP
                                        // 返回序列
```

其中第一条代码的功能是取 SP 的值，加上偏移地址 0 作为 GOTO 语句的跳转目标，跳转回到调用过程的代码继续执行。第二条代码的功能是从 SP 中减去调用过程活动记录的大小，让 SP 中的值重新指向调用过程活动记录的开始位置。具体实现时，第一条代码放在被调用过程中，作为被调用过程的最后一条代码。第二条代码放在调用过程中，作为过程调用返回后执行的第一条代码。

需要注意的是，这里的调用序列和返回序列是启发式的，它们完成的功能操作相比于第 8 章中的描述作了很大的简化。

图 9-4 是一个采用栈式存储分配的代码生成器的输入。程序由三个过程 s、p、q 构成，其中 s 是主过程，它调用了过程 q，q 首先调用了 p，接着连续两次调用了自己，即作递归调用。

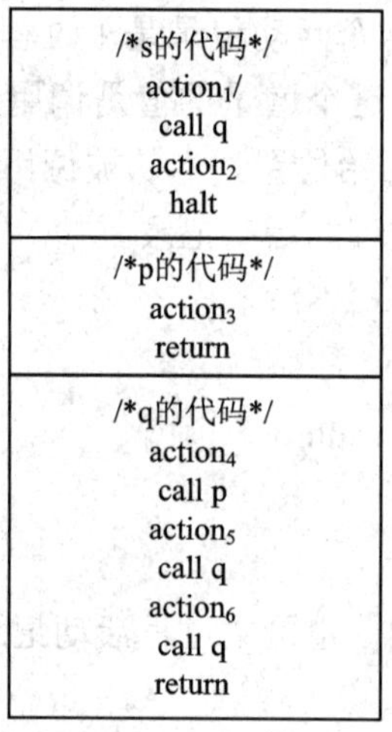

图 9-4　栈式存储分配的输入示例

各过程活动记录的大小可以在编译时刻计算，假设过程 s、p、q 的活动记录的大小分别为：ssize=20、psize=40、qsize=60。假设 s、p、q 的目标代码的起始起址分别为：#100、#200、#300，栈区的起始地址为 #600，则翻译结果如图 9-5 所示。

地址为 100 的代码是主过程 s 的第一条代码，它将栈区首地址 #600 赋给 SP，#600 也是主过程 s 的活动记录的首地址。程序中共有四次过程调用，它们的调用序列和返回序列如下：

(1) s 中的 call q：调用序列为地址 128 ～ 144 的代码，返回序列为地址 456+ 地址 152 的代码。

(2) q 中的 call p：调用序列为地址 320 ～ 336 的代码，返回序列为地址 220+ 地址 344 的代码。

(3) q 中的第一次 call q：调用序列为地址 372 ～ 388 的代码，返回序列为地址 456+ 地址 396 的代码。

(4) q 中的第二次 call q：调用序列为地址 424 ～ 440 的代码，返回序列为地址 456+ 地址 448 的代码。

```
                            // s 的代码
100: MOV #600, SP           // 初始化栈
108: ACTION1
128: ADD #ssize, SP         // 调用 q，递增 SP
136: MOV #152, *SP          // 保存返回地址
144: GOTO 300               // 跳转执行 q 的代码
152: SUB #ssize, SP         // 恢复 SP 的值
160: ACTION2
180: HALT
       …
                            // p 的代码
200: ACTION3
220: GOTO *0(SP)            // 返回调用过程
       …
                            // q 的代码
300: ACTION4
320: ADD #qsize, SP         // 调用 p，递增 SP
328: MOV #344, *SP          // 保存返回地址
336: GOTO 200               // 跳转执行 p 的代码
344: SUB #qsize, SP         // 恢复 SP 的值
352: ACTION5
372: ADD #qsize, SP         // 调用 q，递增 SP
380: MOV #396, *SP          // 保存返回地址
388: GOTO 300               // 跳转执行 q 的代码
396: SUB #qsize, SP         // 恢复 SP 的值
404: ACTION6
424: ADD #qsize, SP         // 调用 q，递增 SP
432: MOV #448, *SP          // 保存返回地址
440: GOTO 300               // 跳转执行 q 的代码
448: SUB #qsize, SP         // 恢复 SP 的值
456: GOTO *0(SP)            // 返回调用过程
       …

600:                        // 栈区的开始
       …
```

图 9-5　对应图 9-4 输入的目标代码

9.3　一个简单的代码生成器

9.3.1　下次引用信息和活跃信息

本节将介绍一个为单个基本块生成目标代码的算法，其中要解决的一个关键问题是如

何最大限度地利用寄存器。为了把基本块内还要被引用的名字的值尽可能保存在寄存器中，同时把基本块内不再被引用的名字所占用的寄存器及早释放，需要知道在中间代码序列的每个点上，哪些名字后续会被引用及在哪里被引用。

在第 7 章的第 4 节介绍了定值、到达的概念，如果在三地址代码序列中的标记为 i 的语句对变量 x 进行了定值，并且该定值能到达 j，那么我们说在 i 这点 x 是活跃的，它的下次引用信息是 j。本节讨论限制在一个基本块范围内，下面介绍如何在一个基本块内获取每条三地址代码中变量的下次引用信息和活跃信息。

首先在符号表中为每个变量的表项增加下次引用信息栏和活跃信息栏，假设每个程序中定义的变量在基本块出口处活跃，而生成中间代码时引入的临时变量在基本块出口处不活跃。然后从基本块出口语句开始，由后向前扫描每一条三地址代码以收集变量和临时变量的下次引用信息和活跃信息的变化情况。

具体步骤如下：

(1) 置初值，对每个变量置为“无下次引用 (F)”和“活跃 (L)”，每个临时变量置为“无下次引用 (F)”和“非活跃 (F)”。

(2) 从基本块出口语句开始，依次向前扫描每条三地址代码 (不失一般性，令当前语句为 i：x = y op z)。

a) 把变量 x 的下次引用信息和活跃信息附加到语句标号 i 上 (此时考察的是 i 中的 x)；

b) 把变量 x 的下次引用信息栏和活跃信息栏分别置为“无下次引用”和“非活跃”；

c) 把变量 y 和 z 的下次引用信息和活跃信息附加到语句标号 i 上 (此时考察的是 i 中的 y 和 z)；

d) 把变量 y 和 z 的下次引用信息栏置为“i” (因为 y 和 z 在 i 中被引用)，活跃信息栏置为“活跃” (y 和 z 被引用了，因此是活跃的)。

注意，以上操作顺序不可颠倒，因为 y 和 z 也有可能是 x。按以上算法，如果一个变量在基本块中被引用，则变量各个引用所在的位置及变量的活跃信息，都可以从下次引用信息栏和活跃信息栏从前到后依次指示出来。如果三地址语句形如 x=y 或 x=op y，以上执行步骤相同，只是其中不涉及对 z 的操作。

【例 9-1】考虑如下由 4 条三地址代码构成的基本块，其中 A、B、C、D 是变量，T、U、V 是临时变量。为每个变量计算下次引用信息和活跃信息。

(1) T = A - B

(2) U = A - C

(3) V = T + U

(4) D = V + U

解：构建含下次引用信息栏和活跃信息栏的符号表，见表 9-1。首先在下次引用信息栏和活跃信息栏为变量和临时变量赋初值，然后由后向前依次扫描语句 (4)、(3)、(2)、(1)，并标记各变量的下次引用信息和活跃信息。例如，对于语句 (4)“D = V + U”，将变量 D 的下次引用信息和活跃信息分别置为“F”、“F”。V 和 U 的下次引用信息和活跃信息分别置为“(4)”和“L”。

表 9-1　含下次引用信息栏和活跃信息栏的符号表

变量	下次引用信息栏					活跃信息栏				
	初值	下次引用信息				初值	活跃信息			
		语句 (4)	语句 (3)	语句 (2)	语句 (1)		语句 (4)	语句 (3)	语句 (2)	语句 (1)
A	F			(2)	(1)	L			L	L
B	F				(1)	L				L
C	F			(2)		L			L	
D	F	F				L	F			
T	F		(3)		F	F		L		F
U	F	(4)	(3)	F		F	L	L	F	
V	F	(4)	F			F	L	F		

完成所有语句的扫描之后，在表中从右向左查找可获取每条三地址代码中变量的下次引用信息和活跃信息。例如，对于语句 (1)“T = A－B”，从下次引用信息栏的“语句 (1)”这一列、T 这一行，往左查找得到 (3)，从活跃信息栏的“语句 (1)”这一列、T 这一行，往左查找得到 L，因此 T 的下次引用信息和活跃信息就是 (3) 和 L。同理可获得语句中 A、B 的下次引用信息和活跃信息。对于语句 (2) 则从下次引用信息栏和活跃信息栏的“语句 (2)”这一列往左查找。以此类推，处理语句 (3) 和语句 (4)。

基本块中所有语句的变量的下次引用信息和活跃信息标记如下：

(1) $T^{[(3)L]} = A^{[(2)L]} - B^{[FL]}$

(2) $U^{[(3)L]} = A^{[FL]} - C^{[FL]}$

(3) $V^{[(4)L]} = T^{[FF]} + U^{[(4)L]}$

(4) $D^{[FL]} = V^{[FF]} + U^{[FF]}$

9.3.2　寄存器描述器和地址描述器

代码生成算法依次处理每一条三地址代码，在为三地址代码生成机器指令时，需要考虑将哪些操作数装载到寄存器中，计算结束后又需要考虑将哪些名字的当前值写回它的内存单元。为了作出这些必要的决定，需要用一个数据结构来说明当前哪些名字的值被存放在哪个或哪几个寄存器里面，还需要知道当前存放在名字的内存单元中的值是否是名字的当前值，因为名字的最新值可能已经计算出来并存放在某个寄存器中了，但是还没有写回内存中。

在这里为每个寄存器和每个名字分别引入一个数据结构：

(1) 寄存器描述器：每个寄存器对应一个，用来跟踪有哪些变量的当前值存放在此寄存器中。因为这里只考虑用于存放一个基本块内名字的值的寄存器，可以假设在基本块入口处所有的寄存器描述器都是空的。随着代码生成过程的进行，每个寄存器将存放零个或多个名字的值。

(2) 地址描述器：每个名字对应一个，用来跟踪记录在哪个或哪些位置上可以找到该名字的当前值。这个位置可以是一个寄存器、一个内存地址或一个栈中的位置，也可以是由这些位置组成的一个集合(多个位置)。这个信息可以存放在这个名字对应的符号表表项中。

9.3.3 简单代码生成算法

1. 常见语句的处理

对于常见的形如 x = y op z 和 x = op y 的这类语句，假设指令系统中总有和 op 对应的操作码 OP，如“+”与 ADD 操作对应。为提高目标代码的质量，翻译这类语句需要最大限度地利用寄存器，在进行 OP 计算之前，应该尽可能地把源操作数和目的操作数存放到寄存器里，运算结果如果在基本块后面不再被引用，要尽早把它存放到内存中。这些操作涉及寄存器加载和名字值保存，可用 MOV 指令来实现，与此同时还涉及一系列的针对寄存器描述器和地址描述器的操作。生成典型指令时的相关操作如下：

(1) MOV y，R：即将名字 y 的值加载到寄存器 R 中。这时需修改寄存器 R 的寄存器描述器，使之只包含 y；修改 y 的地址描述器，把寄存器 R 作为新增的位置加入到 y 的位置集合中；从除了 y 的其它名字的地址描述器中删除 R。

(2) MOV R，x：即将 R 中的值保存到名字 x 的内存单元中。这时需修改 x 的地址描述器，使之包含自己的内存地址。

(3) OP z，R(用于翻译形如 x = y op z 的语句，令 y 已被移入 R 中)：即将 R 中存放的 y 的值与 z 的值作 OP 运算，结果存放在 R 中。这时需修改 x 的地址描述器，使之只包含寄存器 R；修改寄存器 R 的寄存器描述器，使之只包含 x；修改 y 的地址描述器，使之不包含寄存器 R。

2. 简单代码生成算法

依次考察基本块中的每条三地址语句，并通过寄存器描述器和地址描述器跟踪记录每个寄存器存放了哪些名字的值，以及每个名字的当前值存放在哪些位置上。

对形如 x = y op z 的三地址语句，按如下步骤翻译：

(1) 以语句 x = y op z 作为参数调用函数 GetReg，返回存放 y op z 计算结果的位置 L(L 可能是一个寄存器，也可能是一个内存单元)。

(2) 查看 y 的地址描述器，确定 y 值当前的一个存放位置 y'(如果 y 的值同时在内存中和寄存器中，y' 取寄存器)，如果 y 的值还不在 L 中，生成指令 MOV y'，L，将 y 的值写到 L 中。

(3) 生成指令 OP z'，L，其中 OP 是 op 对应的操作码，z' 是 z 的当前位置之一(如果 z 的值同时在内存中和寄存器中，z' 取寄存器)。

(4) 如果 y 和 / 或 z 的当前值在基本块中没有下次引用，在基本块的出口处也不活跃，并且还在寄存器中，那么修改 y 和 / 或 z 的寄存器描述，使之不包含 y 和 / 或 z 的值，以释放寄存器。

对形如 x = op y 的三地址语句，可做类似处理。

对于复制语句 x=y，分两种情况处理：

(1) 如果 y 的当前值在寄存器 R 中，则修改 x 的地址描述器，使之只包含寄存器 R；修改寄存器 R 的寄存器描述器，使之包含 x。

(2) 如果 y 的当前值只在内存中，则生成加载指令将它加载到一个寄存器 R 中，然后修改寄存器 R 的寄存器描述器，使之只包含 y；修改 y 的地址描述器，使之包含寄存器 R；从除了 y 的其他名字的地址描述器中删除 R。同时修改 x 的地址描述器，使之只包含寄存器 R；修改寄存器 R 的寄存器描述器，使之包含 x。

3. 函数 GetReg

函数 GetReg 以一条三地址语句为参数，返回保存该语句计算结果的位置 L。不失一般性，令三地址语句为 x = y op z，则 GetReg(x = y op z) 的返回值 L 由如下步骤决定：

(1) 如果名字 y 在 R 中，这个 R 不含其他名字的值，并且在执行 x = y op z 后 y 为“非活跃”和“无下次引用”，那么返回这个 R 作为 L，并且修改 y 的地址描述器以表示 y 已不在 L 中了。

(2) 否则，返回一个空闲寄存器作为 L，如果有的话。

(3) 否则，如果 x 在块中有下次引用，或者 OP 是必须用寄存器的操作码，那么找一个已被占用的寄存器 R 作为 L。如果 R 的寄存器描述器包含名字 a，且 R 的值尚未保存到 a 的内存单元中，则先生成指令 MOV R，a 以保存 a 的当前值。

(4) 否则，如果 x 在基本块中不再引用，或者找不到适当的被占用寄存器，选择 x 的内存单元作为 L。

这个函数需要访问这个基本块内所有名字对应的地址描述器和所有寄存器描述器。这个函数同时还需要在基本块每一点上名字的下次引用信息和活跃信息。

4. 基本块翻译的后处理

翻译完基本块中所有的语句之后，基本块中使用的名字的值可能仅存放在某个寄存器中，如果这个名字是只在基本块内部使用的临时变量，那么可以在基本块结束时忽略这个临时变量的值并假设这个寄存器是空的。但如果一个变量在基本块的出口处是活跃的，我们需要使用 MOV 指令，将它的值写回内存中。可以通过符号表中的下次引用信息栏和活跃信息栏确定名字的活跃信息，通过查询寄存器描述器来确定哪些名字的当前值仍保留在寄存器中，查询地址描述器来确定其中哪些名字的当前值还不在它的内存单元中。

【例 9-2】翻译如例 9-1 的由 4 条三地址代码构成的基本块，其中 A、B、C、D 是变量，T、U、V 是临时变量。

(1) T = A − B

(2) U = A − C

(3) V = T + U

(4) D = V + U

解：翻译过程和结果见表 9-2。在翻译之前假设所有的寄存器都是空的，所有的变量都存放在内存中。依次考察基本块中每条语句：

(1) T = A − B：调用 GetReg(T = A − B)，由于 A 不在寄存器中，返回 R_0 作为存放结果的位置，同时生成指令 MOV A，R_0 将 A 的值加载到寄存器 R_0 中，然后生成指令 SUB B，R_0。同时修改 R_0 的寄存器描述器，使之包含 T 的值；修改 T 的地址描述器，使之只包含 R_0。

(2) U = A − C：调用 GetReg(U = A − C)，因为这时候 A 不在寄存器中，同时 R_0 被占用，因此返回 R_1 作为存放结果的位置，同时生成指令 MOV A，R_1，将 A 的值加载到寄存器 R_1 中，然后生成指令 SUB C，R_1。同时修改 R_1 的寄存器描述器，使之包含 U 的值；修改 U 的地址描述器，使之只包含 R_1。

表 9-2　基本块翻译过程和结果

三地址语句	生成的代码	寄存器描述器和地址描述器								
		寄存器描述器		地址描述器						
		R_0	R_1	A	B	C	D	T	U	V
翻译之前				A	B	C	D	T	U	V
T = A − B	MOV A，R_0 SUB B，R_0	T		A	B	C	D	R_0	U	V
U = A − C	MOV A，R_1 SUB C，R_1	T	U	A	B	C	D	R_0	R_1	V
V = T + U	ADD R_1，R_0	V	U	A	B	C	D		R_1	R_0
D = V + U	ADD R_1，R_0	D	U	A	B	C	R_0		R_1	
	MOV R_0，D	D		A	B	C	D，R_0			

(3) V = T + U：调用 GetReg(V = T + U)，T 的值在 R_0 中，返回 R_0 作为存放结果的位置。由于 U 的值在 R_1 中，取 R_1 为 U 的位置，生成指令 ADD R_1，R_0。同时修改 R_0 的寄存器

描述器，使之包含 V 的值；修改 V 的地址描述器，使之只包含 R_0；T 没有下次引用，可删除 T 的地址描述器内容。

(4) D = V + U：调用 GetReg(D = V + U)，V 的值在 R_0 中，返回 R_0 作为存放结果的位置。U 的值在 R_1 中，取 R_1 为 U 的位置，生成指令 ADD R_1，R_0。同时修改 R_0 的寄存器描述器，使之包含 D 的值；修改 D 的地址描述器，使之只包含 R_0；V 没有下次引用，可删除 V 的地址描述器内容。

翻译完所有四条三地址语句之后，检查寄存器描述器，由于 D 在基本块出口处是活跃的，生成指令 MOV R_0, D 将 R_0 中保存的 D 的当前值写回 D 的内存单元。修改 D 的地址描述器，使之同时包含 D 的内存地址；由于 U 是临时变量，在基本块外没有引用，因此修改 R_1 的寄存器描述器，使之不含 U 的值，以释放寄存器 R_1，同时删除 U 的地址描述器内容。

5. 其他类型语句的翻译

索引赋值语句 x = y [i] 把距离位置 y 处 i 个内存单元位置中存放的值赋给 x，索引赋值语句 x [i] = y 把距离 x 处 i 个内存单元的位置中的内容设置为 y 的值。假设上述语句里 y [i] 和 x [i] 中的 y、x 都是静态分配的 (它们的偏移地址在编译时刻计算出来并被记录在符号表中)，则翻译索引赋值语句可以参照处理二目运算的方法来解决。语句中 i 的值可以存放在 3 个不同的位置：i 存放在寄存器 R_i 中；i 存放在存储单元 M_i 中；i 存放在栈中，其偏移地址为 S_i 且指向 i 所在活动记录的指针在寄存器 A 里。i 的存放位置不同，生成的代码也不同。类似地，首先调用函数 GetReg 返回一个寄存器 R。两条索引赋值语句的翻译结果如表 9-3 所示。

表 9-3　索引赋值语句的翻译

语句	i 在寄存器 R_i 中	i 在存储单元 M_i 中	i 在栈中
x = y [i]	MOV y(R_i)，R	MOV M_i，R MOV y(R)，R	MOV S_i(A)，R MOV y(R)，R
x [i] = y	MOV y，x(R_i)	MOV M_i，R MOV y，x(R)	MOV S_i(A)，R MOV y，x(R)

考虑指针赋值语句 x = *y 或 *y = x。其中 x = *y 用于将指针 y 指向的位置中的值赋给 x，*y = x 用于将 x 的值置于指针 y 指向的存储单元。语句中 y 的值可以存放在 3 个不同位置：y 存放在寄存器 R_y 中；y 存放在存储单元 M_y 中；y 存放在栈中，其偏移地址为 S_y 且指向 y 所在活动记录的指针在寄存器 A 里。寄存器 R 是在调用函数 GetReg 之后返回的寄存器。指针赋值语句的翻译结果见表 9-4。

表 9-4　指针赋值语句的翻译

语句	y 在寄存器 R_y 中	y 在存储单元 M_y 中	y 在栈中
x = *y	MOV *R_y，x	MOV M_y，R MOV *R，R	MOV S_y(A)，R MOV *R，R
*y = x	MOV x，*R_y	MOV M_y，R MOV x，*R	MOV x，R MOV R，*S_y(A)

下面讨论条件语句的翻译。大多数计算机使用一组条件码来指示最后计算出来的或存入一个寄存器的数值是负、零或正，并根据条件码来确定转移指令的跳转目标。可以使用一个比较指令 CMP(Compare Instruction) 来置条件码而不必实际地计算出一个值来。例如，

CMP x，y

在 x>y 时将条件码置为正，x<y 时将条件码置为负，x=y 时将条件码置为零。当满足一个指定的条件 <，=，>，≤，≠，≥ 时，条件转移指令 CJ(Conditional Jump Instruction) 将进行转移。使用“CJ< z”来表示“如果条件码为负，则转移到 z”。这样条件语句 if x<y goto z 可以翻译为如下代码序列：

CMP x，y

CJ< z

对于三地址语句序列：

x = y + z

if x<0 goto p

可以翻译为：

MOV y，R_0

ADD z，R_0

MOV R_0，x

CJ< p

在这里条件码根据寄存器 R_0 中的值来设置，R_0 中的值大于 0，条件码置为正，R_0 中的值小于 0 条件码置为负，R_0 中的值等于 0 条件码置为零，“CJ< p”表示“如果条件码为负，则转移到 p”。

9.4 小　结

代码生成器输出的是面向机器的低级语言代码，包括绝对机器语言代码、可重定位的机器语言代码、汇编语言代码等三种。其中绝对机器语言代码和可重定位的机器语言代码都是二进制形式的，但是可重定位的机器语言代码需要连接装配将相对地址转换为绝对地址之后才能运行。本章采用汇编语言作为目标语言，汇编语言程序需要通过汇编器才能转换成可执行的机器语言代码。代码生成包含指令选择、寄存器分配和指派及指令排序等三个子任务。指令选择与中间代码形式和 CPU 指令系统相关；寄存器分配和指派算法很大程度上决定了目标代码的运行效率；指令排序是多处理器优化的重要内容。目标代码运行时刻的存储分配策略也是由目标代码中的指令序列实现的，这也是目标代码生成的重要任务。基本块是程序运行中不可分割的基本单位，也是目标代码生成时的基本处理单位。要翻译基本块，需要知道在基本块中的任一点上每个名字的下次引用信息和活跃信息。要生成高质量的目标代码，在翻译中间语句时需要记录每个寄存器存储内容的寄存器描述器和存储每个名字存储地址的地址描述器。目标代码生成的核心问题之一是寄存器的合理分配和指派。只要存在空闲寄存器就要尽量使用、不用的寄存器要尽快收回是充分利用寄存器资源的基本原则。本章的重点是理解代码生成过程中需要解决的关键问题，掌握几个解决

这些关键问题的启发式算法，包括基本块范围内下次引用信息和活跃信息获取算法、寄存器分配算法和简单代码生成算法。

习　题

9.1　目标代码生成时应该着重考虑的基本问题有哪些？

9.2　编译程序生成的目标代码通常有哪几种？

9.3　假设某个机器可用的寄存器为 R_0 和 R_1，则对于以下三地址代码序列：

$T_1 = b - c$

$T_2 = a * T_1$

$T_3 = d + 1$

$T_4 = e - f$

$T_5 = T_3 * T_4$

$W = T_2 / T_5$

用简单代码生成器算法生成其目标代码，同时列出对应的寄存器描述和地址描述器内容。

第 10 章 编译技术应用

10.1 DFA 在网上购物平台中的应用

网上购物平台的异步交易方式与传统实体商店的面对面交易模式不同。通过网上购物平台进行交易首先要解决买方和卖方彼此不信任的问题。这个问题通常借助一个独立可信的第三方平台来解决。这个第三方平台以自身的信用确保买卖双方的货款和货物的交易安全，同时解决网上支付问题，因此这个第三方平台又是一个网上支付平台，典型的平台有支付宝和微信支付。基于第三方支付平台的网上购物交易流程见图 10-1。

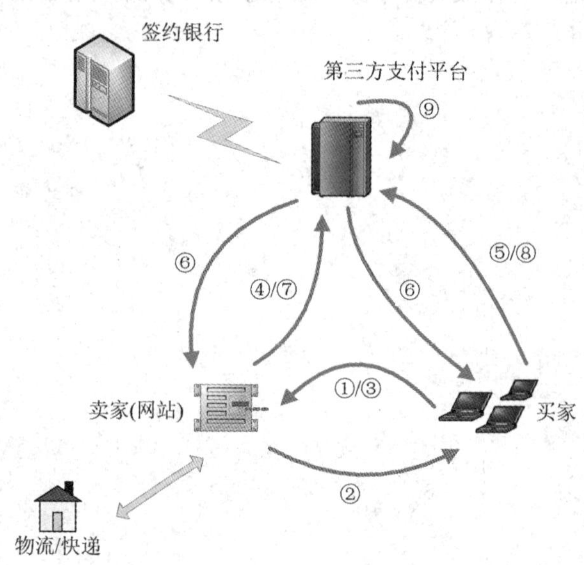

图 10-1 网上购物流程

网上购物交易的具体步骤如下：

(1) 商品浏览：买家向卖家网站发送商品浏览请求。

(2) 商品推送：卖家网站向买家推送商品信息。

(3) 订单确认：买家选定商品并下单，同时选择第三方支付平台。

(4) 订单提交：卖家网站生成支付订单并提交给第三方支付平台。

(5) 货款支付：买家登录第三方支付平台，确认为订单支付货款。

(6) 支付响应：第三方支付平台把支付成功信息发送给买家和卖家。

(7) 发货确认：卖家发货，提交发货信息。

(8) 收货确认：买家收到货物，向第三方支付平台发送收货确认信息。

(9) 交易完成：第三方支付平台把货款转移至卖家的账号中。

在交易中涉及买家、卖家(网站)、第三方支付平台及与第三方支付平台签约的银行、发送货物的物流/快递等主体。在交易过程中还可能出现取消订单、退款等操作。用一个形式化方法来描述整个交易过程，是开发网上购物平台的基础。交易过程中存在若干个状态，完成某个操作或者发生某个事件之后可触发当前状态转换到另一个状态，整个交易过程可以用一个确定的有限自动机(DFA)来描述，见图10-2。

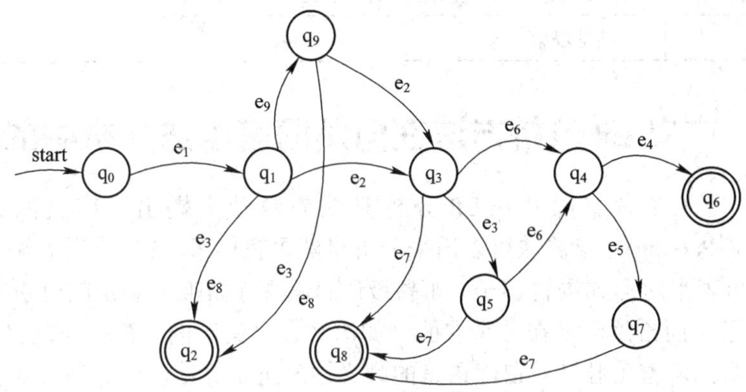

图 10-2　描述网上购物流程的 DFA

该 DFA 的输入为交易操作，共有 9 个操作，如表 10-1 描述。

表 10-1　交易操作描述

操作(输入)	动作描述
e_1	买家下单
e_2	买家付款
e_3	买家取消订单
e_4	买家确认收货
e_5	买家退货
e_6	卖家发货
e_7	卖家确认退款(自行取消、同意取消或收到退货)
e_8	卖家取消订单
e_9	其他操作

DFA 有 q_0 ～ q_9 共 10 个状态，状态描述见表 10-2。

表 10-2　DFA 状态描述

状态	状态描述
q_0	开始状态，等待订单
q_1	已下单状态
q_2	终结状态 1，订单取消(交易结束)
q_3	已付款状态
q_4	已发货状态

续表

状态	状 态 描 述
q_5	申请退款状态
q_6	终结状态 2，已收货状态 (交易结束)
q_7	已退货状态
q_8	终结状态 3，确认退款状态 (交易结束)
q_9	其他状态

10.2 广义 LR 分析方法在自然语言语法分析中的应用

1987 年，日本学者富田胜在 LR 分析算法的基础上提出了广义的 LR 分析算法 (Generalized LR Parsing)，该算法可以用来分析自然语言句子。LR 分析算法是基于无多重入口的 LR 分析表来对形式语言句子 (如高级语言程序) 做唯一确定的分析的，它不能分析有歧义的句子。而自然语言在各个层面，如语法、语义层面，都存在歧义，用 LR 分析算法是无法分析的。富田胜针对自然语言的歧义性改进了算法，使其适合对自然语言句子做语法分析。

考察文法 G：设 G=(V_N，V_T，S，P) 为一个上下文无关文法，其中 V_N = { S'，S，VP，NP，PP }，V_T = { V，Det，N，Pron，Prep }，P：

[0] S' → S

[1] S → NP VP

[2] VP → V

[3] VP → V NP

[4] VP → V NP NP

[5] VP → VP PP

[6] NP → Det N

[7] NP → Pron

[8] NP → NP PP

[9] PP → Prep NP

文法 G 是一部简单的自然语言语法，NP 代表名词短语，VP 代表动词短语，PP 代表介词短语，N 是名词的缩写，V 是动词的缩写，Det 是助词的缩写、Pron 是代词的缩写，Prep 是介词的缩写。该文法不是 LR 的，因为构造出的 LR 分析表存在多重入口，见表 10-3。

表 10-3 存在多重入口的 LR 分析表

状态	action						goto			
	Det	N	Prep	Pron	V	$	NP	PP	S	VP
0	s_2			s_3			1		4	
1			s_8		s_6			7		5
2		s_{10}								
3	r_7		r_7	r_7	r_7	r_7				

续表

状态	action						goto			
	Det	N	Prep	Pron	V	$	NP	PP	S	VP
4						Acc				
5			s_8			r_1		9		
6	s_2		r_2	s_3		r_2	11			
7	r_8		r_2	r_8	r_8	r_8				
8	s_2			s_3			13			
9			r_5			r_5				
10	r_6		r_6	r_6	r_6	r_6				
11	s_2		s_8/r_3	s_3		r_3	12	7		
12			s_8/r_4			r_4		7		
13	r_9		s_8/r_9	r_9	r_9	r_9		7		

分析表中有多个单元格是多重入口，分析过程中查询到多重入口表明接下来可以有多个可选动作，分析应同时沿着多条路径进行。为处理这种情况，广义 LR 分析算法引入了图结构栈技术。当遇到多个可选动作时，分析过程分裂为几个子进程，栈顶也分裂为多个栈顶，分别根据分析表中规定的动作往下分析。接下来的分析中如果两个子进程的栈顶处于同一个状态，则两个子进程合并为一个进程，栈顶也合并为一个栈顶。这种分析方法的分析栈不再是线性的而是图结构的。这种分析技术可以分析有歧义的句子。

下面举例说明，用文法 G 及表 10-3 的分析表分析如下英语句子：

I saw a girl with a telescope.　(10-1)

句子中的单词转换成文法 G 的单词符号，就是：Pron V Det N Prep Det N $。显然句子 (10-1) 是一个有歧义的句子，采用上述广义 LR 分析算法，分析过程分裂出两条分析路径，可得到两棵分析树，见图 10-3。广义 LR 分析算法得到的多棵分析树，称为分析森林。

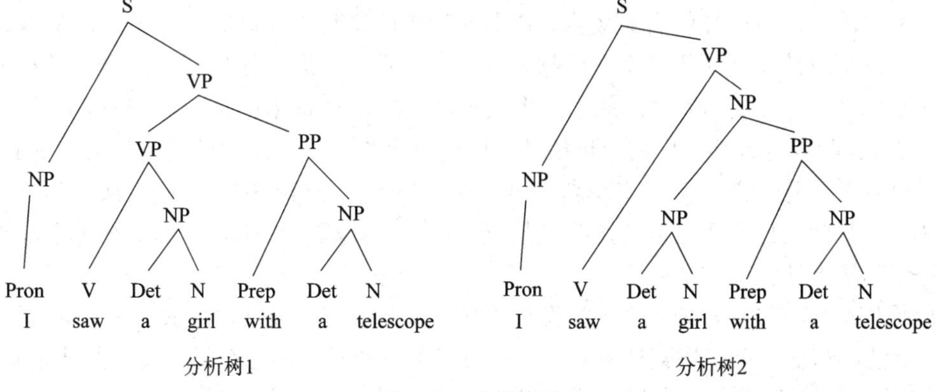

图 10-3　分析森林

如果一个句子的歧义结构很多，则其分析森林的大小会呈指数增长，存储它将需要很大的空间。为解决这个问题富田胜提出了共享子树和局部歧义压缩等分析树表达技术。如果构成分析森林的多棵分析树中有相同的子树，则只需要保留一棵就可以，这相同的子树就是所谓的共享子树。为了构造共享子树，分析过程不再把文法符号本身入栈，而是将指向共享子树的指针入栈。当分析栈移进一个单词时，就用该单词和相应的终结符创立叶子结点，如果恰好同一个结点已经存在，那么就将已存在结点的指针入栈，而不是另外创立一个结点。当归约时，从栈中弹出指针，创建新结点。反复执行这个操作直到分析结束。这时产生的分析结果不是多棵分析树，而是一种称之为共享压缩森林的结构。对于例句(10-1)，其共享子树和共享森林如图 10-4 所示。

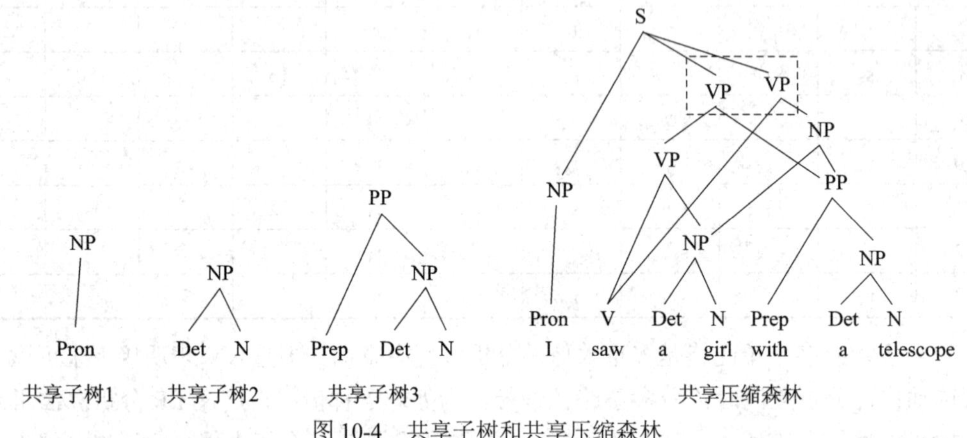

图 10-4　共享子树和共享压缩森林

如果两棵或两棵以上分析树中存在所有叶子结点相同，根结点又被标记为同一非终结符号的子树(内部结点可以不同)，则称句子出现了局部歧义。为节约存储空间，可以将这几个标记为同一非终结符号的根结点合并，这就是所谓的局部歧义压缩技术。图 10-4 中虚线框内的两个结点标识了句子的局部歧义，这两个结点可以合并。

10.3　属性文法在模式识别中的应用

语法制导定义对上下文无关文法进行了扩充，扩充之后的文法称为属性文法。形式上讲，一个属性文法 AG(Attributed Grammar) 是一个三元组 (G，V，F)，其中 G 是一个上下文无关文法，V 是属性的有穷集合，F 是关于属性的断言或计算属性值的语义规则的有穷集合。每个属性与文法的某个非终结符号或终结符号关联，属性分为综合属性和继承属性。每个断言或语义规则与文法的某产生式关联。如果对 G 中的某一输入串 (句子) 而言，AG 中的所有断言对该输入串的分析树结点的属性全为真，则该串就是 AG 语言中的句子。

属性文法用途非常广泛，实现高级语言程序的语义分析和中间代码生成只是它的应用场景之一，除此之外它还可以应用到其他很多领域，如模式识别。下面介绍一个基于属性文法的停车场事件识别方法。

现代停车场一般都安装有视频摄像头及视频识别系统，可以实时识别停车场内的车辆、人员及其活动情况。停车场管理中的一个重要任务是及时发现停车场内发生的非正常事件。停车场事件由一系列的原子事件构成，可以用一个属性文法来描述所有正常的停车场事件。

设停车场事件属性文法为：AG =(G，V，F)，其中 G 是一个上下文无关文法 $(V_T，V_N，S，P)$，V_T 是终结符号集合，终结符号表示原子事件；V_N 是非终结符号集合，非终结符号表示事件；S 是开始符号，代表停车场正常事件。P 是产生式集合，一个终结符号串 (原子事件的序列)

如果可以由 S 推导出来，则这个终结符号串就是一个正常事件。

在这里假设停车场有两个停车区域 $PkSpace_1$ 和 $PkSpace_2$，Fov 表示视域 (摄像头关注的区域)，停车场旁边有一个办公楼，BldgEnt 是办公楼的出入口。每个事件都有一个 id 标识，有一个事件发生的坐标 loc，有一个事件发生的时间 timestamp，这些都是作为事件的属性。

终结符号及其表示的事件见表 10-4。

表 10-4　终结符号及其意义

终结符号	原 子 事 件
carapp	车辆出现
perapp	人出现
disappear	(人或车辆) 消失
carstop	车辆停止
carstart	车辆启动
carstat	车辆静止 (长时间不动)

非终结符号及其表示的事件见表 10-5。

表 10-5　非终结符号及其意义

非终结符号	事　件
PARKINGLOT	开始符号，表示停车场正常事件
PARKING	驻车事件
PARKOUT	车辆离场事件
DROPOFF	送人事件
PICKUP	接人事件
WALKTHRU	步行事件
CARTHRU	行驶事件
CARPARK	车辆驶入停车区事件
CARSTART	启停交错事件
CARSTAND	车辆进场事件
CARSTOP	停启交错事件

在这个属性文法中，和产生式关联的除了用来计算属性值的语义规则，还有断言。分析过程中，如果某条产生式关联了几个断言，只有在所有断言为真的情况下，才能用这条产生式推导或者归约。用到的断言包括：

(1) NotInside(loc，Area)：表示 loc 不在区域 Area 内。

(2) Near(loc1，loc2)：表示 loc1 在 loc2 附近。

(3) sInside(loc，Area1，Area2)：表示 loc 在 Area1 区域或 Area2 区域内。

(4) sNearPt(loc，Point)：表示 loc 在点 Point 附近。

(5) sFar(loc1，loc2)：表示 loc1 和 loc2 离得比较远。

产生式及附加的语义规则或断言如下：

(1) PARKINGLOT → PARKING | PARKOUT | DROPOFF | PICKUP | WALKTHRU | CARTHRU

说明：停车场共有 6 个正常事件，分别是：驻车事件、离场事件、送人事件、接人事件、步行事件、行驶事件。

(2) PARKING → CARPARK perapp disappear carstat

说明：驻车事件——[车辆驶入停车区] [人出现] [人消失] [车辆静止]

断言 1：Near(perapp.loc，CARPARK.loc)，人出现的位置在停车位置附近。

断言 2：sNearPt(disappear.loc，BldgEnt)，人消失的位置在办公楼出入口附近。

(3) CARPARK → carapp carst artcarstop

说明：车辆驶入停车区事件——[车辆出现] [车辆启动] [车辆停止]

语义规则 1：CARPARK.loc := carstop.loc，停车位置等于车辆停止位置。

断言 1：NotInside(carapp.loc，Fov)，车辆出现位置不在视域范围内 (车辆从场外驶入)；

断言 2：sInside(carstop.loc，$PkSpace_1$，$PkSpace_2$)，车辆停止位置在两个停车区域之一。

(4) PARKOUT → perapp $disappear_1$ CARSTART $disappear_2$

说明：车辆离场事件——[人出现] [人消失] [车辆启停交错] [车辆消失]

断言 1：sNearPt(perapp.loc，BldgEnt)，人出现的位置在办公楼出入口附近；

断言 2：Near(CARSTART.loc，$disappear_1$.loc)，车辆启停交错的位置在人消失的位置附近；

断言 3：NotInside($disappear_2$.loc，Fov)，车辆消失的位置不在视域内 (车辆驶出场外)。

(5) CARSTART → carstart carstop $CARSTART_1$
| carstart carstop
| carstart

说明：车辆启停交错事件——[车辆启动] [车辆停止] [车辆启停交错]
或者 [车辆启动] [车辆停止]
或者 [车辆启动]

语义规则 1：CARSTART.loc :=carstart.loc，车辆启停交错的位置等于车辆启动的位置。

(6) DROPOFF → CARSTAND perapp disappear CARSTART

说明：送人事件——[车辆进场] [人出现] [人消失] [车辆启停交错]

断言 1：Near(perapp.loc，CARSTAND.loc)，人出现的位置在车辆进场位置附近；

断言 2：sNearPt(disappear.loc，BldgEnt)，人消失的位置在办公楼出入口附近。

(7) CARSTAND → carapp carstart CARSTOP

说明：车辆进场事件——[车辆出现] [车辆启动] [车辆停启交错]

语义规则 1：CARSTAND.loc := CARSTOP.loc，车辆进场位置等于车辆停启交错位置；

断言 1：NotInside(carapp.loc，Fov)，车辆出现位置不在视域范围内 (车辆从场外驶入)。

(8) CARSTOP → carstop carstart $CARSTOP_1$
| carstop

说明：车辆停启交错事件——[车辆停止] [车辆启动] [车辆停启交错]
或者 [车辆停止]

语义规则 1：CARSTOP.loc := carstop.loc，车辆停启交错位置等于车辆停止位置。

(9) PICKUP → perapp disappear$_1$ CARSTART disappear$_2$

说明：接人事件——[人出现] [人消失] [车辆启停交错] [车辆消失]

断言 1：sNearPt(perapp.loc，BldgEnt)，人出现的位置在办公楼出入口附近。

断言 2：Near(CARSTART.loc，disappear$_1$.loc)，车辆启停交错位置在人消失位置附近。

断言 3：NotInside(disappear$_2$.loc，Fov)，车辆消失的位置不在视域内 (车辆驶出场外)。

(10) WALKTHRU → perapp disappear

说明：步行事件——[人出现] [人消失]

断言 1：NotInside(perapp.loc，Fov)，人出现的位置不在视域范围内 (人从场外进入)。

断言 2：NotInside(disappear.loc，Fov)，人消失的位置不在视域内 (人走出场外)。

断言 3：sFar(disappear.loc，perapp.loc)，人消失的位置与人出现的位置距离较远。

(11) CARTHRU → carapp CARSTART disappear

说明：行驶事件——[车辆出现] [车辆启停交错] [车辆消失]

断言 1：NotInside(carapp.loc，Fov)，车辆出现的位置不在视域范围内 (车辆从场外进入)。

断言 2：NotInside(disappear.loc，Fov)，车辆消失的位置不在视域内 (车辆驶出场外)。

断言 3：sFar(disappear.loc，carapp.loc)，车辆消失的位置与车辆出现的位置距离较远。

基于以上属性文法，可以对正常停车场事件进行识别，见图 10-5。如果原子事件的序列无法由 G 产生 (或者在分析中产生式的断言不为真)，则判断为非正常事件，图 10-6 是几个非正常事件的识别。

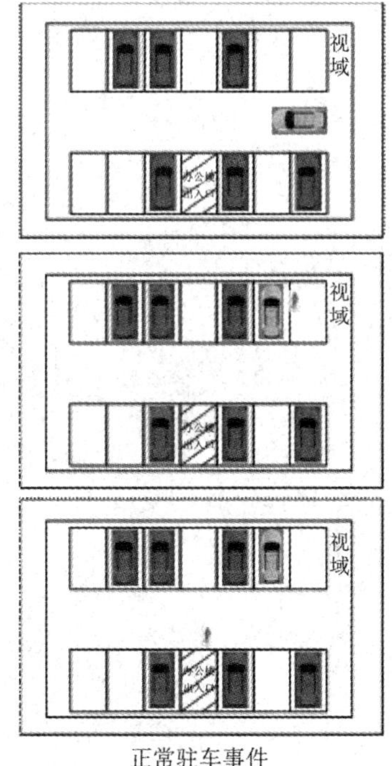

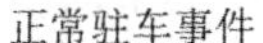
正常驻车事件

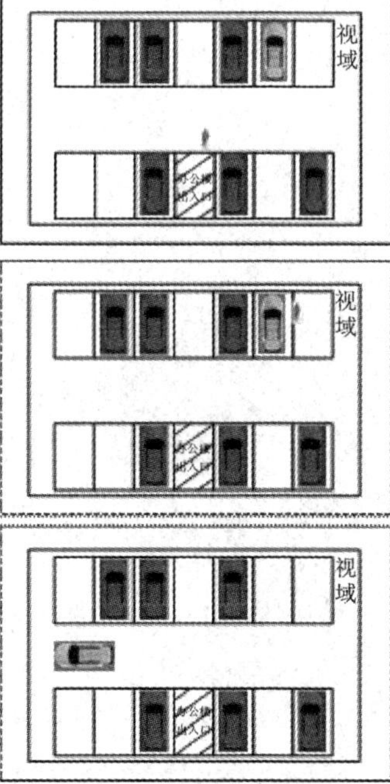

正常车辆离场事件

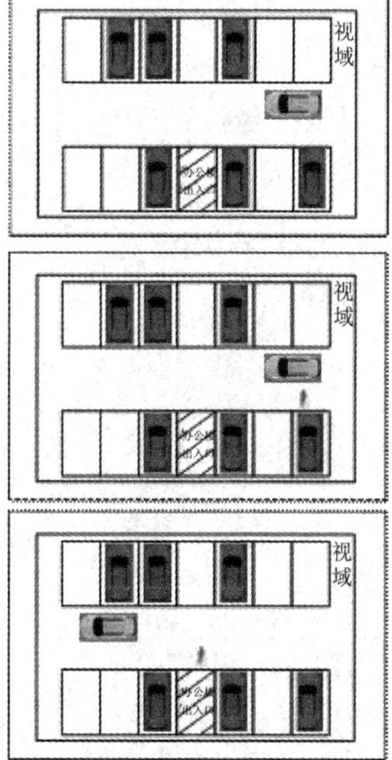

正常送人事件

图 10-5　正常事件识别

图 10-6　非正常事件识别

附录　SMini——一个简单模型语言编译器

一、S 语言简介

1. S 语言语法描述

S 语言是一个具有高级程序设计语言主要特点的教学语言。S 语言的语法可用如下规则描述：

< 程序 > → [< 常量说明 >][< 变量说明 >]< 语句 >

< 常量说明 > → Const < 常量定义 >{，< 常量定义 >}；

< 常量定义 > → < 标识符 > ＝ < 无符号整数 >

< 无符号整数 > → < 数字 >{< 数字 >}

< 字母 > → a|b|c| … |z

< 数字 > → 0|1|2| … |9

< 标识符 > → < 字母 >{< 字母 >|< 数字 >}

< 变量说明 > → Var < 标识符 >{，< 标识符 >}；

< 语句 > → < 赋值语句 >|< 条件语句 >|< 当循环语句 >
　　　　　|< 读入语句 >|< 输出语句 >|< 复合语句 >| ε

< 赋值语句 > → < 标识符 > ＝ < 表达式 >；

< 读入语句 > → read(< 标识符 >)；

< 输出语句 > → write(< 表达式 >)；

< 表达式 > → [＋ | －]< 项 >{< 加法运算符 >< 项 >}

< 项 > → < 因子 >{< 乘法运算符 >< 因子 >}

< 因子 > → < 标识符 >|< 无符号整数 >| '(' < 表达式 > ')'

< 加法运算符 > → ＋ | －

< 乘法运算符 > → * | /

< 条件语句 > → if < 条件 > then < 语句 >| if < 条件 > then < 语句 > else < 语句 >

< 条件 > → < 表达式 >< 关系运算符 >< 表达式 >

< 关系运算符 > → ＝＝ | <＝ | < | > | >＝ | <>

< 当循环语句 > → while < 条件 > do < 语句 >

< 复合语句 > → begin < 语句 >；{< 语句 >；} end

以上规则的形式与产生式规则有所区别，规则右部用 [、] 括起的部分是可选项，用 {、} 括起的部分可重复零次或者多次。S 语言有常量说明、变量说明、赋值语句、条件语句、循环语句、标识符、算术表达式、条件表达式等高级语言中常见的语法结构。S 语言只有一种数据类型——整型，不允许过程的嵌套定义。

2. S 语言程序示例

图附 -1 是一个 S 语言程序的例子。

```
Const x=8，y=7;
Var a，b，c;
begin
    read(a);
    if a>0
        then
          begin
               b=x-y;
               c=x+y;
          end
        else
          begin
               b=x+y;
               c=x-y;
          end
   write(a);
   write(b);
   write(c);
end
```

图附 -1　一个 S 语言例子

二、假想目标机及其指令集

目标机器是一种假想的冯 · 诺依曼体系结构计算机，目标代码运行时刻的内存空间组织见图附 -2。

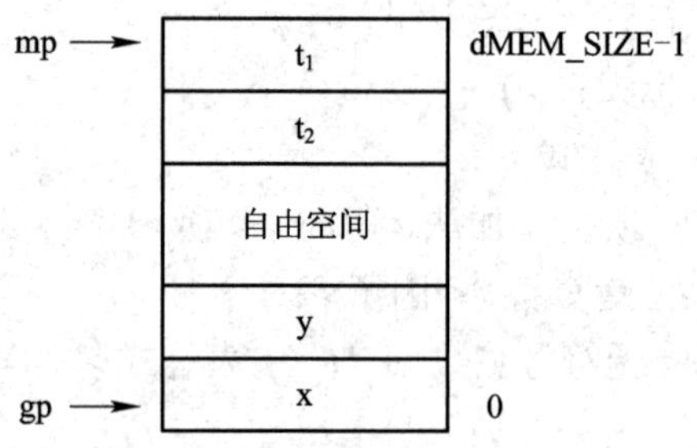

图附 -2　目标代码运行时刻内存空间组织

令内存空间大小为 dMEM_SIZE，地址编号范围为 0 ～ dMEM_SIZE-1。gp 是一个指向低地址的指针；mp 是一个指向高地址的指针。假想机器有八个寄存器，各寄存器功能描述见表附 -1。

表附 -1　寄存器功能描述

寄存器	寄存器描述
寄存器 0	AC 累加器
寄存器 1	AC_1 累加器
寄存器 2	通用寄存器

续表

寄存器	寄存器描述
寄存器 3	通用寄存器
寄存器 4	通用寄存器
寄存器 5	存放 gp(低地址)
寄存器 6	存放 mp(高地址)
寄存器 7	PC(程序计数器)

假想机器的汇编语言有两类指令：RO 指令 (寄存器指令) 和 RM 指令 (寄存器 - 存储器指令)。

1. RO 指令格式与说明

寄存器指令的格式如下：

opcode r，s，t

这里操作数 r、s、t 均为寄存器 (在载入时检测)，即这类指令有三个地址，且所有地址都必须为寄存器。所有算术运算指令都采用这种格式，基本输入 / 输出指令和停机指令也采用这种格式。RO 指令格式及功能说明见表附 -2。

附表 -2 RO 指令描述

操作码	指令描述
HALT	停止执行 (忽略操作数)
IN	reg[r] ← 标准读入 (s 和 t 忽略)
OUT	reg[r] → 标准输出 (s 和 t 忽略)
ADD	reg[r] = reg[s] + reg[t]
SUB	reg[r] = reg[s] - reg[t]
MUL	reg[r] = reg[s] * reg[t]
DIV	reg[r] = reg[s] / reg[t](可能产生 ZERO_DIV)

2. RM 指令格式与说明

寄存器 - 存储器指令的格式如下：

opcode r，d(s)

指令中的 r 和 s 为寄存器 (在载入时检测)，d 为代表偏移地址的正、负整数。这种指令为两地址指令，第 1 个地址总是一个寄存器，而第 2 个地址是内存地址 a，这里 a=d+reg[s]，要求满足 0 ≤ a < dMEM_SIZE。

RM 指令包括对应于三种地址模式的三种不同的装入指令：“装入常数”(LDC)，“装入地址”(LDA) 和“装入内存”(LD)。另外，还有 1 条存储指令和 6 条转移指令。RM 指令格式及功能说明见表附 -3。

附表 -3　RM 指令描述

操作码	指令描述
LD	reg[r] = dMem[a](将 a 中的值装入 r)
LDA	reg[r] = a(将地址 a 直接装入 r)
LDC	reg[r] = d(将常数 d 直接装入 r，忽略 s)
ST	dMem[a] = reg[r](将 r 的值存入位置 a)
JLT	if (reg[r]<0) reg[PC_REG] = a(如果 r 中的值小于零转移到 a，PC_REG 是程序计数器，即寄存器 7，以下同)
JLE	if (reg[r]<=0) reg[PC_REG] = a
JGE	if (reg[r]>=0) reg[PC_REG] = a
JGT	if (reg[r]>0) reg[PC_REG] = a
JEQ	if (reg[r]==0) reg[PC_REG] = a
JNE	if (reg[r]!=0) reg[PC_REG] = a

为统一指令格式以方便处理，在 RO 和 RM 指令中，即使其中一些部分可能被忽略，所有的三个或二个操作数也都必须表示出来。由于指令集是最小的，这就需要一些说明来指出它们如何被用来构造大部分标准程序语言操作。

(1) 算术运算中对用于目标和源的寄存器没有限制，目标和源寄存器还可以相同。

(2) 所有的算术操作都限制在寄存器之上。没有操作 (除了装入和存储操作) 是直接作用于内存的。

(3) 与其他一些汇编代码不同，这里没有在操作数中指定地址模式的能力。作为代替的是对应不同模式的不同指令：LD 是间接，LDA 是直接，而 LDC 是立即。

(4) 在指令中没有限制使用 PC。实际上由于没有无条件转移指令，因此必须由将 PC 作为 LDA 指令的目标寄存器来模拟：

LDA 7，d(s)

这条指令的效果为转移到位置 a=d+reg[s]。

(5) 这里也没有间接转移指令，不过也可以模拟，如果需要也可以使用 LD 指令，例如，

LD 7，0(1)

这条指令的效果为转移到由寄存器 1 指示地址的指令。

(6) 条件转移指令 (JLT 等) 可以与程序中当前位置相关，只要把 PC 作为第 2 个寄存器，例如，

JEQ 0，4(7)

导致在寄存器 0 的值为 0 时向前转移 5 条指令，无条件转移也可以与 PC 相关，只要 PC 两次出现在 LDA 指令中，例如，

LDA 7，-4(7)

执行无条件转移回退 3 条指令。

LD 操作不允许绝对地址，而必须有一个寄存器基值来计算存储装入的地址。由符号表计算的绝对地址可以生成相对 gp 的偏移来使用。例如，如果程序使用两个变量 x 和 y，

并有两个临时变量存在内存中，如图附 -2 中所示。 t_1 的地址为 0(mp)，t_2 为 -1(mp)，x 的地址为 0(gp)，而 y 为 1(gp)。在这个实现中，gp 存放在寄存器 5 中，mp 存放在寄存器 6 中。

另两个代码生成器使用的寄存器是寄存器 0 和 1，称之为“累加器”，并命令名为 AC 和 AC_1。它们被当作相等的寄存器来使用，通常计算结果存放在 AC 中。寄存器 2、3 和 4 是通用寄存器，没有命名。

三、SMini 设计与实现

SMini 编译器由源程序编辑模块、编译模块、信息查看模块三个大的模块组成，每个大模块又分为若干子模块，系统结构图如图附 -3 所示。

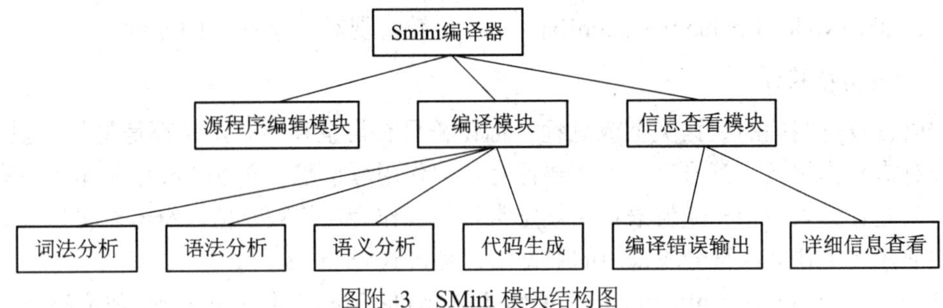

图附 -3　SMini 模块结构图

SMini 采用主流的图形操作界面实现了 S 语言源程序的集成开发与编译。在 SMini 编译器中用户可以新建、打开以及保存源程序文件，还可以对代码进行复制、粘贴等操作。整个编译过程分为词法分析、语法分析、语义分析和代码生成四个步骤。每个步骤的中间输出结果均可以以文本的方式输出，便于学习者掌握每个步骤完成的任务的细节。

SMini 的开发语言为 Microsoft Visual C++ 6.0，SMini 源代码在最新的 Visual Studio 2019 下也已调试通过。下面介绍每个功能模块的具体实现。

1. 源程序编辑模块

(1) MainFrm 类：创建主窗口，包括代码编辑窗口、信息查看窗口、菜单栏、工具栏等。

(2) ColorEditWnd 类：实现新建 、打开、编辑 S 语言源代码文件等功能。

(3) colorize 类：实现对程序编辑窗口中字体颜色的设置，包括普通字体以及注释字体的颜色，实现被选中字体背景颜色的设置。

(4) DynsplitterWnd 类：分割窗口及设置各个窗口的高度与宽度，设置光标形状以及对相应的鼠标点击操作的响应。

2. 词法分析模块

词法分析由 Scan 类实现。利用函数 getnextchar() 从 linebuf 中获取下一个字符并递增 linepos；利用函数 reserved lookup() 判断单词是否是保留字，实现方法为哈希查找；利用 getToken() 函数返回单词符号的信息，并将其显示在编译信息中。

3. 语法分析模块

语法分析由 Parse 类实现，完成分析树的构建。

(1) TreeNode* Cparse::parse(void) 函数实现对 < 程序 > 的分析。

(2) ConstDefine(TreeNode* root) 函数实现对 < 常量说明 > 的分析。

(3) VarDefine(TreeNode* root) 函数实现 < 变量说明 > 的分析。

(4) TreeNode* Cparse::Stmt(void) 实现对 < 语句 > 的分析。

(5) TreeNode* Cparse::AssignStmt(void) 实现对 < 赋值语句 > 的分析。

(6) CompoundStmt(void) 函数实现对 < 复合语句 > 的分析。

(7) TreeNode* Cparse::SelStmt(void) 函数实现对 < 条件语句 > 的分析。

(8) TreeNode* Cparse::IteralStmt(void) 函数实现对 < 当循环语句 > 的分析。

(9) TreeNode* Cparse::ReadStmt(void) 函数实现对 < 读入语句 > 的分析。

(10) TreeNode* Cparse::WriteStmt(void) 函数实现对 < 输出语句 > 的分析。

(11) TreeNode* Cparse::AddExp(void) 实现对 < 表达式 > 的分析。

(12) TreeNode* Cparse::RelationExp(void) 函数实现对 < 条件 > 的分析。

4. 语义分析模块

S 语言没有明确的数据类型或过程，标识符只有常量和变量，且都是整数类型。S 语言也没有嵌套作用域，符号表也不需要保存任何作用域信息。在 SMini 中基本上没有类型检查，只是在读入语句和赋值语句中规定常量不能作为左值被赋值。符号表可以通过对语法树的前序遍历建立，符号表采用的数据结构是链式 hash 表。

(1) void Canalyze::buildSymtab(TreeNode * syntaxTree)：调用 traverse 建立符号表，并调用 Csymtab::printSymTab 打印出来 (如果需要的话)。

(2) void Canalyze::traverse(TreeNode * t)：遍历语法树的常量列表、变量列表，把标识符加入符号表中，并调用 traverseStatement 遍历语法树语句结点链表。

(3) void Canalyze::traverseStatement(TreeNode * t)：用一次前序遍历检查语法树中的语句结点，同时完成简单的类型检查。对于语句结点，包含变量引用的结点是赋值结点和读结点，被赋值或读出的标识符必须是变量。对表达式结点，感兴趣的也只是标识符结点。对这些标识符，如果已经在符号表中则通过，否则申明一个语义分析的错误。

5. 代码生成模块

代码生成有两个相关类：CCode 和 CGen，后者调用前者生成实际的代码。

(1) void Ccode::emitComment(char * c)：如果 TraceCode 标志置位，以注释格式将其参数串打印到代码文件中的新行中。

(2) void Ccode::emitRO(char *op，int r，int s，int t，char *c)：输出 RO 指令，除了指令串和 3 个操作数之外，每个函数还带有 1 个附加串参数，它被加到指令中作为注释。

(3) void Ccode::emitRM(char * op，int r，int d，int s，char *c)：输出 RM 指令。

(4) int Ccode::emitSkip(int howMany)：用于跳过将来要回填的一些位置并返回当前指令位置。

(5) void Ccode::emitBackup(int loc)：用于设置当前指令位置到先前位置来回填。

(6) void Ccode::emitRestore(void)：用于返回当前指令位置给先前调用 emitBackup 的值。

(7) void Ccode::emitRM_Abs(char *op，int r，int a，char * c)：用来产生回填转移或任何由调用 emitSkip 返回的代码位置的转移的代码。

(8) void CGen::codeGen(TreeNode * syntaxTree，char * filename)：产生一些注释和标准序言 (standard prelude)、设置启动时的运行时环境，然后在语法树上调用 cGen，最后产

生 HALT 指令终止程序。

(9) void CGen::cGen(TreeNode * tree)：负责遍历语法树，调用相应的函数 genStmt 或 genExp 产生代码。

(10) void CGen::genStmt(TreeNode * tree)：包含大量 switch 语句，区分 5 种句子产生代码，并分情况递归调用 cGen。

(11) void CGen::genExp(TreeNode * tree)：包含大量 switch 语句区分子表达式，产生代码并分情况递归调用 cGen。

6. 信息查看模块

信息查看包括编译错误输出和编译结果输出两部分。

(1) CInfoView 类：编辑主窗口下部的状态信息窗口，实时输出编译错误信息。

(2) CDisplayInfo 类：查看编译结果信息文件，包括词法分析结果，语法分析结果 (语法树)，语义分析结果 (符号表) 和目标代码。在窗口菜单中可对输出信息进行相应控制。

四、SMini 操作与编译示例

SMini 是标准的 Windows 程序，模拟主流高级语言的集成开发环境，主界面如图附 -4 所示。在代码编辑区可以编辑 S 语言源代码，也可以直接打开一个 S 语言源代码文件。S 语言源代码文件是以 .s 结尾的文本文件。

图附 - 4　SMini 主界面

点击菜单“文件”→“打开”，出现打开文件对话框，见图附 -5。选中 S 语言源代码文件，点击“打开”。

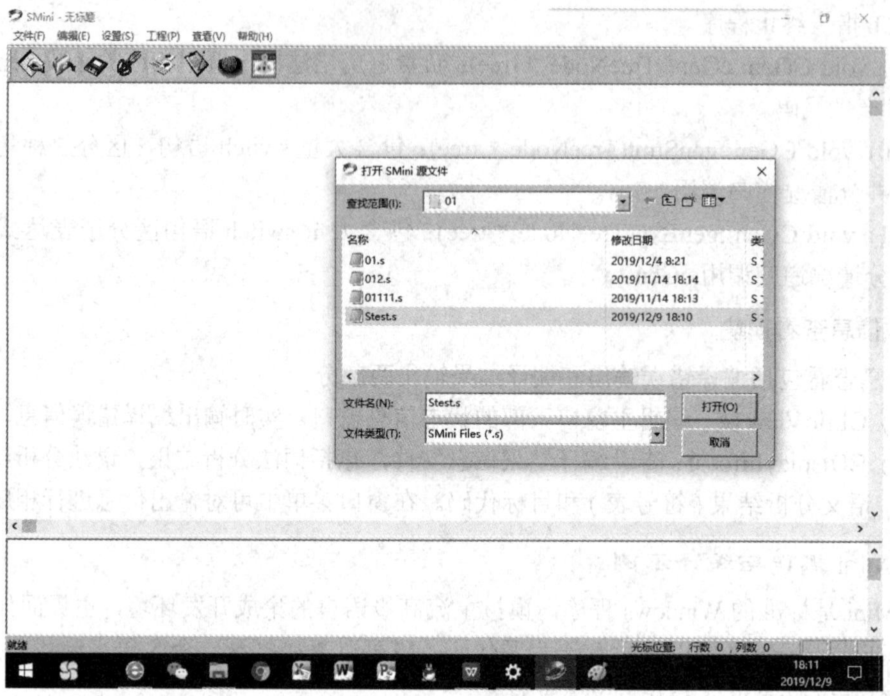

图附 -5　打开 S 语言源代码文件

打开的源代码显示在源代码编辑区，点击工具栏上的“编译”按钮，系统对源代码进行编译。如果源代码有错误，错误信息将显示在状态信息窗口，否则提示编译成功，见图附 -6。

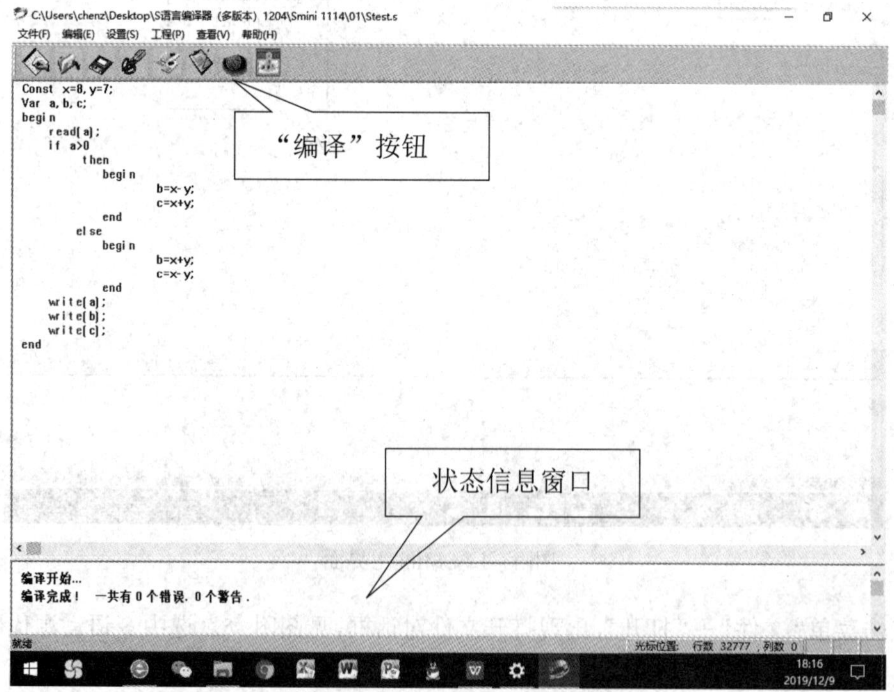

图附 -6　编译 S 语言源代码文件

编译结果可以在主界面中察看，点击工具栏上的“编译信息”按钮，出现察看编译信息窗口，见图附 -7。编译结果同时以文本文件的形式输出，各阶段编译结果文件名分别为：“源文件名 +_scan”(单词符号序列)、“源文件名 +_parse”(分析树)、“源文件名 +_symbol”(符号表)、“源文件名 +_target”(目标代码)。

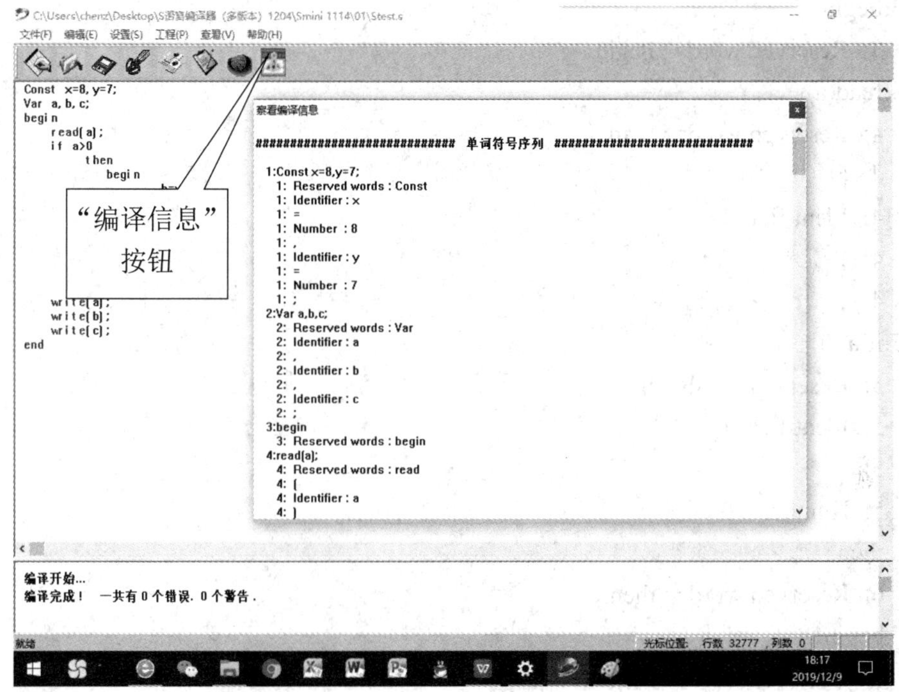

图附 -7　编译结果显示

以图附 -1 的 S 语言源代码为例，词法分析、语法分析、语义分析和代码生成四个编译步骤输出结果如下。

(1) 单词符号序列

```
1:Const x=8，y=7；
    1:  Reserved words : Const
    1:  Identifier : x
    1:  =
    1:  Number  : 8
    1: ，
    1:  Identifier : y
    1:  =
    1:  Number  : 7
    1:  ；
2:Var a，b，c；
    2:  Reserved words : Var
    2:  Identifier : a
    2: ，
```

```
  2:  Identifier : b
  2:  ,
  2:  Identifier : c
  2:  ;
3:begin
  3:  Reserved words : begin
4:read(a);
  4:  Reserved words : read
  4:  (
  4:  Identifier : a
  4:  )
  4:  ;
5:if a>0
  5:  Reserved words : if
  5:  Identifier : a
  5:  >
  5:  Number  : 0
6:then
  6:  Reserved words : then
7:begin
  7:  Reserved words : begin
8:b=x-y;
  8:  Identifier : b
  8:  =
  8:  Identifier : x
  8:  -
  8:  Identifier : y
  8:  ;
9:c=x+y;
  9:  Identifier : c
  9:  =
  9:  Identifier : x
  9:  +
  9:  Identifier : y
  9:  ;
10:end
  10:  Reserved words : end
11:else
  11:  Reserved words : else
```

```
12:begin
  12:  Reserved words : begin
13:b=x+y;
  13:  Identifier : b
  13:  =
  13:  Identifier : x
  13:  +
  13:  Identifier : y
  13:  ;
14:c=x-y;
  14:  Identifier : c
  14:  =
  14:  Identifier : x
  14:  -
  14:  Identifier : y
  14:  ;
15:end
  15:  Reserved words : end
16:write(a);
  16:  Reserved words : write
  16:  (
  16:  Identifier : a
  16:  )
  16:  ;
17:write(b);
  17:  Reserved words : write
  17:  (
  17:  Identifier : b
  17:  )
  17:  ;
18:write(c);
  18:  Reserved words : write
  18:  (
  18:  Identifier : c
  18:  )
  18:  ;
19:end
  19:  Reserved words : end
  20:  EOF
```

(2) 语法树

常量定义：

```
  1.0  Const:  x
  1.0  Const:  y
```

变量定义：

```
  1.1  Var:  a
  1.1  Var:  b
  1.1  Var:  c
```

语句定义：

```
1.2  Read Statement:    Identifier : a
1.2  If Statement:
  1.2.0  Test expression:
    1.2.0  Expression:  >
        1.2.0.0  Identifier:  a
        1.2.0.1  Number :  0
  1.2.1  Then part:
    1.2.1  Assign Statement:    Identifier : b
        1.2.1.0  Expression:  -
            1.2.1.0.0  Identifier:  x
            1.2.1.0.1  Identifier:  y
    1.2.1  Assign Statement:    Identifier : c
        1.2.1.0  Expression:  +
            1.2.1.0.0  Identifier:  x
            1.2.1.0.1  Identifier:  y
  1.2.2  Else part:
    1.2.2  Assign Statement:    Identifier : b
        1.2.2.0  Expression:  +
            1.2.2.0.0  Identifier:  x
            1.2.2.0.1  Identifier:  y
    1.2.2  Assign Statement:    Identifier : c
        1.2.2.0  Expression:  -
            1.2.2.0.0  Identifier:  x
            1.2.2.0.1  Identifier:  y
1.2  Write Statement:
    1.2.0  Identifier:  a
1.2  Write Statement:
    1.2.0  Identifier:  b
1.2  Write Statement:
    1.2.0  Identifier:  c
```

(3) 符号表

符号	储存位置	所在行数
Var a	2	2　4　5　16
Var b	3	2　8　13　17
Var c	4	2　9　14　18
Const x	0	1　8　9　13　14
Const y	1	1　8　9　13　14

(4) 目标代码

```
***    SMini Compilation to  Code
***    File: Stest.sTar
***    Standard prelude:
  0:   LD  6，0(0)          ***load maxaddress from location 0
  1:   ST  0，0(0)          ***clear location 0
***    End of standard prelude.
  2:   IN  0，0，0        read integer value
  3:   ST  0，2(5)        read: store value
***    -> if
***    if:  ->test
***    -> Op
***    -> Id
  4:   LD  0，2(5)        load id value
***    <- Id
  5:   ST  0，0(6)        op: push left
***    -> NumberK
  6:   LDC  0，0(0)        load const number
***    <- NumberK
  7:   LD  1，0(6)        op: load left
  8:   SUB  0，1，0        op ==
  9:   JGT  0，2(7)        br if true
 10:   LDC  0，0(0)        false case
 11:   LDA  7，1(7)        unconditional jmp
 12:   LDC  0，1(0)        true case
***    <- Op
***    if:  <-test
***    if: jump to else belongs here
***    if:  ->then
***    -> assign
***    -> Op
```

```
***   -> Id
 14:   LD  0，0(5)       load id value
***   <- Id
 15:   ST  0，0(6)       op: push left
***   -> Id
 16:   LD  0，1(5)       load id value
***   <- Id
 17:   LD  1，0(6)       op: load left
 18:  SUB  0，1，0        op -
***   <- Op
 19:   ST  0，3(5)       assign: store value
***   <- assign
***   -> assign
***   -> Op
***   -> Id
 20:   LD  0，0(5)       load id value
***   <- Id
 21:   ST  0，0(6)       op: push left
***   -> Id
 22:   LD  0，1(5)       load id value
***   <- Id
 23:   LD  1，0(6)       op: load left
 24:  ADD  0，1，0        op +
***   <- Op
 25:   ST  0，4(5)       assign: store value
***   <- assign
***   if:  <-then
***   if: jump to end belongs here
 13:  JEQ  0，13(7)       if: jmp to else
***   if:  ->else
***   -> assign
***   -> Op
***   -> Id
 27:   LD  0，0(5)       load id value
***   <- Id
 28:   ST  0，0(6)       op: push left
***   -> Id
 29:   LD  0，1(5)       load id value
***   <- Id
```

```
 30:  LD  1, 0(6)       op: load left
 31:  ADD  0, 1, 0       op +
***   <- Op
 32:  ST  0, 3(5)       assign: store value
***   <- assign
***   -> assign
***   -> Op
***   -> Id
 33:  LD  0, 0(5)       load id value
***   <- Id
 34:  ST  0, 0(6)       op: push left
***   -> Id
 35:  LD  0, 1(5)       load id value
***   <- Id
 36:  LD  1, 0(6)       op: load left
 37:  SUB  0, 1, 0       op -
***   <- Op
 38:  ST  0, 4(5)       assign: store value
***   <- assign
***   if: <-else
 26:  LDA  7, 12(7)       jmp to end
***   <- if
***   -> Id
 39:  LD  0, 2(5)       load id value
***   <- Id
 40:  OUT  0, 0, 0       write ac
***   -> Id
 41:  LD  0, 3(5)       load id value
***   <- Id
 42:  OUT  0, 0, 0       write ac
***   -> Id
 43:  LD  0, 4(5)       load id value
***   <- Id
 44:  OUT  0, 0, 0       write ac
***   End of execution.
 45:  HALT  0, 0, 0
```

注：在浏览器中输入以下网址获取 SMini 源代码：https://hat-static.oss-cn-qingdao.aliyuncs.com/SMini20200408.zop

参 考 文 献

[1] Aho V Alfred，Lam S Monica，Sethi Ravi，et al. 编译原理 [M]. 赵建华，郑滔，戴新宇，译 . 北京 : 机械工业出版社，2009.

[2] 蒋宗礼，姜守旭 . 编译原理 [M]. 2 版 . 北京 : 高等教育出版社，2017.

[3] 张素琴，吕映芝，蒋维杜，等 . 编译原理 [M]. 2 版 . 北京 : 清华大学出版社，2011.

[4] 丁文魁，杜淑敏 . 编译原理和技术 [M]. 北京 : 电子工业出版社，2008.

[5] Appel W Andrew，Ginsburg Maia. 现代编译原理 C 语言描述 [M]. 修订版 . 赵克佳，黄春，沈志宇，译 . 北京 : 人民邮电出版社，2006.